# 身而為鳥

# 身而為鳥

從飛翔、築巢、覓食到鳴唱，
了解鳥的一舉一動，
以及其中的道理

作者

大衛・希伯利

DAVID ALLEN SIBLEY

譯者　吳建龍

common
master
press+

大家出版

Better 75

# 身而為鳥：從飛翔、築巢、覓食到鳴唱，了解鳥的一舉一動，以及其中的道理
## What It's Like to Be a Bird: From Flying to Nesting, Eating to Singing —— What Birds Are Doing, and Why

| | |
|---|---|
| 作者 | 大衛・希伯利（David Allen Sibley） |
| 譯者 | 吳建龍 |
| 責任編輯 | 賴書亞 |
| 編輯協力 | 羅凡怡 |
| 總編輯 | 賴淑玲 |
| 社長 | 郭重興 |
| 發行人兼出版總監 | 曾大福 |
| 出版者 | 大家 / 遠足文化事業股份有限公司 |
| 發行 | 遠足文化事業股份有限公司 |
| 地址 | 231 新北市新店區民權路 108-2 號 9 樓 |
| 客服專線 | 0800-221-029 |
| 傳真 | 02-2218-8057 |
| 郵撥帳號 | 19504465 |
| 戶名 | 遠足文化事業股份有限公司 |
| 法律顧問 | 華洋法律事務所蘇文生律師 |

| | |
|---|---|
| 定價 | 700 元 |
| 初版一刷 | 2021 年 12 月 |
| 初版二刷 | 2022 年 7 月 |

身而為鳥：從飛翔到築巢，覓食到鳴唱，鳥在做什麼以及為什麼 / 大衛 . 希伯利 (David Allen Sibley) 作；吳建龍譯 . -- 初版 . -- 新北市：大家出版：遠足文化事業股份有限公司發行 , 2021.12

面； 公分 . -- (Better；75)

譯自：What it's like to be a bird : from flying to nesting, eating to singing —— what birds are doing, and why

ISBN 978-986-5562-35-9( 平裝 )

1. 鳥 2. 通俗作品

388.8                                                                    110016797

# 目錄

# Preface
# 序言

　　這本書的創作過程在過去十五年間幾經周折。最初的構想始於 2000 年代初期，我原先想寫一本給小朋友使用的圖鑑，後來考慮寫成所有年齡層的初學者都能參考的指南。但那時我已經完成一本內容詳盡的北美野鳥圖鑑，對「簡明版」這個概念就提不起興趣了，我反而希望更全面地介紹鳥類。

　　我打算出版一本內容超越辨識圖鑑的書，因此開始增加一些短文，介紹較為有趣、特殊的鳥類行為，希望讀者能更深入了解想要識別的鳥兒。我寫得越多，就學得越多，文章也變得越加有趣。最後，那些短文就集結成了這本書。

　　現在，我期盼這本書能讓讀者對「鳥之所以為鳥」多點體悟。書中的每篇文章都著重於鳥類學的特定細節，這些文章可以單獨閱讀，不一定非得按照順序不可──萬事萬物都有關聯，文中常出現交互參照的頁數提示，讀者可依建議接續閱讀。雖然每篇文章都只探討一個課題，但我希望整本書能觸及一些更為全面、深入的事物，讓讀者得以了解演化、本能、生存等較廣泛的概念。

　　寫作過程中，有項主題讓我印象深刻，就是鳥類的經歷比我原本想像的更豐富、更複雜，更加「有深度」。如果這件事對我這個看鳥看了一輩子的人來說都是新聞的話，其他人肯定也會感到驚奇。

　　鳥兒無時無刻不在做決定。舉例來說，築巢是種本能：才一歲大的鳥，無需任何指引，就知道如何選擇巢材並築出結構複雜的巢，而且這個巢不管外觀或功能都跟同一種鳥築出來的一模一樣。這實在不可思議。但是，鳥兒也會根據當地條件而改變築巢方式，比如選用不同巢材，或是把巢更快築好，或是在寒冷天候下添加更多保暖層等等。至於到底要在何時何地築巢，則是取決於決策過程中的諸多因素。

　　一隻飛到餵食器上帶走種子的山雀，面臨的選擇就包括要挑哪顆種子，以及要把種子藏起來還是馬上吃掉。藍鴉會把食物藏起來，但如果牠們認為儲藏地點被其他藍鴉看到，便會在幾分鐘後飛回去，把食物移到更安全的地方。美洲鴛鴦公鳥會演化出那樣的外表，可能只是因為母鳥覺得這樣才有吸引力。總之，鳥類的生活相當豐富且複雜。

　　我想「本能」對多數人來說意味著某種盲目服從，我們把本能視為一組寫在 DNA 上的指令，代代相傳，控制著鳥的行為。而最極端的解讀方式，莫過於把鳥類看成一群殭屍般的自動操作裝置。在這種認知背景下，日照時間只要一變長，就會觸發內建的築巢育雛程式。事實固然有部分是如此，但卻過分簡化了。鳥類感受到撫育後代的衝動時，會根據許多因素來尋找配偶及領域，仔細選擇巢位，然後築出符合當地條件的鳥巢，諸如此類。

　　「本能」不只是盲目服從，還得精巧微妙，方能通權達變。在寫這本書的過程中，我逐漸體會到本能必須藉由滿足、焦慮、自豪等情感來激勵鳥兒。我知道這種說法非常擬人化，但我們該怎麼解釋鳥類每天做出的複雜決定？比方說有些需求是互相衝突的，像是既要覓食但同時又要降低能量消耗及捕食風險，而其中的平衡點，鳥兒要如何拿捏呢？

　　也許，當一隻擬鸝看著牠最後完成的鳥巢時，那種感覺就像為人父母看著全新裝潢的嬰兒房一樣。也許，山雀為了過冬而收集、儲藏食物，辛勤一天之後會睡得特別香甜。

　　我相信，加拿大雁的公鳥跟母鳥會彼此「吸引」；雙色樹燕的親鳥要是能把高品質的食物帶回巢中餵養幼雛，會覺得「心滿意足」；黃林鶯在自己領域及家族中會感到「自豪」。本能提供了指引及建議，然後鳥兒根據所有可得的訊息做出決定。人類會以文字語言述說這些感覺，但話語背後其實全都只是情感，而且我們經常使用一些描述來修飾，比如「內心深處慷慨激昂」。我不是說黃林鶯背後彼此談論自豪跟滿足的感覺，而是說我們這些感覺或許萌生自本能。

　　這本書談的是「身而為鳥是什麼感覺」，要說明此事，我想最好的方式是拿鳥跟人類相比。在研究和寫作的過程中，我一再驚訝地發現我們跟鳥類竟有如此共通之處，但也詫異彼此是多麼的不同。我希望這些文章能讓讀者得到知識與啟發，從而更積極參與自然觀察，進一步理解並欣賞鳥類以及我們共存的這個星球。

迪爾非（Deerfield），麻州

# How to use this book
# 如何使用這本書

## 範圍

　　這是一本鳥類學指南，但並不是完整的教科書，其內容只不過碰到一點鳥類學的皮毛而已。你毋須從頭到尾照順序來讀，因為本書設計成讓人隨性瀏覽的形式，不同主題可藉此觸發聯繫，甚至帶來一種發現新事物的感覺。

　　本書介紹的鳥種，都是選自美國及加拿大本土最普遍及／或常見的鳥類，不過，這裡描寫的科學知識絕大部分都適用於世界各地的鳥兒。

## 內容安排

　　本書的核心是〈鳥類選輯〉。在這個部分，左頁有84張大致為實體尺寸的大幅鳥類畫作，共畫出96種常見鳥類。（關於更多這些鳥種的資訊可參閱〈書中的鳥類〉。）右頁則是短文，專門敘述各種有趣的主題，有時也會特寫相關鳥種。每篇短文都會搭配主題鳥種及某些親緣種的小幅畫作、素描或圖解。

　　至於鳥種的次序，大致依循現行分類順序，也就是從雁鴨開始，到黑鸝結束，不過有時例外，但整體來說就是水鳥在前、陸鳥在後。

　　文章主題的安排基本上是隨機的，而像鳥類視覺這種內容廣泛的主題，就會分散在整本書的多篇文章中談論。有些主題會交互參照，這樣你就可以從這篇文章跳到那篇文章去看，但每篇文章都有相關，而且大部分的關聯性並不會特別標出來。每頁短文的主題都跟圖示的鳥種有關，但許多主題提到的內容皆可套用到任何一種鳥類（比方說所有鳥類都擁有相似的呼吸系統）。

　　〈導論〉可幫你找尋相關的短文，也具有索引的作用，且帶有註解。該部分把個別短文跟相關頁碼放在一起，分門別類依序呈現。舉例而言，你可以在該部分快速找到所有跟視覺有關的短文。

　　〈書中的鳥類〉會以一段文字來介紹各幅實體尺寸畫作中的鳥類，對該鳥種、其棲地和親緣種提供較多的資訊。此外，這部分也常岔開話題去談一點跟圖示的鳥類行為有關的主題。

　　許多短文的內容是根據特定研究結果所寫成，資訊來源都列在本書的最後面。

## 免責聲明

　　本書是經過大幅篩選且相當不完整的鳥類學回顧，內容涵蓋過去幾年我在進行研究時所發現的有趣主題，許多主題都包含最新發現和極其引人入勝的種種可能性，而且專家們仍在積極投入相關研究與爭論。我在書中會指出哪些資訊還不確定，也會查核所有內容的準確性，但如果要撰寫這類摘要，就得化繁為簡，因此沒什麼空間讓我列出其間的細微差異，若導致無心之過或是寫出具誤導性的陳述，責任全在筆者。請把這些短文當成入門介紹，如需更多資訊，請參考書末的資料來源。

# Introduction
# 導論

## 形形色色的鳥類

　　鳥類就是恐龍（第81頁下）。最晚在一億六千萬年前，有些恐龍就已經長出了羽毛，成為真正的鳥。六千六百萬年前，一顆巨大的隕石撞擊地球，超過三分之二的陸生生物因而滅絕，包括當時所有的恐龍及絕大多數的鳥類（第81頁中）。目前科學界普遍認為，全世界現存的鳥類約有一萬一千種，而在墨西哥以北的北美洲地區，能夠穩定記錄到的鳥類約有八百種。這些鳥種有著極為豐富的多樣性。本書會選取一些例子，向讀者介紹牠們卓越的適應性及生存能力。

## 演化 —— 自然選擇以及性選擇

　　鳥類之所以有如此驚人的多樣性，全因數百萬年來的演化所致。演化藉由「選汰」來影響個別鳥類，這個過程跟玫瑰花農或犬隻育種者所做的事情很像，他們想讓培育出來的後代增強哪些特徵，就會挑出那些特徵。在自然界中，疾病、天氣、捕食者等致命威脅會移除掉族群裡「適應力較差」的個體，同時異性也會選擇對方身上具有吸引力的特徵。這些全都會影響每一隻鳥存活和繁殖的機會，也會影響子代的特徵。同樣的過程重複發生幾億個世代，造就了地球上的整體生物多樣性。每個生存結果都是在對自然選擇投票，達爾文的經典概念「最適者生存」就是在講這件事。鳥類各種形狀的嘴喙、翅膀以及各式各樣的營巢

習性等等都是這麼來的，因為具有最佳適應特徵的鳥類會比較健康強壯，能夠養育更多幼雛，並將性狀傳給更多後代。性擇則是由擇偶行為所驅動，因為不論雌雄都是根據特定的特徵來選擇配偶，導致鳥類長出極為華麗的羽衣，如同美洲鴛鴦公鳥所呈現的樣貌（第177頁美洲鴛鴦）。

## 羽毛

### 羽毛的功能

　　如果有人問你「羽毛看起來像什麼？」你想到的可能是輪廓為卵形、有一根中軸且兩側長滿羽枝的東西（如下圖），但羽毛不管從結構或尺寸來看，都極其多樣。同樣地，如果有人問「羽毛有什麼作用？」也許你會想到飛行或保暖，但羽毛提供的功能其實多不勝數，包括維持乾燥溫暖、使身體呈現流線型、提供色彩及裝飾、讓鳥類得以飛行等等。羽毛有兩項關鍵特質，一是非常輕盈，二是極其強韌。

- 羽毛並非從鱗片演化而來。最早期的羽毛長得像中空的剛毛，後來才逐漸演化出較為複雜的結構（第33頁右）。
- 精密的多重分支構造造就了羽毛的多種非凡特質（第11頁下）。
- 羽毛纖維從羽幹基部一路延伸到最細小的羽小枝末端，因此能夠抗破損（第11頁中）。
- 鳥類演化出形式多樣的羽毛，即便在同一隻鳥身上，也能看到依據身體各個部位而特化出的各式羽毛（第107頁下）。
- 貓頭鷹的羽毛有幾項演化適應，飛行時因而得以保持安靜（第65頁中）。
- 鳥類嘴喙周圍的剛毛狀羽毛顯然具有保護眼睛的功能（第97頁下）。

### 羽毛的防水功能

- 羽毛的防潑水性來自羽枝精密排列的間距，這讓水難以穿透也無法黏附在羽毛表面（第 17 頁中）。
- 水鳥的羽毛比陸鳥更多更硬，而且羽枝排列緊密，水難以滲入（第 17 頁下）。
- 游禽的腹面有一層羽毛形成的防水外殼包裹著（第 11 頁中）。
- 鸕鷀的體羽中間是防水的，但外緣卻會沾濕（第 27 頁中）。
- 跟其他鳥類的羽毛相比，貓頭鷹羽毛的防潑水性較差，這或許說明為何許多貓頭鷹都會找尋遮蔽處棲息（第 180 頁東美鳴角鴞）。

---

### 羽毛的隔熱保暖功能

- 在所有天然及人造材料中，目前已知保暖效果最好的是雁鴨的絨羽（第 9 頁中）。
- 羽毛不僅能隔絕外界的炎熱，也能阻擋酷寒（第 107 頁中）。

---

### 羽毛的飛行功能

- 翅膀跟尾巴的多根大型羽毛可構成寬闊平坦的表面，鳥兒因此得以飛上天（第 69 頁上）。
- 翅膀的羽毛既需強健又得柔韌，兩種性質的適當組合全仰賴羽毛的形狀和結構細節（第 103 頁下）。

---

### 羽毛的裝飾作用

羽毛不僅演化出各式各樣的顏色及紋路（見下文「鳥的色彩」），也構成了立體的型態。

- 某些貓頭鷹的「耳朵」或「角」其實是羽簇，作用是展示或偽裝（第 63 頁上）。
- 藍鴉或紅雀頭上的「冠」只不過是羽毛，而且可以隨意豎起或放下（第 147 頁上）。
- 太平鳥的部分羽毛末端具有高度特化的堅硬、平滑結構，作用純粹是裝飾（第 185 頁黃腹太平鳥）。

## 一隻鳥有幾根羽毛？

羽毛數量的多寡既取決於鳥的體型，也取決於防水功能的需求。

- 小型鳴禽通常有兩千根羽毛，夏季羽毛數量較少，冬季較多。體型較大的鳥如烏鴉，多半是擁有較大的羽毛，而非較多羽毛（第 161 頁中）。
- 水鳥的羽毛比陸鳥多，尤其是身上經常會碰到水的部位（第 17 頁下）。
- 天鵝的長頸覆蓋著濃密的羽毛，光是頸部就超過兩萬根（第 7 頁中）。

## 羽毛的維護

羽毛對於鳥類的生存至關重要，因此鳥兒花了相當多的時間保養羽毛。理羽是其中最常見的行為，牠們會用嘴喙整理身體的羽毛，用爪子整理頭部的羽毛。理羽能將羽毛梳理開來，清除塵土碎屑，移除羽蝨等寄生蟲，並塗抹具保護作用的油脂。還有許多行為也跟照護羽毛有關。

- 鳥類每天至少花 10% 的時間理羽，而且不管是哪一種鳥，都有類似的例行動作。由於理羽極為重要，嘴喙某些有助於理羽的細部構造便得以在演化過程中保留（第 145 頁中）。

- 鳥沒辦法用嘴梳理自己頭部的羽毛，只能用腳。有些鳥種會以互相理羽來解決（第183頁普通渡鴉）。
- 鳥類經常洗澡，很可能是因為水有助於羽毛恢復良好的狀態（第137頁右）。
- 某些鳥類很常進行沙浴，但原因尚不清楚（第161頁下）。
- 觀察者經常混淆日光浴跟蟻浴，而且我們對這兩種行為的了解都不多。日光浴可能跟維護羽毛有關，蟻浴則可能跟食物有關（第109頁下）。
- 美洲鷲經常在大太陽下攤開翅膀曝曬，原因同樣還不得而知（第59頁上）。
- 我們仍無法清楚解釋鸕鶿的展翅行為，但那可能是為了在游泳之後晾乾翅膀（第27頁上）。

## 長出新羽毛

羽毛會磨損，所以需要定期更新（通常一年一次），這個過程叫做「換羽」。羽毛對於鳥類的存活至關緊要，大多數鳥類都有一套井然有序的換羽步驟，可在不妨礙飛行並持續保持乾燥溫暖的情況下，以漸進的方式換羽。

- 羽毛是以圓柱狀從皮膚的毛囊長出來，羽尖會最先展開（第15頁下）。
- 由於激素的作用，同一個毛囊在不同時期可長出顏色跟紋路截然不同的羽毛。許多鳥會利用換羽來改變羽色，牠們每年換羽兩次，一次換成較黯淡的非繁殖羽，另一次是春夏的鮮亮繁殖羽（第165頁上和第186頁猩紅比蘭雀）。

- 羽毛一旦長好，這根羽毛就「死」了，跟我們的毛髮一樣，之後只有磨損、褪色和污染才能造成改變（第47頁）。

- 每根羽毛一天只能生長幾公釐，所以即便是小小鳥，至少也得花六週才能完全換羽，大型鳥類則需要花費更長的時間。羽毛上明暗相間的模糊橫紋，顯示出羽毛在每個白天跟夜晚的生長痕跡（第175頁中）。
- 生長新羽毛得耗費許多能量，同時也會讓飛行跟保暖更加困難，因此鳥類通常在溫暖的季節換羽，也會避開其他吃力的活動，比如築巢繁殖或遷徙（第165頁上）。
- 在更新翅膀的羽毛時，大多數鳥種會採取漸進的方式，這樣在換羽期才能繼續飛行（第99頁上）。
- 雁鴨的飛行羽會同時全部換掉，因此在夏末有幾個星期無法飛行。這種換羽策略會提高風險，不過也能縮短換羽的時間（第5頁中）。
- 有時鳥會一次換掉頭部所有的羽毛，這情況並不多見，而且沒有什麼明顯的負面影響（第147頁右中）。

## 鳥的色彩

鳥類的外觀不但搶眼而且變化多端，部分原因是鳥類相當仰賴視覺，因此外貌對彼此來說是重要的信號，也深受選汰的影響。羽毛的顏色可藉由兩種截然不同的方式產生：一是色素，另一種是羽毛表面的微結構。

### 色素

色素是可藉由電磁方式跟光能相互作用的分子，能夠反射某些波長並吸收其他波長，而分子的結構及其電子分布決定了反射的波長範圍。鳥有兩類常見的色素：類胡蘿蔔素能生成絕大部分的紅橙黃色調，黑色素可產生黑、灰乃至棕、淺黃褐等顏色。

- 鳥類只能從食物當中獲取類胡蘿蔔素化合物。一般認為，由類胡蘿蔔素形成的羽色如果較為鮮豔，就代表這隻鳥的健康狀況跟適存度[1]都較好，但這點一直難以證實（第163頁中）。

---

1. 譯註：生物個體成功生存並繁殖的能力，最簡單的方式是用「生下幾個子代」來計算，子代數量越多，適存度就越高。

- 近年發現，北美洲有一種帶有新型類胡蘿蔔素分子的外來植物，會讓黃腹太平鳥等鳥種羽毛上的黃色逐漸消褪（第 139 頁中）。
- 鮮豔的顏色並非只靠色素產生。許多鳥種的鮮紅、鮮黃色羽毛下方都有白色羽毛，功能如同背光照明，可讓上方的顏色更亮麗鮮明（第 165 頁中）。
- 北美洲鳥類的綠色調多半是由黃色（類胡蘿蔔素）跟灰色（黑色素）結合而成（第 121 頁下）。
- 若有黑色紋路映襯，鳥類的鮮豔羽色會更加光彩奪目，而含有黑色素的羽毛，其黝黑程度取決於羽毛的品質（第 186 頁森鶲）。
- 黑色素除了是顏色的來源，也能增強材質的強度，這是鳥類長出深色羽毛的原因之一。深色的翅膀末端是許多鳥種的常見特徵，原因是該處會遭受更多磨損（第 47 頁中）。黑色素的用途還包括形成蛋殼的暗色斑點及條紋，這除了能強化蛋殼，還能降低母鳥對鈣質的需求（第 109 頁中）。冬天時顏色偏暗的嘴喙，在吃較為粗硬的食物時會更耐磨損（第 137 頁下）。
- 黑色素還能幫助羽毛抵抗細菌攻擊，這在較為潮溼的氣候中尤其重要（第 159 頁下）。
- 有時候，某些鳥會長出僅有少量黑色素或完全沒有黑色素的羽毛，其原因及作用繁多，不一而足。
  - 黑色素可能會因不足或缺乏而導致鳥兒的羽色比正常來的淡，或呈現白色斑塊，甚至通體全白（第 173 頁中）。
  - 黑色素一減少，其他色素便會顯現出來，從而創造出意想不到的顏色及紋路（第 85 頁上）。

## 結構色

不需依靠色素、只由結構創造出來的結構色擁有更寬廣的色域。結構色是光波跟羽毛的微結構相互作用後所產生，只會反射特定的波長。油在水面上五顏六色的光澤也是基於這項基本原理：油跟水本身幾乎沒有顏色，但水面上的薄油膜跟光波相互作用時，就會呈現非常鮮豔的色彩。

- 蜂鳥燦爛如寶石的羽色是來自於羽毛的微結構（第 77 頁中）。
- 蜂鳥公鳥的喉部羽毛格外精緻，不僅能強烈反射出純淨的顏色，而且只對單一方向反射出那種顏色（第 77 頁上）。

- 鳥類沒有藍色色素。東美藍鶇等鳥種身上的藍色，是由一種向四面八方反射藍色光的結構所產生（第 127 頁上）。
- 北美洲的鳥類並沒有綠色色素。亮綠色可能完全是結構色，就像蜂鳥，也可能是黃色色素跟藍色的結構色混合而成（第 85 頁上）。

## 色彩花紋

鳥類羽毛上各式各樣的羽色紋路已然演化出許多功能。最艷麗的羽色通常是發送給異性的信號；錯綜複雜的花紋可提供鳥類偽裝時所需的隱蔽配色；顯眼且高對比的紋路可用來偽裝（因為破壞了鳥的輪廓），或用來驚嚇潛在的捕食者或獵物。

- 羽毛的花紋是在羽毛生長時所形成（第 15 頁下），有些極其複雜精細，令人讚嘆不已。
- 羽毛的這類複雜紋路是由黑色素（黑色至褐色）所構成，而類胡蘿蔔素產生的顏色（黃色至紅色）通常會廣布整根羽毛（第 186 頁森鶲）。
- 每根羽毛的複雜紋路只不過是整體圖像的一部分——鳥兒身上的整套羽毛透過特定方式排列，便可創造出細微色彩轉變所構成的織錦圖樣，相當不可思議（第 71 頁下）。
- 許多鳥類身上的斑紋看起來像臉，大概是為了嚇阻捕食者（第 61 頁上、第 119 頁右下）。
- 突然閃現的明亮色彩，比如腰部的大片白色，可以驚嚇潛在的捕食者（第 93 頁下）或獵物（第 135 頁中）。

# 鳥類的變異

　　儘管鳥類的外表變化多端，但同一鳥種的同齡或同性別個體通常極為一致。舉例來說，某種鳥的雄成鳥看起來都差不多，但卻可能跟雌鳥大不相同。未成鳥可能跟成鳥長得不一樣，同一隻成鳥的外表在夏季跟冬季也可能相差甚遠。

### 雌雄差異

- 很多鳥種的公鳥和母鳥看起來很像，但還是可以利用行為來區分（第 3 頁下）。
- 有些鳥種的公母外表大異其趣，這種雌雄二型性常伴隨著遷徙習性而演化出來（第 186 頁彩鵐）。
- 白胸鳾跟紅胸鳾的公母鳥差異主要在於頭頂的顏色（第 119 頁下左）。
- 多數鳥種的雌雄體型都差不多，但公鳥通常略大一些。猛禽跟蜂鳥的母鳥則明顯大於公鳥，不過確切原因我們還不清楚（第 51 頁右下）。

### 年齡和季節的變異

　　未成鳥跟成鳥的羽色經常不同，但體型並不會因年齡而改變。

　　鳥兒剛學會飛行時，體型就已經如同成鳥，之後便一輩子保持那樣的大小。同一種鳥只要發育成熟，個體之間的體型就都差不多了，無論年齡或性別都不例外，因此體型是辨識鳥種的重要線索。所以野鳥餵食器上體型較小的並非幼雛，而是不同種的鳥類。

- 一般而言，鳥類在求偶時都會炫耀最鮮豔的羽色，而在非繁殖季或未成鳥的階段，羽衣顏色較為單調（第 21 頁下）。
- 剛離巢的紅嘴紅雀幼鳥具有暗色嘴喙跟土褐色的羽衣，但離巢後只要幾個星期就能長出成鳥羽色（第 147 頁左中）。
- 烏鴉的未成鳥跟成鳥可以用飛羽及尾羽的顏色和質地來區分（第 105 頁下）。
- 有些鳥種每年會換羽兩次，在不同季節呈現出截然不同的外貌（第 165 頁上）。
- 有些鳥種的雌雄成幼各有各的遷徙習性，往往也會在不同地區度冬（第 155 頁下）。

### 地區變異及亞種

　　鳥類在適應新的挑戰和機遇時會不斷演化。在持續演化的進程中，某個地區的族群可能會跟鄰近族群分化而產生差異。當這些差異大到足以被我們察覺，但似乎對這種鳥還沒什麼影響時，我們就會將這些族群分為不同亞種。

- 新物種的演化是現在進行式，因此我們能夠目睹某些鳥種形成的中間階段，比如暗眼燈草鵐（第 187 頁暗眼燈草鵐）。
- 在許多情況下，同一種鳥的地區性差異會隨著氣候條件而產生某些一般性的趨勢（第 159 頁下）。
- 分布於北美大陸西半邊的北撲翅鴷，翅膀跟尾巴帶有紅色色素，來自東半邊的則帶有黃色色素（第 93 頁中）。
- 嘴喙形狀的演化速度相當快，這樣才能因應新的覓食契機（第 161 頁上）。
- 好幾種鵟都有明顯不同的色型，而且無關性別或年齡。在特定情境下，每種色型都能提高狩獵的成功率（第 51 頁上）。

# 鳥的感覺功能

　　鳥類跟我們一樣，主要藉由視覺跟聽覺來感知這個世界。在視覺、聽覺、觸覺、嗅覺等方面，許多鳥種都有優於人類的能力，甚至還能感覺到地球的磁場。

## 視覺

　　鳥類通常擁有絕佳視力，而且在很多方面都超越人類。牠們看到的波長範圍更廣（包括紫外線），追蹤快速動作的能力更好，而且能以多個焦點同時觀看周邊，視野最高達 360 度。有些鳥能在水下看清物體，有些能看到更多細節，有些則擁有絕佳的夜視能力或彩色視覺。不過，不同鳥種的視覺能力差異很大。很多鳥看到的細節雖然比人類還少，但更廣的視野和更優異的動態追蹤能力彌補了這項不足。

## 彩色視覺

● 鷗能夠看到的細節大約是人眼的五倍，辨色能力是我們的十六倍左右（第 57 頁上）。
● 許多鳥類都能看到紫外線，並且演化出能夠反射紫外線的羽色花紋（第 184 頁山雀）。

## 夜視能力

● 貓頭鷹在夜間相當活躍，也有極佳的聽力，但主要還是依靠視覺來狩獵及社交。彩色視覺在夜晚沒什麼用處，所以牠們看到的多半只有黑與白（第 63 頁右下）。

● 眼睛相對較大的鳥類在微光條件下通常具有較好的視覺，這讓牠們得以在晨昏時刻更為活躍（第 131 頁下）。

## 視野

　人眼看得最清楚的範圍只有視線正前方一個狹小的點，鳥類卻能看清多個不同區域的細節。多數鳥類只有很窄的雙眼視覺（也就是兩隻眼睛的視野重疊，看到一樣的圖像），而且看到的影像通常不會很清晰，這代表牠們看自己的嘴喙時只能看到一點點，不過卻能以此換取對周遭環境更加廣闊的視野。

● 許多鳥類不但能同時看到周遭 360 度和頭頂 180 度的景象，還能沿著地平線的一道水平寬帶看清楚其中的細節（第 45 頁下）。
● 鷗的視野兩側各有兩個視覺焦點，所以總共有四個不同的焦點（第 57 頁中）。
● 鳥類看得最清晰的方向是在側面，所以會側著頭用一隻眼睛往上或往下看東西（第 57 頁上、第 127 頁右上）。
● 有些鳥的眼睛位置是朝向前方，這樣能看到更多前方的細節，但就無法看到後側，因此得頻繁轉頭掃視後方（第 167 頁下）。
● 貓頭鷹的雙眼朝前，背後因而有大片視野盲區，這是牠們需要「轉頭超過 270 度」這種能力的原因之一（第 63 頁左下）。

## 視覺處理

● 鳥類處理視覺資訊的速度比人類還要快，在追蹤快速移動的獵物或是邊快速飛行邊掃視周遭環境時，這是非常重要的能力（第 55 頁中）。
● 近期科學家在霸鶲的眼球裡發現一種新型錐狀細胞，功能可能是專門用來追蹤高速移動的物體，這種演化適應有助於在半空中看清並捕捉小昆蟲（第 97 頁中）。

## 水下視覺

● 有些鳥類的水晶體可以彎曲，這樣的演化適應讓牠們在水面上跟水面下都能看到東西（第 27 頁下）。
● 有些鳥類會在夜裡潛水捕魚，或是下潛到幾乎沒有光線的深度捕魚。牠們是怎麼找到魚的？沒有人知道（第 25 頁下）。
● 鷺鷥瞄準水面下的獵物時，能夠校正水面產生的光線折射（第 33 頁左上）。

## 其他視覺適應

● 鳥在行走時，會輕快地上下擺動頭部，以穩定周遭的視野（第 75 頁上）。
● 鳥類有一種卓越的能力，可在空中懸停時將頭部保持在固定位置，藉此緊盯目標（第 83 頁上）。
● 鳥的眼睛有瞬膜，這片額外的眼皮可保護眼睛，避免受到傷害（第 149 頁下）。

## 聽覺

鳥的耳孔是位於頭部兩側、眼睛下後方的小開口，通常覆蓋著羽毛，周圍有一簇簇特化的羽毛協助引導聲音進入耳中。各鳥種的聽覺能力不一，但一般來說靈敏度跟處理能力都優於人類，能夠聽到的頻率範圍則相差不多。鳥類也有一些降低自身噪音的演化適應，如此一來就更能聽清楚周遭的聲音。

- 倉鴞在全黑的環境下只憑聽覺就能抓到老鼠（第 65 頁下）；牠們耳孔的位置跟結構都經過演變，可以精確定位音源（第 65 頁上）。
- 鳥類大腦處理聲音的速度是人類的兩倍多，能夠聽到更多細節，但整體而言，人類可以聽到的頻率範圍更廣（第 157 頁中）。
- 許多鳥類能夠發出非常響亮的叫聲，這些靠近自己耳朵所發出的聲響會傷害牠們的聽覺，但有多種演化適應可防止這類傷害（第 109 頁上）。
- 幾乎所有鳥類的耳覆羽都是流線型，一般認為這有助於牠們在飛行或颳大風的情況下聽到周遭的聲音（第 107 頁下）。
- 貓頭鷹演化出柔軟、特化的羽毛，可以大幅降低活動時發出的噪音（第 65 頁中）。

## 味覺

- 鳥類可以嚐到食物的滋味，整個嘴喙裡面一直到接近尖端的地方都有味蕾（第 19 頁中）。
- 很多咸認靠觸覺覓食的鳥種，或許也會利用嘴尖的味蕾來覓食（第 35 頁上）。

## 嗅覺

所有鳥類都能聞到味道，整體來說其嗅覺至少跟我們不相上下，有些鳥種甚至極為出色。

- 紅頭美洲鷲（第 59 頁中）以及美洲山鷸（第 179 頁）等鳥種主要是靠嗅覺來覓食，我們確知此事已有數十年之久。
- 許多鳥類的嗅覺發達，足以分辨家庭成員和陌生人、區分雄性跟雌性、偵測捕食者、找到滋生昆蟲的植物等等（第 137 頁上）。
- 近期研究顯示，每種鳥類都會被各式各樣的氣味所引導。鴿子等鳥種還會利用嗅覺來導航（第 73 頁中）。

## 觸覺

很多鳥種的嘴尖具有大量神經末梢，使得嘴喙對於碰觸非常敏感。粉紅琵鷺（第 179 頁）等鳥種幾乎完全只靠觸覺覓食。

- 鷸的嘴尖相當靈敏，嘴喙一插入泥裡，就能偵測到細微的壓力差異，甚至在碰觸到之前就能感覺到周遭物體的存在（第 43 頁中）。
- 鸚靠視覺跟觸覺覓食（第 35 頁上）。
- 生長在每根羽毛基部的纖羽，能讓鳥類感覺到個別羽毛的動作（第 141 頁中）。

## 其他感覺

鳥類的平衡感絕佳，這點非常重要，因為牠們只有兩隻腳（而且經常只用一隻腳站著休息），無時無刻都得保持平衡。

- 鳥類之所以具有非凡的平衡能力，是因為內耳有一個平衡感測器（跟人類一樣），而且骨盆裡還有第二個（第 149 頁上）！
- 鳥類可以在細枝上睡覺並保持平衡（第 121 頁上）。
- 單腳平衡對鳥來說輕而易舉，這要歸功於額外的平衡感測器以及腿部結構的某些演化適應（第 35 頁下）。

- 鳥類能夠感覺到磁場（第73頁中），甚至可能以某種方式「看到」磁場（第141頁上）。
- 鳥類可以感覺到氣壓變化（第47頁下）。
- 鳥類可追蹤太陽的移動而獲得極佳的時間感（第186頁猩紅比蘭雀）。

## 鳥類的腦部

除了貓頭鷹，我們通常不認為鳥類有什麼聰明才智，然而根據觀察及實驗結果，鳥類其實有很強的理解能力。諷刺的是，貓頭鷹屬於沒那麼聰明的鳥類。

- 一說到「聰明的鳥」，鴿子通常不是第一個浮現的物種，但鴿子其實非常聰明，能夠理解抽象概念（第73頁上）。
- 鸚鵡大多數是左撇子（慣用左腳）。這種「只用身體某一側完成任務」的現象，跟較佳的問題解決能力有關（第85頁中）。
- 烏鴉異常聰明而且好奇，甚至可以理解公平交易的概念（第183頁北美鴉）。
- 鳥類會認人（第105頁下、第135頁上）。
- 烏鴉有能力解決問題，某些情況下甚至表現出等同於五歲兒童的理解力（第107頁上）。
- 藍鴉可以察覺其他藍鴉的意圖（第111頁中）。
- 有些鳥不但能記住上千處食物儲藏地點，還能記得每項儲藏物的關鍵特性（第113頁下）。
- 一群鳥（如同一群人）解決問題的能力優於單隻鳥（第187頁家麻雀）。

## 睡眠

- 鳥類睡覺時可以睜開一隻眼睛，一次只休息一半的大腦（第75頁中）。
- 有些鳥整個冬天都會待在空中，甚至邊飛邊睡（第183頁煙囪刺尾雨燕）。

# 運動

## 飛行

飛行的需求深深影響了鳥類的演化：身體朝輕量及流線型發展，並且把重量集中在密實的核心部位。羽毛能減輕鳥類肢體末端的重量，這顯然是飛行的關鍵（見前文「羽毛的飛行功能」）——而這只是讓鳥類適應飛行生活的第一步。人類即便擁有超大的翅膀，還是無法像鳥類一樣飛翔，因為我們實在太重、太笨拙了。

- 鳥類沒有笨重的頜部跟牙齒，取而代之的是輕量的嘴喙（第7頁下）。
- 鳥類的肌肉主要集中在密實的核心區，然後利用輕量的肌腱來控制四肢（第69頁中）。
- 振翅所需的大塊肌肉就長在翅膀下方，以便飛行時保持平衡。即便是負責抬升翅膀的肌肉，也長在身體的腹面（第69頁上）。
- 鳥類會把「尿」濃縮之後再排出，這樣身體就不必負擔多餘水分的重量（第173頁下）。
- 卵生的好處是，當胚胎在巢中發育時，母鳥可繼續飛行（第157頁下）。
- 甚至連蛋的形狀也明顯受到飛行限制的影響（第169頁上）。
- 翅膀的形狀由骨頭和羽毛的相對長度所決定，這跟飛行方式有關，而且也已演化到符合各鳥種的需求（第99頁中）。
- 相同體重下，翅膀面積較大的鳥種能產生較大浮力，飛行時也更不費力。至於翅膀較小的鳥種，就需要較高的空速[1]才不會掉下來（第99頁下）。
- 多數鳥類只有一種飛行方式：鼓翼行進（從一點直接飛到另一點）。鷗則會視情況使用不同的飛行方式（第51頁左下）。
- 只有蜂鳥能夠真正在空中定點飛行（又稱懸停，第79頁下），翠鳥跟其他會「懸停」的鳥類都需要一點風來維持滯空（第83頁上）。
- 修長而分叉的尾巴具有空氣動力上的優勢，有些鳥則會用長尾巴來掃出昆蟲（第97頁上）。
- 成鳥顯然沒有懼高症（第145頁上）。
- 游禽大多需要助跑才能從水面起飛（第21頁上）。
- 有幾種鴨子具有利用翅膀拍擊水面，然後直接從水面起飛的能力（第11頁上）。

1. 譯註：鳥兒相對於周遭空氣的飛行速度。

### 飛行效率

飛行相當費力，能量消耗可達休息時的 30 倍，因此鳥類擁有許多結構上的演化適應，並發展出一些行為技巧以提高飛行效率。

- 鳥兒排列成人字型飛行，以利用前面那隻鳥的翼尖產生的上升氣流。為了達到這項目的，牠們必須對空氣的運動及升力非常敏感（第 5 頁上）。
- 飛行時翅膀上揚如 V 字型的鳥類會犧牲些許升力，但卻換到更多穩定性（第 59 頁下）。
- 盤旋中的鳥無需拍動翅膀，只要利用從地面向上流動的暖空氣就能往上升（第 61 頁下）。
- 大多數小型鳥類會採波浪狀飛行。根據計算的結果，這並不是最有效率的飛行方式，但會運用得如此廣泛，一定有其優點（第 163 頁上）。

### 游泳

鳥游泳時得克服許多特定的挑戰，首要問題就是保持乾燥，幸好羽毛有許多演化適應可以達到要求（見「羽毛的防水功能」）。

- 在水面游泳時，所有鳥類都是用雙腳划水，這些鳥大多數雙腳有蹼，有些則是擁有瓣蹼足（第 19 頁上）。
- 許多鳥種能夠完全潛到水下游泳覓食（第 21 頁上中）。
- 在水面下游泳時，多數鳥類是以雙腳划水，但少數是用翅膀（第 25 頁下）。
- 會潛入水中的鳥類可藉由壓縮羽毛、擠出空氣來減少浮力，也可從氣囊呼出空氣來達到相同目的（第 23 頁中）。
- 海鴉能在大海中潛水超過 180 公尺深，但如何在那樣的深度生存並覓食，目前還不得而知（第 25 頁下）。

### 行走

- 鴿子跟很多鳥在走路時會快速擺動頭部，這是為了穩定視覺、看清東西（第 75 頁上）。

- 有些鳥是用走的，有些是用跳的。為什麼有這種差異，我們並不清楚（第 153 頁上）。
- 啄木鳥會用雙腳緊抓樹皮，並且用尾巴支撐（第 91 頁上）。
- 鳾經常頭朝下或是側著身子爬樹（第 119 頁中）。

### 紀錄保持者

- 世界上移動速度最快的動物是游隼，時速可達 389 公里（第 61 頁中）。
- 北美跑得最快的鳥類可能是火雞，時速大約 40 公里。而世界上跑得最快的鳥類是鴕鳥（第 81 頁上）。
- 振翅速度最快的鳥類是蜂鳥，一些體型較小的蜂鳥每秒可超過 70 下（第 181 頁藍喉寶石蜂鳥）。
- 鷗可能是最多才多藝的鳥類，飛翔、跑步和游泳都很擅長（第 179 頁環嘴鷗）。

## 鳥類的生理

### 骨骼肌肉系統

- 為了飛行，鳥類的骨架產生了顯著的改變，變得更為簡單、堅硬，但相較於體型相同的哺乳類，鳥的骨架其實沒有比較輕（第 101 頁下）。
- 鳥類幾乎不用費力就能單腳站立，這全賴骨骼結構的演化適應之助（第 35 頁下）。
- 所謂的「鳥腳」，其實大部分是腳掌（第 37 頁中）。
- 光是頸椎骨以及向腦部供血的動脈這兩項演化適應，就已讓鳥類擁有非常靈活柔軟的脖子（第 63 頁左下）。
- 啄木鳥之所以不會腦震盪，是受益於嘴喙和頭骨的演化適應（第 87 頁左上）。

- 鳥在睡覺時並不會自動抓緊棲枝,只是保持身體平衡而已(第 121 頁上)。
- 鳥類腳趾的肌腱有種機制(類似束帶),不費吹灰之力就能收緊腳趾(第 121 頁中)。

## 循環系統

- 鳥類的心臟相對較大,脈搏也很快。小型鳥類的心率比人類平均快十倍以上(第 125 頁上)。

## 呼吸系統

鳥類的呼吸系統跟我們全然不同,而且更有效率。

- 鳥類的肺臟不會擴張收縮,而是由一套氣囊系統控制氣體流動,吸氣跟呼氣時新鮮空氣都以同一個方向流經肺部,不斷供給氧氣(第 151 頁中)。
- 鳥類可以飛越聖母峰,而且不會氣喘吁吁。牠們只有在過熱時才會喘氣(第 151 頁上)。
- 邊飛翔邊唱歌是一大挑戰,但鳥類高效率的肺部讓這件事得以成真(第 167 頁上)。

## 遷徙

遷徙行為的樣態五花八門,有些鳥類一輩子只在幾畝大的範圍活動,有些則是每年都要從地球的一端飛到另一端。我們常說候鳥南遷度冬,但單純由北直接往南、從出生地前往度冬地的鳥類相對來說其實很少。無論是在種內或種間,鳥類都會有各自的遷徙策略、路徑、距離及時機掌握。每一種鳥都演化出獨樹一格的時間表及路徑,不但符合牠們的體能,也能滿足對食物、飲水及棲身之處的需求。數千年來,隨著氣候及生態系統的改變,鳥類的遷徙策略及生理機能也不斷演化,以適應新的環境條件。

- 不是所有鳥類都會遷徙,會遷徙的種類大約只占全球鳥種的 19%。遷徙可讓鳥類獲得更好的食物來源,補償遷徙過程中消耗的能量(第 186 頁紅胸白斑翅雀)。
- 鳥類顯然曾多次捨棄又重新採用遷徙這種策略。很多現在棲息於熱帶的鳥種,其祖先都是遷徙性鳥類(第 188 頁橙腹擬鸝)。

- 許多鳥種的遷徙相當有彈性,可以根據當下的天氣和食物狀況決定要加快或放慢,甚至還能掉頭往回飛(第 177 頁雪雁)。
- 許多雁鴨會在夏末離開繁殖地,朝北飛一千公里以上到其他地方換羽,秋季再啟程前往南方的度冬地(第 5 頁中)。
- 很多鳥種的南北遷徙過程其實帶有大幅度的東西向移動,比方說從阿拉斯加往加拿大的東邊飛(第 143 頁上)。
- 有些鳥種的雌雄成幼都有各自的遷徙習性,而且傾向在不同地區度冬(第 155 頁下)。
- 太平鳥等鳥種四處漂泊只是為了覓食,有時甚至不是南北向,而是橫跨北美大陸的東西向移動(第 185 頁黃腹太平鳥)。
- 有些鳥會四處漂蕩,遇到條件良好的時機和地點才繁殖,然後在缺乏食物來源時漂泊到其他地方去(第 165 頁下)。
- 小型鳴禽大多在夜間遷徙,至於何時啟程,是考量多種因素後做出的複雜選擇(第 187 頁白冠帶鵐)。
- 遷徙中的候鳥如果在日出時發現自己處在陌生的地方,會利用在地留鳥的訊息來避開危險、獲取資源(第 113 頁上)。
- 你可以這樣幫助候鳥:提供原生的灌叢跟喬木作為遮蔽處和食物來源,並供應飲用及洗澡的水源(第 141 頁下)。

- 有些鳥種會年復一年在夏季跟冬季的小領域之間來回遷徙(第 185 頁黃褐森鶇)。
- 很多美國人眼中在「我們」美國繁殖的鳥種,其實每年有超過一半的時間待在熱帶美洲(第 184 頁紅眼鶯雀)。

### 候鳥界的驚奇

- 北極燕鷗每年可以在南北極之間往來飛行將近十萬公里（第 49 頁下）。
- 黑頸鷿鷈會有好幾個星期完全不飛行，接著一口氣飛數百公里，如此轉變令人嘖嘖稱奇（第 23 頁上）。
- 有些白頰林鶯每年都會在阿拉斯加跟巴西之間來回遷徙，單趟飛行就超過一萬公里，其中包括四千多公里的跨海飛行（第 143 頁上）。
- 刺歌雀會從加拿大南部遷徙到阿根廷（第 188 頁刺歌雀）。

### 導航

- 研究鴿子，讓我們知道許多關於鳥類的導航及定位能力。鳥類能夠透過星辰、太陽的運動和位置、超低頻聲音甚至嗅覺來導航（第 73 頁中）。
- 鳥類還有一些特殊能力協助導航，比如感應磁場和偏振光的能力（第 141 頁上）。
- 磁覺顯然有助於遠距離導航。若想在較小的領域內導航，或是找尋儲藏的食物，磁覺也可能非常有用（第 141 頁上）。

### 鳥類運送員

- 集體營巢的鳥類會從遠方帶來營養鹽，並堆在巢區的周遭（第 25 頁上）。
- 鳥類吃下果實的同時也在運送種子。牠們會在遠離果實被吃下的地方將種子吐出或排泄掉，有時甚至是在幾百公里之外（第 145 頁下）。
- 溯河而上的鮭魚會把海中的營養鹽運送到森林裡，替植物施肥，進而幫助到鳥類（第 125 頁下）。

# 食物及覓食

　　由於新陳代謝快速、體溫高，鳥類需要很多能量。牠們一天的大部分時間都在尋找、捕捉及處理食物。

- 鳥兒的體重在一夜之間會減少一成，每晚都如此（第 125 頁中）。
- 如果你「吃得像鳥一樣多」，那可能每天都要吃超過二十五個大披薩（第 184 頁金冠戴菊）。

- 一隻旅鶇一天能吃掉加起來超過 425 公分的蚯蚓（第 184 頁旅鶇）。

## 處理食物

　　鳥類沒有手也沒有牙齒，所以發展出一些聰明的技巧來處理食物。（英文有個慣用語為「as scarce as hen's teeth」，字面上是說母雞跟所有鳥類一樣沒有牙齒，意指鳳毛麟角、極其罕見。）

- 鳥用嘴喙來操控食物，通常是整個吞下去，再由體內的消化系統來處理（第 5 頁下）。
- 鳥類能夠吞下很大塊的食物。鷺鷥可以吞下超過自身體重 15% 的魚（第 71 頁上）。

___

### 嘴喙

　　嘴喙是鳥類處理食物的首要構造，而各式各樣的嘴型足以勝任各種特定的覓食習性。讀者只要瀏覽本書畫出的各種鳥類，就能對嘴型的多樣性以及嘴喙如何適應特定的覓食習慣有個基本概念。

- 絕大部分鳥類都只用嘴來處理食物，進食方式是整個吞下去（第 83 頁下）。
- 鳥喙是種輕量化的骨質架構，外側覆蓋著一層薄薄的角蛋白（第 7 頁下）。
- 並非所有鳥類的嘴喙都是固定、不能彎折的，許多擁有長嘴的鳥類能夠只開啟、閉合嘴喙的末端（第 41 頁下）。
- 鳥類的嘴型能以相當快的演化速度來回應新的覓食機會（第 161 頁上）。
- 鳥兒會用喙部某些特化的細部構造來照護羽毛（第 145 頁中）。
- 需要咬開堅硬種子的鳥類得具備更有力的顎肌，這使得強化的顎部以及更粗厚的嘴喙成了必備構造，如此才能承受額外的力道（第 149 頁中）。
- 演化出結實下顎的藍鴉會用嘴喙敲開橡實（第 111 頁上）。
- 儘管擁有尖銳的嘴喙，鷺鷥這類鳥並不會用嘴刺穿獵物，而是以喙尖捕捉（第 31 頁上）。
- 霸鶲是用喙尖捉咬飛蟲，而非張嘴「撈」飛蟲（第 97 頁下）。

- 鵜鶘用巨嘴跟能夠膨大的喉囊大口吞魚（第 29 頁上）。
- 鷿鷈會利用水將食物送進嘴裡（第 43 頁下）。

---

## 舌頭

我們很少注意到鳥類的舌頭，某種程度上是因為我們很少看見鳥的舌頭。舌頭對鳥類來說非常重要，也演化出許多特殊的形態。

- 許多鳥種會用舌頭來操控嘴喙中的食物（第 85 頁下）。
- 蜂鳥能以舌頭「裹取」液滴並帶入嘴裡（第 79 頁中）。
- 啄木鳥有一條長而富彈性、黏而帶倒鉤的舌頭，可以伸到裂隙中取出食物（第 91 頁上）。
- 啄木鳥那樣的長舌頭，是「收」在一個護鞘裡，這個護鞘包覆著頭部後方跟上方（第 91 頁下）。

---

## 雙腳

大多數鳥類都不用腳處理食物，只有鸚鵡會積極用腳，而且牠們多半是「左撇子」（第 85 頁中）。

- 像白頭海鵰之類的猛禽會用巨大的爪子抓握獵物，再以嘴喙來撕扯（第 180 頁白頭海鵰）。
- 山雀和藍鴉會用腳握住食物，再用嘴喙用力敲開（第 111 頁上）。

## 覓食的方法

鳥類已經演化出各式各樣的覓食方法及策略。大部分的鳥類憑視覺尋找食物，但是觸覺（第 43 頁中）、味覺（第 19 頁中）、嗅覺（第 59 頁中）以及聽覺（第 65 頁中）對於某些鳥種而言也很重要（見前文「鳥的感覺功能」）。

- 旅鶇側著頭的樣子好像是在傾聽什麼，但其實是在尋找蟲子跟其他獵物的蹤跡（第 127 頁中）。

---

### 有助於覓食的技巧

- 美洲鶉跟雞一樣，會用一隻腳扒地來尋找食物（第 71 頁中）。
- 有些雀鵐會同時用雙腳扒地來覓食（第 153 頁中）。
- 海浪來回沖刷海濱時，會讓沙灘上的無脊椎動物露出行蹤，三趾濱鷸便利用這個機會覓食（第 179 頁三趾濱鷸）。
- 白鷺會用誘餌等手段引誘獵物（第 33 頁下）。
- 啄木鳥會在木頭上啄出小洞來抓昆蟲吃（第 87 頁右）。
- 鳥類利用「迫近」反應，使獵物受驚逃竄到空曠處（第 135 頁中）。
- 有些鳥能夠利用長長的尾巴將昆蟲掃進視野中（第 95 頁上）。
- 東草地鷚會用嘴在雜亂糾結的草地打開缺口，以便看清草叢裡有沒有獵物可以捕抓（第 167 頁下）。

---

### 有助於獲取食物的演化適應

- 有些鳥習慣偷取其他鳥的食物（第 29 頁下）。
- 在開放的水域，俯衝入水是常見的捕魚技巧（第 49 頁中）。
- 有些鷹演化出絕佳的飛行能力及一雙長腳，能夠快速飛行並在空中抓住小鳥（第 55 頁下）。
- 蜂鳥跟花朵會共同演化：蜂鳥的嘴型跟花型互相匹配，而這些花朵的特徵能夠吸引蜂鳥，卻不吸引昆蟲（第 181 頁棕煌蜂鳥）。
- 霸鶲有許多視覺上的演化適應，能夠幾乎只以飛行中抓到的昆蟲為食（第 97 頁中）。

- 許多鳥會潛水覓食（第 21 頁中、第 25 頁下）；有些鴨子只以倒栽蔥的姿勢將半身探入水中覓食（第 177 頁綠頭鴨）。

## 消化系統

鳥類吞下食物後會先儲存在嗉囊，然後由肌胃（又稱砂囊）壓碎，再由腸道吸收其中的養分跟水分，並濃縮廢棄物。

- 反流吐出許多食物對很多鳥類而言是正常現象（第 35 頁中）。
- 嗉囊是儲存食物的器官，位置接近消化道的開端。肌胃則是以其強而有力的肌肉擠壓、「咀嚼」食物。很多鳥種會吞下碎石來幫助研磨食物（第 5 頁下）。
- 有些鳥類能吞下整顆蚌蛤，再由肌胃碾碎、消化（第 178 頁斑頭海番鴨）。
- 美洲鷲腸道中的大量細菌可以幫助消化腐肉，但這些細菌對多數動物來說卻具有毒性（第 180 頁紅頭美洲鷲）。
- 有些鳥會把食物中無法消化的部分壓成食繭，然後吐掉（第 95 頁下）。
- 鳥類那些黑白相間的排泄物中，水分含量其實很少（第 173 頁下）。

## 食物的品質

鳥類對於食物的營養價值相當清楚，會替自己和／或幼雛尋找高品質的食物。

- 即便像山雀這類最常造訪餵食器的鳥類，也有五成以上的食物是來自野外。為了獲取牛磺酸這種營養素，山雀成鳥會特意去尋找蜘蛛來餵養幼雛（第 113 頁中）。
- 鷗的成鳥或許會去垃圾場找東西吃，卻會去抓新鮮的魚來餵雛鳥（第 47 頁上）。
- 鳥類會權衡利弊，仔細挑選食物（第 115 頁上）。
- 有些鳥在餵食器選了種子後會先飛離再進食，因此要選哪顆種子就成了要緊事（第 115 頁中）。
- 為了獲取鈣質，有些鳥會吃乾裂的油漆碎片（第 109 頁中）。

- 吃橡實可以獲取熱量，卻會導致蛋白質的淨損失，因此吃橡實的鳥類必然有其他蛋白質來源（第 111 頁上）。

## 儲藏食物

大部分的鳥類一找到食物就會儘快吃掉，但有些鳥會大費周章把食物儲藏起來供以後食用。

- 一群橡實啄木可以儲藏成千上萬的橡實供日後食用（第 89 頁上）。

- 藍鴉會把食物儲藏起來等之後冬季時取用，也會小心確保儲藏地點不被發現（第 111 頁中）。
- 一隻山雀在一季就能儲藏多達八萬個食物，不僅能記住每樣東西藏在哪裡，還記得那個東西的某些關鍵細節（第 113 頁下）。

## 飲水

- 鳥類可以在一天之內喝下相當於自己體重的水分，也能幾乎整天滴水不沾（第 153 頁下）。
- 生活在乾熱氣候下的鳥類，擁有許多保存水分的演化適應及策略（第 186 頁峽谷地雀鵐）。
- 有些鳥類在前額有鹽腺（就像額外的腎臟），在必要時可以飲用鹹水，也能在鹹水和淡水之間切換自如（第 17 頁上）。
- 為了保存水分，鳥類將尿濃縮成幾乎不含液體的白色固態物質（第 173 頁下）。

# 生存

## 鳥類和天氣

不論天氣好壞，野鳥都得在戶外生活。牠們靠羽毛保護自己，也擁有一些生存技巧，但惡劣天氣仍是一大挑戰。

- 在暴風雨中，鳥類的生存之道是囤積食物、在風雨最猛烈時待在掩蔽處（第 47 頁下）。
- 燕子以飛蟲為食，因此惡劣天候要是持續好一陣子，會對燕子構成嚴峻的考驗（第 183 頁雙色樹燕）。

## 保持溫暖

由於鳥類的體型相對較小、體溫偏高，因此在寒冷氣候下往往很難保持身體溫暖。羽毛是保暖的第一道防線。

- 以重量來說，絨羽是已知效能最好的保暖材質（第 9 頁中）。
- 鳥類會在冬天長出更多羽毛（第 161 頁中）。
- 在嚴寒的天氣裡，鳥類會減少活動並待在遮蔽處。抖鬆羽毛可以讓羽衣變得更厚，收攏喙跟腳能減少熱量流失（第 125 頁中）。
- 鸕鶿會做日光浴：抖鬆羽毛，讓深灰色的皮膚吸收熱能（第 178 頁黑頸鸕鶿）。
- 天鵝的長頸必定特別難保暖，因此頸部的羽毛特別濃密（第 7 頁中）。
- 許多小型鳥類在寒冷的夜晚為了節省能量，都會進入「蟄伏」狀態。蟄伏是一種短暫的冬眠（第 77 頁下）。
- 鳥類可藉由逆流交換循環來避免體溫從沒有保暖層的雙腳流失（第 15 頁上）。
- 在寒冷地區生活的鳥類，喙跟腳往往比較小，這樣可以減少暴露（第 159 頁下）。
- 大西洋海鸚的嘴喙那麼大，如何在北極的海域保持溫暖？沒有人知道（第 25 頁中）。

## 保持涼爽

鳥類身上包著絕佳的隔熱材質，而且跟人一樣只要運動體溫就會升高。想像一下自己無時無刻穿著羽絨外套，運動時也不脫掉！因此鳥類必須小心避免體溫過高。

- 深色羽衣其實比白色更為涼爽（第 107 頁中）。
- 鳥巢的隔熱也很重要，可以避免蛋或幼雛過熱或太冷（第 117 頁下）。
- 鳥不會流汗，一般是靠喘氣來降溫（第 143 頁中）。
- 沙漠鳥類不會在一天最熱的時段費力活動，這是演化出來的行為（第 186 頁峽谷地雀鵐）。

# 躲避捕食者

鳥類不斷面臨眾多捕食者的獵殺，其外表和行為有很大一部分是在應對這種威脅的過程中發展出來的。這些對策大致可分為三類：一是不要引起注目；二是保持警戒；三是在萬不得已時，設法讓對方分心。

## 不要引起注目

很多小鳥都是靠著「不被看到」這招來求生存，並利用各式各樣的隱蔽色來偽裝自己。

- 雙領鴴跟其他身上具有醒目紋路的鳥種，都是藉著破壞身體輪廓來達到偽裝的效果（第 179 頁）。
- 許多鳥類的羽色都有複雜的紋路，能跟周遭環境融為一體（第 180 頁東美鳴角鴞）。
- 許多鳥種在必要時可以隱藏身上的鮮豔羽色（第 143 頁下、第 175 頁上）。
- 鳥巢的位置通常經過精心挑選，不容易被發現，而且親鳥在往返鳥巢時也非常謹慎（第 12 頁中）。
- 許多在地面營巢的鳥類會生下具有隱蔽色的蛋，並且選擇跟蛋殼顏色相仿的地點來營巢。牠們還演化出沒有味道的油脂來理羽，可在繁殖季隱藏氣味，避免被捕食者發現（第 39 頁上）。
- 鴊天生就會用芳香物質或有黏性的物質擦拭巢洞口，大概是為了嚇阻捕食者，但真正的作用仍不清楚（第 119 頁上）。

- 多數鳥類會盡量躲藏在植被中，避免進入開闊地帶，也會權衡覓食機會的利弊得失（第115頁上）。
- 為了盡可能躲開捕食者，雀鵐會把當天的覓食時間延後，直到最後一刻才進食，在那之前就能保持輕盈、迅捷（第159頁上）。

- 鳥類在睡覺或休息時，通常會選擇待在毫不起眼且捕食者很難接近的地方。森林性的鳴禽會棲息在遠離地面的樹枝上（第121頁上）。
- 為何許多小型鳴禽要在夜間遷徙呢？有一個假說認為是為了躲避捕食者（第187頁白冠帶鵐）。

---

### 保持警戒

捕食者通常都是出其不意捕抓獵物，因此會鎖定那些看起來行動緩慢或漫不經心的鳥兒。為了不讓捕食者得逞，鳥兒會以嘹亮的警戒聲告訴捕食者牠已經形跡敗露，順便警告附近其他的鳥。牠們也會利用一些技巧來示警。

- 很多鳥種都能理解警戒聲的意涵，甚至有些鳥起飛時振翅發出的嘯聲也能提醒其他鳥附近有危險（第75頁下）。
- 烏鴉能夠傳遞關於危險的複雜訊息（第105頁下）。
- 許多鳥類身上的羽色紋路看起來像眼睛，這可能是為了讓捕食者誤認為臉，並以為自己被看見了（第61頁上）。
- 搖動尾巴跟輕彈尾巴這兩種行為，顯然是為了向潛在的捕食者發出警告（第95頁上）。
- 很多鳥在睡覺時會睜開一隻眼睛（第75頁中）。
- 成群結隊的鳥會依靠同伴保持警戒（第173頁上）。

- 初來乍到的候鳥可以透過在地留鳥得知捕食者的訊息（第113頁上）。

---

### 讓對方分心

當其他方法都失效時，鳥會試圖迷惑、擾亂或驚嚇捕食者。

- 體型較小的鳥兒通常會比捕食者來得輕巧靈活，在騷擾、追逐可能的捕食者時，可能會非常大膽而且凶猛。西王霸鶲就是一例（第182頁）。
- 小型鳥常會大膽地成群圍繞著捕食者喧嘩騷擾，稱為「群聚滋擾」（第123頁左下）。
- 很多鳥類會假裝受傷並引開捕食者，藉此保護自己的鳥巢（第39頁右）。
- 一大群鳥可以表現出目眩神迷的旋轉翻飛，儘管這些動作看起來像是精心設計過，但其實只是在回應鳥群中的其他個體，就像我們在體育場中跳「波浪舞」一樣（第43頁上）。
- 像北撲翅䴕的白腰那樣一閃而逝的顯眼羽色，或許能夠嚇阻正要展開攻擊的捕食者（第93頁下）。
- 有一些威嚇行為會展示怵目驚心的紋路，比如眼狀斑（第119頁下）。

# 社會行為

所有鳥類都有複雜的社交生活，而且因為鳥類主要是透過視覺跟聲音來溝通交流，因此我們即便身在遠處也能研究並欣賞牠們的互動。有些鳥種非常具有社會性，一年到頭都會成群活動或集體營巢；有些基本上是獨來獨往，只在繁殖季節跟配偶結伴。

## 競爭與合作

一般來說，鳥類會盡力去找食物充足且安全的領域，而且常常得捍衛這些資源，免遭別的鳥染指。在其他情況下，鳥類大量群居然後合作也能互蒙其利。

- 威嚇展示包括讓體型看起來更大的動作或姿勢（第7頁上）。
- 小巧的絨啄木可能是在演化過程中形成近似於毛背啄木（較大型）的外表，這樣在鳥群中能獲得更高位階（第182頁絨啄木）。

- 當食物密集出現在許多分散的小空間時，就能展現成群結隊覓食的好處（第 173 頁上）。
- 如果合適的營巢地點有限（比如島嶼），且食物分布不均（比如在海中），那麼集體營巢是最佳的策略（第 49 頁上）。
- 小群體要比單隻鳥更有辦法解決問題（第 187 頁家麻雀）。
- 橡實啄木若要儲藏食物，得靠一小群同伴彼此合作（第 89 頁上）。
- 烏鴉具有豐富且複雜的社交生活，常會成小群移動，成員包括親鳥以及近幾年生下的後代（第 105 頁上）。
- 有些鳥會互相理羽（第 183 頁普通渡鴉）。
- 山雀相當好奇且社會性強，經常成為鳥類混群時的核心鳥種（第 113 頁上）。

---

### 求偶

多數鳥種的求偶過程都很耗時且複雜，內容幾乎都同時包括聲音及視覺方面的展示。

- 因為舞蹈等展示行為，使得鶴成為非常引人注目的群居性鳥類（第 37 頁下）。
- 綠頭鴨公鳥會成群聚在一起，用精心設計的叫聲和展示動作向母鴨求愛（第 12 頁上）。
- 紅尾鵟的飛行展示相當精細複雜，並且會交換獵物及巢材，這也是求偶行為的一部分（第 52 頁上）。

- 紅嘴紅雀公鳥會炫耀展示鮮紅羽衣及歌唱能力，並且贈送食物給母鳥（第 186 頁紅嘴紅雀）。
- 火雞是用「求偶場交配制度」來求偶（第 67 頁上）。
- 北撲翅鴷的求偶舞蹈是把尾巴展開並來回搖擺身體（第 93 頁上）。
- 歌唱行為往往包含一些鮮豔或高對比羽色的視覺展示。理想狀態下，其他時候這些羽色會隱藏起來（第 143 頁下、第 175 頁上）。
- 鳥大多終生維持同一配偶，但對於較小型的鳥來說，雙方能夠同時存活到下次繁殖季再續前緣的機會相當渺茫（第 169 頁下）。

## 聲音及展示

鳥類鳴唱的用意在於向潛在的配偶及競爭對手宣傳自己，並以此宣示自己的領域及邊界。

- 鳥兒會練習鳴唱，還會依聽眾表演不同的歌曲——某一種唱給配偶聽，另一種給競爭者聽（第 143 頁下）。
- 白天長度的改變會觸發激素產生變化，進而促使鳥類鳴唱（第 147 頁右下）。
- 許多鳴禽一出生就已遺傳某種鳴唱模版，但必須要聽到同類鳴唱才能複製。絕大部分的鳴禽在很小的時候就學了一首或幾首鳴唱曲目，並且終其一生都只唱這些，不會改變（第 157 頁上）。
- 一隻北美小嘲鶇會唱的歌曲加起來可以超過兩百首（第 185 頁北美小嘲鶇）。
- 卡羅萊納鷦鷯會唱的樂句（歌曲片段）多達五十種，而長嘴沼澤鷦鷯公鳥可能會唱兩百首以上的歌曲（第 184 頁卡羅萊納鷦鷯）。
- 鳥類以鳴管發出聲音，而且可以同時唱出兩種不同的聲音——一邊的鳴管各唱一種（第 131 頁中）。
- 有些鳥類歌曲中的音高具有數學相關性，就像音階一樣（第 131 頁上）。
- 有些鳥會在夜晚唱歌，主要是為了利用夜間的寧靜來傳遞訊息（第 135 頁下）。
- 鳥類的歌唱就像精心編排的體操動作一樣，兼具力量、速度與精確（第 157 頁中）。
- 許多鳥類會邊飛邊唱，既是為了視覺上的展示，也是為了把歌聲傳送得更遠（第 167 頁上）。
- 鸚鵡肌肉發達的舌頭可能在發聲時扮演重要角色（第 85 頁下）。

鳥類的聲音不一定都出自發聲器官。

● 田鷸等鳥種會利用特化的羽毛來發出聲音（第 45 頁上）。
● 許多鳥飛行時翅膀會發出嘯聲（第 75 頁下）。
● 美洲山鷸飛行展示時會以翅膀發出大部分甚至所有的聲音，令人驚嘆（第 179 頁美洲山鷸）。
● 絕大多數的啄木鳥都會用嘴喙快速敲擊樹木，以敲擊聲取代鳴唱聲（第 87 頁右）。

# 家庭生活

鳥兒一生的核心活動是繁衍後代：擇偶、挑選領域或營巢地、築巢、產卵、孵蛋、餵養並保護幼雛。對小型鳥來說，整個過程至少需要一個月，大型鳥要花四到六個月，有些甚至要一年以上。

### 領域

繁殖領域能夠提供食物、水以及適當的營巢地，因此大部分鳥類都會捍衛領域，且在那裡待上整個繁殖季。留鳥則有可能整年都待在領域裡。

● 大部分的候鳥每年夏天都會回到同一塊小領域，通常離出生地不遠（第 103 頁上）。
● 有些候鳥也會捍衛度冬領域，而且每年都會回到同一個領域度冬（第 185 頁黃褐森鶇）。
● 如果領域遭入侵，鳥兒會起身防衛，這類爭端會造成短暫的打鬥。領域性強的鳥類有時會被自己在窗戶或汽車後照鏡上的反射影像給弄迷糊（第 187 頁歌帶鵐）。

# 營巢繁殖

找到配偶並建立領域之後，鳥兒就進入產卵育雛期。不同鳥種有不同類型的繁殖育雛過程。本書介紹了三種鳥類的繁殖育雛策略：綠頭鴨（第 12、13 頁）、紅尾鵟（第 52、53 頁）、旅鶇（第 128、129 頁）。

### 營巢繁殖的時機

整體來說，鳥類似乎都會看準時機才開始營巢繁殖，以便在食物最充足的時候育雛。對多數鳴禽而言，春天跟初夏就是最佳時節，因為昆蟲數量最多。

● 太平鳥的繁殖週期會配合植物結果的高峰期（第 139 頁上）。
● 大多數鳥類的繁殖季都很短，但有些鳥如哀鴿，幾乎整年都能繁殖（第 181 頁哀鴿）。
● 最近有項關於繁殖時機的研究發現，隨著氣候暖化，許多鳥種營巢繁殖的時間也提早了（第 111 頁下）。
● 有些鳥同一年會在兩個不同的地方繁殖（第 139 頁下）。

### 築巢

每種鳥都有自己的築巢方式，包括位置、材料、築巢方法、形狀等。有些鳥會替牠們的蛋築出別出心裁的巢，有些根本不築巢，有的甚至不會親自育雛。這些都是與生俱來的本能，但也會依當地狀況而調整。

● 紅尾鵟（第 52 頁中）跟旅鶇（第 128 頁上）通常需要四到七天的時間來築巢，叢長尾山雀最久可花五十天築巢（第 117 頁左）。
● 啄木鳥在樹上挖鑿巢洞（第 87 頁右）。
● 有些鳥用泥土築巢，巢形則因鳥種而異（第 101 頁上）。
● 叢長尾山雀天生就能築出兩種不同類型的巢（第 117 頁上）。
● 鳥巢對於隔熱非常重要，能讓鳥蛋跟幼雛不至於太冷或太熱。有證據顯示，鳥兒在較寒冷的地方會築較厚的巢（第 117 頁下）。
● 利用洞穴（比如舊的啄木鳥樹洞）營巢的鳥類，存亡全繫於能否穩定取得洞穴。在缺乏巢洞的地區，巢箱是很好的代用品（第 133 頁中）。
● 有些鳥類完全不築巢，只把蛋下在地面的凹處，但有許多演化適應能幫助牠們成功繁殖（第 39 頁上）。
● 在沙灘上營巢的鳥類，必須跟人類、犬隻、車輛及其他威脅共存（第 39 頁下）。

## 護巢

- 即便是平常顯得膽小害羞的鳥類,在護巢時也非常凶悍(第 135 頁上)。
- 集體營巢有個潛在優勢:所有鳥巢都有「軍隊」防衛(第 49 上)。

---

## 鳥蛋

鳥蛋是重大的投資。

- 一顆蛋的重量最多可達母鳥體重的 12%。母鳥可能會接連幾日每天都下一顆蛋(第 157 頁下)。

- 蛋殼由大量的鈣質構成,鳥類因此得從食物中獲取鈣質。為此有些鳥會吃下房子的油漆碎片(第 109 頁中)。
- DDT 殺蟲劑會降低鳥類處理鈣質的能力,使蛋殼變薄,造成繁殖失敗(第 29 頁左中)。

每一種鳥的蛋都有其獨特的形狀、顏色及紋路。

- 鳥蛋的外型會隨物種而有些許差異,明顯受到該鳥種對於飛行需求的影響(第 169 頁上)。
- 蛋殼上的暗色斑點主要是為了強化蛋殼(第 137 頁下)。
- 每一巢下多少顆蛋會因物種而異。鳴禽通常生四顆蛋,親鳥通常都有辦法提供足夠的食物給這麼多雛鳥(第 128 頁中)。
- 早熟性鳥類可以生更多顆蛋,因為雛鳥在破殼時已經發育得更成熟,而且孵化後就能自己覓食。早熟性鳥類通常一窩可以生十顆蛋以上,比如綠頭鴨(第 12 頁中)。

- 有些鳥只生一顆蛋,有些通常下兩到三顆蛋,比如紅尾鵟(第 52 頁中)。
- 在尚未開始孵蛋的產卵期,親鳥並不會護巢。這段期間母鳥每一兩天會來下一顆蛋(第 12 頁中)。
- 如果地上有蛋殼碎片,意味著蛋被吃掉或發生意外。若是整齊分成兩半的空蛋殼,則代表成功孵化(第 133 頁下)。

---

## 親鳥的角色

公鳥跟母鳥扮演的親職角色會因鳥種而有巨大差異。整體而言,母鳥比公鳥擔負更多育雛工作。

- 雌雄外表看起來差不多的鳥種,通常會平均分擔育雛責任(第 3 頁下)。
- 鳥類的遷徙不但跟雌雄二型性有關,也跟雌雄的角色分化有關,母鳥會負責更多築巢及育雛事宜(第 186 頁靛藍彩鵐)。
- 大多數鴨子是由母鳥負責所有築巢育雛工作(第 12 頁)。
- 蜂鳥和松雞以及其他採用求偶場交配制度的鳥種都不會結成伴侶,公鳥也完全不參與築巢或育雛(第 67 頁上)。
- 鷸鴴用一種特殊的方式分攤養育工作(第 23 頁下)。
- 一般來說,烏鴉的親鳥都會有幫手來協助育雛,牠們通常是這對親鳥前一兩年生下的後代(第 105 頁上)。

---

## 孵化

「孵化」是指親鳥坐在蛋上,以體溫加熱,讓蛋裡頭的胚胎開始發育直到破殼的過程。一旦開始發育,胚胎就會對溫度非常敏感。親鳥一天最多會花上二十三個小時來孵蛋。

- 多數鳥種會下完最後一顆蛋才開始孵,這樣所有的蛋才能一同發育破殼,這稱為「同步孵化」(第 12 頁中)。
- 有些鳥生了第一顆蛋就開始孵,雛鳥會依照蛋生下的順序孵化,即所謂「非同步孵化」(第 52 頁下)。
- 早熟性鳥類的孵化期一般比較長,晚熟性鳥類則較短(第 3 頁上)。

- 紀錄顯示，好幾種鳥的親鳥跟蛋會在破殼前的最後幾天互相交流（第 23 頁下）。
- 蛋發育和孵化所需要的時間，某種程度上是在手足競爭的壓力下演化出來的——看誰先破殼而出（第 115 頁下）。
- 紅尾鵟主要由母鳥負責孵蛋，孵化期需要四到五週（第 52 頁中）。
- 綠頭鴨完全由母鳥來孵蛋，大約需要四週才會孵化（第 12 頁）。
- 旅鶇也完全由母鳥來孵蛋，不到兩週便可孵化（第 128 頁）。
- 孵蛋期對鳥來說是最危險的時刻（第 12 頁中）。

---

## 雛鳥的生長發育

- 早熟性雛鳥在破殼時就已長滿羽毛，而且一出生就知道如何覓食、躲避危險（第 3 頁上）。
- 早熟性雛鳥會自行覓食，但依賴親鳥的保暖及教導，特別是在孵化之後的第一週左右（第 13 頁下）。
- 晚熟性雛鳥破殼時全身赤裸且無助，需要親鳥照顧好幾天。早熟或晚熟其實各有利弊（第 103 頁中）。
- 有些鳥採取介於早熟跟晚熟的中間路線——雛鳥孵化時全身長滿羽毛且行動自如，但仍仰賴親鳥提供食物（第 19 頁下）。
- 像紅尾鵟這類非同步孵化的鳥種，親鳥會先餵最強壯的雛鳥（通常是最先孵出來的那隻），其他雛鳥只有在食物足夠時才有得吃（第 53 頁）。
- 幼雛天生就會對親鳥的輪廓外形產生「銘印」（第 3 頁中）。

- 潛鳥的雛鳥常會爬到親鳥背上休息，那比在水裡游泳來得溫暖安全（第 21 頁中）。
- 如果距離不遠，親鳥會用嘴叼著食物回巢餵養幼雛；要是距離比較遠，親鳥會把食物存放在嗉囊，回到巢區再把食物反流吐給雛鳥吃（第 35 頁中）。
- 親鳥會替幼雛選擇天然的高營養食物，而且自己常常吃不同的食物（第 47 頁上）。

- 差不多在育雛的第一週，山雀會特別去抓蜘蛛來餵雛鳥，因為蜘蛛含有大量牛磺酸，是必須的營養素（第 113 頁中）。
- 幼雛在巢中產生的排泄物會先形成「糞囊」，之後再由親鳥處理掉（第 87 頁下）。

---

### 長羽練飛階段

雛鳥在羽翼豐滿之前，待在巢中的時間會隨著鳥種而有很大的差異。早熟性雛鳥孵化後幾小時就能離巢，之後還要很久才學會飛行。另一個極端則是得完全依賴親鳥的晚熟性雛鳥，會在巢中待上好幾週，直到可以飛行為止。

- 鳥寶寶通常在完全會飛之前就離巢，但一般來說都不需要人類援助（第 105 頁中）。
- 許多幼雛為了更快長齊飛羽，會先長出一套質地相對脆弱的羽衣以便離巢，之後在幾個星期內，另一套更強韌、更像成鳥的羽衣便會取而代之（第 147 頁左中）。
- 鳥類其實不用「學」飛，就像人類不需要「學」走路。鳥類只需長好羽毛跟肌肉，並且發展出必要的協調能力即可（第 53 頁）。
- 旅鶇在孵化之後，差不多過兩個星期羽翼就豐滿了（第 129 頁）。
- 紅尾鵟雛鳥大約在六週大的時候長好飛行羽，但在接下來的幾個月裡還是會從親鳥那兒獲取食物（第 53 頁）。
- 潛鳥孵化後，大約要過十二週才能獨立（第 21 頁中）。
- 綠頭鴨孵化後幾個小時內就會離巢，之後逐漸獨立，並在八、九個星期後開始飛行（第 13 頁）。

---

### 離巢後的照顧和獨立生活

多數鳥種的幼鳥離巢後，仍然由親鳥餵食及保護，這會達數天甚至數週之久。

- 大多數鳴禽羽翼豐滿後，親鳥仍會持續照顧，最長達兩週（第 129 頁）。
- 像紅尾鵟這類較大型的鳥，幼鳥離巢後會在巢區附近再多待幾週，而且持續接受親鳥提供食物至少八個星期，最久可達六個月（第 53 頁）。

- 鴨子之類的早熟性鳥類幼雛並不會從親鳥那兒取得食物（第 13 頁）。
- 大多數鳥類在冬天都是各奔東西，並不會像家族一般聚在一起（第 155 頁下）。
- 有些習慣結群的鳥種可能會成對或成群一起移動數月甚至數年（第 37 頁下、第 188 頁暗背金翅雀）。

---

### 再次築巢

- 鳥類大多一年只築巢繁殖一次，要是巢在繁殖季初期就損毀，可能會再嘗試築巢。但受限於時間，無法在一個繁殖季內完整繁殖兩次（第 13 頁）。
- 許多體型較小的鳥種因為繁殖育雛過程較短，所以在單一繁殖季中可以成功繁殖兩次甚至三次，而且通常每次都會另築新巢（第 129 頁）。
- 有些鳥種會重複使用同一個巢（第 95 頁中）。

---

### 托卵寄生（巢寄生）

有些鳥既不築巢也不照顧幼雛。牛鸝就是以「托卵寄生」這種方式繁殖：把自己的蛋下在其他鳥種的巢，孵化和育雛工作全交給不知情的養父母代勞。

- 牛鸝的蛋會比宿主的蛋更早孵化，雛鳥也長得更快更大，因此相對於巢中其他雛鳥就更有優勢（第 171 頁下）。
- 牛鸝母鳥會密切注意自己生下的蛋，這有可能是牛鸝幼雛羽翼豐滿幾週後便能夠認得自己這個物種的關鍵因素（第 171 頁中）。

# 鳥和人類

人跟鳥的相互作用可分為這幾大類：鳥類對人類文化的影響、商業行為中的鳥類，以及因人口而產生變化的鳥類生活。

## 鳥類和人類文化

鳥類在民俗中占有相當重要的地位，無論是外型、習性或聲音，幾千年來都激發了無數作家、音樂家以及科學家的靈感。

- 鳥類的鳴唱跟人類的音樂有相似之處（第 131 頁上）。
- 科學家不斷從羽毛結構和鳥類的其他解剖細節中獲得啟發（第 103 頁下）。
- 對人類來說，鳥類的遷徙和鳴唱反映了季節的更替（第 147 頁右下）。
- 真的有「田鷸」這類鳥[1]，不過「獵田鷸」卻是整人遊戲（第 45 頁中）。
- 幾個世紀以來，鷹一直受到人類逼迫殘害（第 55 頁上）。

---

### 鳥的名稱

常見的鳥類，我們會依據叫聲、習性或外表來命名。

- 菲比霸鶲這個名稱得自鳴唱聲（第 182 頁黑菲比霸鶲）。
- 有些北美的山雀叫做「chickadee」，這個英文名稱源自鳴叫聲（第 184 頁黑頂山雀）。
- 鳾的英文是「nuthatch」，這名稱顯然來自「像一把手斧（hatchet）般撬開堅果（nuts）」的習性（第 184 頁白胸鳾）。
- 簇山雀的英文名稱「titmouse」來自兩個中古英文單字，意思都是指「小鳥」（第 184 頁加州簇山雀）。
- 旅鶇的英文名是「American Robin」，因為與其遠親歐亞鴝（European Robin）相似而得名（第 185 頁旅鶇）。

## 商業行為中的鳥類

最早期的人類就會抓野鳥來吃，西元 1900 年左右，人類仍會為了口腹之欲或追求時尚而大肆獵殺、販賣野鳥。現在我們則是飼養家禽作為食物。

- 十九世紀的商業狩獵導致許多物種滅絕，包括旅鴿（第 73 頁下）。
- 仕女帽業對羽毛的需求造成鳥類大屠殺，這在 1900 年前後引發強烈反彈，全美各地因而成立了奧杜邦學會和野生動物保護區，多項保護野鳥的新法律也紛紛通過（第 178 頁雪鷺）。

---

1. 譯註：田鷸的英文是 snipe，但這個單字也有狙擊、菸蒂的意思。

- 被人類馴化的鳥種寥寥可數（第 177 頁疣鼻棲鴨）。
- 馴化的灰雁是非常重要的家禽，肉跟蛋可以吃，羽毛可以用，還會看門守衛（第 9 頁下）。

- 火雞起初在墨西哥被人馴養，之後經由歐洲傳入美國（第 67 頁中）。
- 家雞是北美洲數量最多的鳥類（第 69 頁下）。
- 數百年來，羽毛一直是人類首選的書寫工具（第 9 頁上）。
- 每一種類型的鵝毛都能用來製作不同的產品（第 9 頁中）。
- 目前，世界各地的鸚鵡都因寵物貿易而遭到濫捕的威脅（第 182 頁和尚鸚哥）。
- 麗色彩鵐族群受到威脅，部分是因為寵物市場的需求而遭誘捕（第 151 頁中）。
- 餵食鳥類是一門大生意。我們餵給鳥吃的食物得先栽種在某個地方，種植的過程中也要設法避免被鳥吃掉（第 175 頁下）。

## 鳥類和人類環境

日益增加的人口對鳥類造成廣泛的影響，這主要是由於人類侵犯、奪取了鳥類的自然棲地，並將之轉變為自己的居所。有些鳥種能夠適應並且從中受益，但多數都無法適應這些改變。

- 野鴿很能適應建築物，還能以窗台取代峭壁當作繁殖巢位，因此能夠在世界各地的都市裡大量繁衍生息（第 181 頁野鴿）。
- 從一萬年前人類開始進入農業時代後，家麻雀顯然就適應得很好，一直跟人類保持密切的關係（第 161 頁上）。
- 家朱雀非常適應城郊生活，常利用窗台和其他建築結構築巢繁殖（第 187 頁家朱雀）。
- 家燕（第 101 頁上）和煙囪刺尾雨燕（第 99 頁下）幾乎只把巢築在人工建築物上。
- 藍鶇原本是利用舊的啄木鳥洞築巢繁殖，要是人類不提供巢箱，牠們能夠築巢的地方可能相當有限（第 133 頁中）。
- 由於人類噪音改變了聲景，鳥類的叫聲也產生了變化（第 159 頁上）。
- 市區裡有更多鳥兒是在夜間鳴唱，這可能是因為夜裡較安靜，有利於傳達訊息（第 135 頁下）。
- 沙灘很稀少，而且人類對沙灘的需求很高，導致人類不斷與習於在沙灘上繁殖的鳥類產生衝突（第 39 頁下）。

## 農業和鳥類

日益普及的工業化農法已經對鳥類造成危害，尤其是使用農藥來除草殺蟲的做法。

- 隨著農地面積越來越大、越來越貧瘠，原本在鄉間灌叢繁衍的鳥類數量一直在減少（第 71 頁上）。
- 當代的牧草種植農法由於收割次數太頻繁，使得棲息在牧草地的鳥類沒有足夠時間完成育雛（第 167 頁中）。
- 擬八哥和烏鴉等鳥種受益於人類的農業活動，增加的族群數量對生態系統造成了巨大衝擊（第 188 頁普通擬八哥）。

## 餵食鳥類

在多數地方，只要放點食物就能吸引小鳥到自家院子。如果你能提供種子或其他優質食物，那麼鳥兒就會上門大快朵頤。

- 糖水能吸引蜂鳥等鳥種前來（第 79 頁上）。
- 相較於餵食器裡的食物，鳥兒更偏好天然食物（第 155 頁上），而且餵食器的食物絕不會超過全部食物來源的一半（第 133 頁中）。
- 鳥兒並不會因為沒有餵食器就活不下去，餵食器也不會讓鳥類放棄遷徙，或讓牠們更容易被天敵捕食（第 155 頁上）。

# 生態學及鳥類保育

生態學研究的是生物之間以及生物及其生存環境之間的相互作用。所有事物都環環相扣，鳥類正好可以展現這些關連。

- 鳥類需要乾淨健康的環境，這自不待言（第 178 頁普通潛鳥）。
- 吸汁啄木鳥會在樹皮上啄出孔洞，讓樹汁流出，這些孔洞也是許多動物的重要食物來源（第 182 頁黃腹吸汁啄木）。
- 北撲翅鴷等啄木鳥所啄出來的巢洞，其他動物也能用來繁殖棲息（第 182 頁北撲翅鴷）。
- 鮭魚對許多鳥類的生存至關重要，原因很簡單，鮭魚能夠把營養鹽帶到河川上游（第 125 頁下）。
- 植物的果實具有吸引鳥類的特質，鳥類便能協助散播種子（第 145 頁下），花朵則能吸引蜂鳥前來傳播花粉（第 181 頁棕煌蜂鳥）。
- 河狸創造的棲地讓大藍鷺間接受益（第 31 頁下）。
- 「恐懼」具有強大的生態影響力。捕食者會改變獵物的行為，從而使位處食物鏈較低階的動物獲得生存良機（第 180 頁庫氏鷹）。
- 人類習慣把動植物運送到全球各地，並釋放、散布到不同的生態系中，這有時會帶來毀滅性的後果。我們稱這些落地生根並且對其他物種造成負面影響的物種為「入侵種」（第 185 頁歐洲椋鳥）。
- 在北美洲，大多數人常見的天鵝並非原生種，而且還經常被視為入侵種（第 177 頁疣鼻天鵝）。
- 旅鶇雖是北美洲的原生種，卻因外來的蚯蚓、南蛇藤和藥鼠李等入侵種而受益（第 127 頁左上）。

## 棲地

- 在競奪資源的過程中，每個物種都會適應並占據一個生態區位，就此與其他物種共存共榮（第 41 頁上）。
- 許多鳥種對棲地的種種細節都非常敏感，包括枝葉、昆蟲、濕度、溫度、光照程度等等（第 185 頁黑喉藍林鶯）。
- 紅尾鵟和美洲鵰鴞住在相似的棲地、獵捕相似的獵物，但紅尾鵟在白天狩獵，美洲鵰鴞則是夜間覓食（第 180 頁美洲鵰鴞）。

## 鳥類的族群量

- 北美洲數量最多的野鳥是旅鴿，甚至比北美的人口還要多。全世界數量最多的鳥類是家雞（第 69 頁下）。
- 一種鳥的整體族群量可能會因生命週期的某項因素而受限（第 83 頁中）。

- 有些鳥的數量跟種子或其他食物的「盛衰週期」有關。當食物供應充足時，族群量就增加；如果遇到食物短缺的年份，鳥兒被迫四處漂泊尋找食物，族群量便隨之減少（第 165 頁下）。

---

## 贏家和輸家

- 二十世紀初的加拿大雁還是需要保護的稀有鳥種，如今卻極為普遍且數量繁多（第 177 頁加拿大雁）。
- 野生火雞在 1900 年前後差點滅絕，現在又再度成為常見鳥種（第 181 頁火雞）。

- 美國東部大部分的農地回復成森林後，北美黑啄木也因此受益（第 182 頁北美黑啄木）。
- 人類文明讓家燕也跟著得到好處——穀倉提供營巢地，週遭的田地則是理想的覓食區。但如果昆蟲數量持續減少，家燕的族群也可能難以繼續茁壯（第 183 頁家燕）。
- 旅鶇也因人類的開發而受惠，所以在市郊的草坪和植栽周圍很容易見到牠們的身影（第 127 頁左上）。
- 紅嘴紅雀在市郊的棲地環境適應良好，分布範圍也因此在上個世紀時往北擴張（第 186 頁紅嘴紅雀）。
- 美洲隼的數量正在減少，可能的原因包括棲地喪失、環境污染、缺乏營巢地以及昆蟲減少（第 180 頁美洲隼）。
- 雉科鳥類在世界各地都是狩獵的目標，很多雉科的成員現在已經非常稀有，原本分布於美國東北部的石楠松雞等鳥種甚至滅絕了（第 181 頁大草原松雞）。
- 由於棲地喪失和農耕方式的改變，草原鳥種的數量已經大為減少（第 167 頁中）。
- 我們還不知道北美齒鶉的數量為何會大規模減少（第 71 頁上）。
- 過去一百年間，北美已有許多鳥類絕種。最後一隻旅鴿死於 1914 年（第 73 頁下）。

# 鳥類所面臨的威脅

絕大部分鳥類所面臨的頭號威脅是棲地喪失（見前文「贏家和輸家」），其他重大威脅包括家貓、窗殺（撞擊窗戶玻璃致死）、農藥以及氣候變遷。最近一項研究發現，北美鳥類的總數在過去五十年減少了四分之一。

- 我們很少看到鳥屍，就算有，通常也都是死於人為因素（第 123 頁右下）。
- 絕大部分的鳴禽都活不過第一年，即便能夠長到成鳥階段，每年也只有五成的存活率（第 169 頁下）。

## 家貓

對鳥類而言，家貓是非常致命的捕食者，而且牠們並不是北美的原生物種。據估計，北美洲每年被貓獵殺的鳥兒就超過十億隻（遇害的小型哺乳動物甚至更多），比其他跟人類有關的死亡因素都還要多。生活

在野外的流浪貓是這些鳥類死亡的主凶，但即便是食糧充足的寵物貓，每年也會獵殺好幾億隻鳥。

像貓村之類的戶外流浪貓聚集地，對附近的鳥類族群來說尤其具有殺傷力。即便各種證據歷歷在目，例如貓在這種環境裡的生活其實非常艱困而且活不久，很多地方還是允許甚至支持流浪貓聚集。如果你有養貓，請養在室內，這絕對是你為鳥類所做的一大善事。待在室內的貓咪不會獵殺野鳥，也更加健康、長壽。

## 窗殺

窗殺是造成鳥類死亡的人為因素中極為嚴重的一項，光是在美國，估計每年就有數億隻小鳥撞死。儘管撞窗事件經常發生，不過以單一建物來說並不那麼常見，因此很容易為人所忽視。窗殺的根本問題在於，鳥類以為牠們可以飛越玻璃反射的天空和樹林鏡像。在全速飛行時撞上玻璃往往必死無疑。

領域性強的鳥類也會攻擊自己的鏡中倒影，這通常不會致命，窗殺就不同了（第 187 頁歌帶鵐，以及下文）。窗殺也跟候鳥在夜間被都市的大樓燈光吸引而撞上不同，那種情況很好解決：把燈關掉，小鳥就不會撞過來了。

---

### 如何避免窗殺

為了避免小鳥撞死在自家窗戶，你得設法讓鳥明白該處無法飛越。最簡單有效的方法，是在窗戶外頭每隔幾公分就垂掛細繩，或是垂直貼上細膠帶，這樣在視覺上會形成無法飛越的狹窄柵欄，但從屋內看出去的視野又不會受到太大的干擾。一般廣泛採用的猛禽造型貼紙其實效果不好，因為還是留下太多看來可穿越的空間，只會讓鳥想要先閃避障礙再飛過去。市面上可買到防窗殺的產品，但你也可以自己製作。

## 氣候

在未來，溫室氣體所造成的氣候變遷將會對鳥類族群造成巨大深遠的影響。其實現在就能觀察到氣候變遷改變了遷徙的時間，也引發自然週期的混亂。此外，海平面上升更嚴重威脅生活於沿海的鳥類。

- 氣候變遷會改變植物和昆蟲的年度生命週期，有些

鳥類能夠適應，有些就跟不上變化的腳步了（第111頁下）。

- 很多鳥種起碼已經往北擴張一個世紀了（第89頁中）。
- 旅鶇的度冬區比以前還要更北，雖說部分原因是氣候暖化，但也是因為北方有更多果實可供食用（第127頁左上）。

- 對美國西南部沙漠地帶的氣候預測如果準確無誤的話，許多鳥種未來將無法在那裡生存（第186頁峽谷地雀鵐）。

## 環境污染

鳥類除了仰賴我們提供無汙染的環境，也需要充足的昆蟲、魚蝦等食物來源。自從美國禁用 DDT 之後，在 1960 年代受此化學藥劑影響的物種多半已經重拾生機。但從那時開始，農藥的總體使用量一直在增加，而且我們也知道某些新型化學藥劑會危害鳥類。

- DDT 之類的污染物沿著食物鏈往上層移動時，濃度會逐漸累積（第 29 頁左上）。
- 目前數量已經回升的白頭海鵰，便是曾經因為 DDT 而大幅減少的物種之一（第 180 頁白頭海鵰）。
- 鉛中毒是由人造物所引發，對許多鳥來說是隱伏而嚴重的威脅（第 57 頁下）。
- 食蟲性鳥類大量減少與人類廣泛使用新型農藥有關（第 101 頁中）。

## 疾病

野外很少見到生病的鳥，因為牠們通常會躲起來，也較容易遭天敵捕食。

- 結膜炎是好發於家朱雀的眼疾（第 163 頁下）。
- 西尼羅病毒對鳥類族群的影響非常大（第 183 頁加州灌叢鴉）。

# PORTFOLIO
# OF
# BIRDS

## 鳥類選輯

加拿大雁成鳥及雛鳥

五十年前，
這種鳥是季節變換和
自然荒野的美好象徵，
但數量暴增之後，
現在卻有許多人
視之為郊區的討厭鬼。

# 加拿大雁
## CANADA GOOSE

只有幾天大的加拿大雁雛鳥

雁跟雞、鴨、鷸一樣，都屬於早熟性鳥類，也就是破殼而出時眼睛就睜開了，而且全身長滿羽毛，能夠行走、游泳、覓食，幾小時內就能維持自己的體溫。牠們大多數的行為都是出自本能，孵化器孵出來的雛鳥即便沒有親鳥，也能照顧自己並且長成健康的成鳥。在野外，成鳥會保護幼雛避免捕食者攻擊或遭遇其他危險，並把幼雛帶到食物豐富的地區，但不會餵食。相較之下，鳴禽就屬於晚熟性鳥類，破殼時雙眼緊閉、全身無毛，完全無法照顧自己，需要親鳥持續照顧餵養起碼兩星期才能存活（第 103 頁中）。

雛雁孵出之後，看到親鳥或是貌似親鳥的東西，自然而然就會產生依附，這種行為又稱「銘印」。對雁來說，這個關鍵期是孵化後的 13 到 16 小時左右。剛孵出的雁並沒有很好的分辨能力，因此會對其他物種產生銘印，包括人類，甚至是玩具火車這類無生命物體。這種本能行為對雁之類的鳥來說顯然有其好處，因為早熟性幼雛孵化之後很快就會離巢，必須緊緊依附親鳥才能獲得最佳生存機會。

加拿大雁家族

加拿大雁的公母鳥外表相似，是典型由兩性共同承擔護巢育雛工作的鳥種。雖說外表看起來差不多，還是可以藉由仔細觀察行為來辨別雌雄。在加拿大雁的家庭裡，公雁通常是體型最大的那一隻，往往站得最挺，擔任哨兵及守衛。跟多數鳥類不同的是，雁會全家一起度過整個秋冬。公雁或公鵝的英文叫做「gander」，母雁或母鵝則是「goose」。

一對加拿大雁，左邊是公鳥，右邊是母鳥。

SNOW GOOSE

雪雁

雁群常會根據天候及
食物條件而改變
遷徙的時程
及方向。

成群遷徙的雪雁

● 排成人字形飛行可以讓鳥類減少能量消耗、增加飛行距離，也因為彼此都能視線相交，有助於鳥群的內部溝通。每隻飛行中的鳥都會在身後留下一道空氣渦流，而人字形飛行之所以省力，就是因為後方的鳥可以利用前一隻鳥留下的上升氣流。當空氣流過鳥類彎曲的翼剖面時，會造成翅膀下方的氣壓較高、上方的氣壓較低，這種壓力差便能讓鳥兒留在空中。飛行時，翅膀大部分的面積會把空氣往下壓，形成「下洗氣流」，翅膀下方的高壓則會從翼尖處往上溢流，形成「上洗氣流」。後面的鳥會移到一邊以避開下洗氣流，並且調整位置讓一邊的翅膀通過前面那隻鳥留下的上洗氣流，甚至還會調整振翅的節奏以及跟前面那隻鳥的距離，讓翅膀同步拍動，這樣每隻鳥的翼尖就能在空中劃過相同的軌跡，繼而留在帶頭那隻鳥振翅形成的上洗氣流中。要做到這一點，牠們必須對空氣運動、升力及阻力非常敏感，才能在空中找到最有效率的路線。

排成人字型飛翔的雁群

正在換羽的雪雁

● 羽毛會磨損，因此所有的鳥類都會定期更換羽毛，這個過程稱作「換羽」。絕大部分的鳥類會漸進汰換翅膀上的飛羽以保有飛行能力（見第 99 頁上），但雁鴨是一口氣脫落然後長出一組全新的飛羽，因此在夏末約有 40 天不能飛行。為了安然度過這段換羽期，牠們偏愛待在天敵罕至的隱蔽溼地裡，有的甚至會移動超過一千六百公里遠，而且往往會往北飛，目的只是為了換羽。在一些熱門的雁鴨換羽地，水岸邊會遍布脫落的舊羽毛。等到翅膀的新羽毛長出來後，雁兒便會在秋季啟程南遷。

● 鳥類沒有牙齒。雖然鳥喙可以稍微破壞食物，但主要是由強而有力的肌胃（又稱砂囊或胗）磨碎。鳥吃下食物後，會先儲存在嗉囊中（位於身體前方的伸縮囊袋），之後再經由腺胃（又稱前胃）送到肌胃，以強力肌肉用力擠壓研磨。肌胃非常強壯，像火雞的肌胃就可以壓碎整顆核桃，而斑頭海番鴨則能壓碎小型蚌蛤。雪雁主要吃植物，所以會吞下碎石，讓肌胃裡頭有一層硬物可以幫助磨碎食物。

腺胃

肌胃

嗉囊

腸

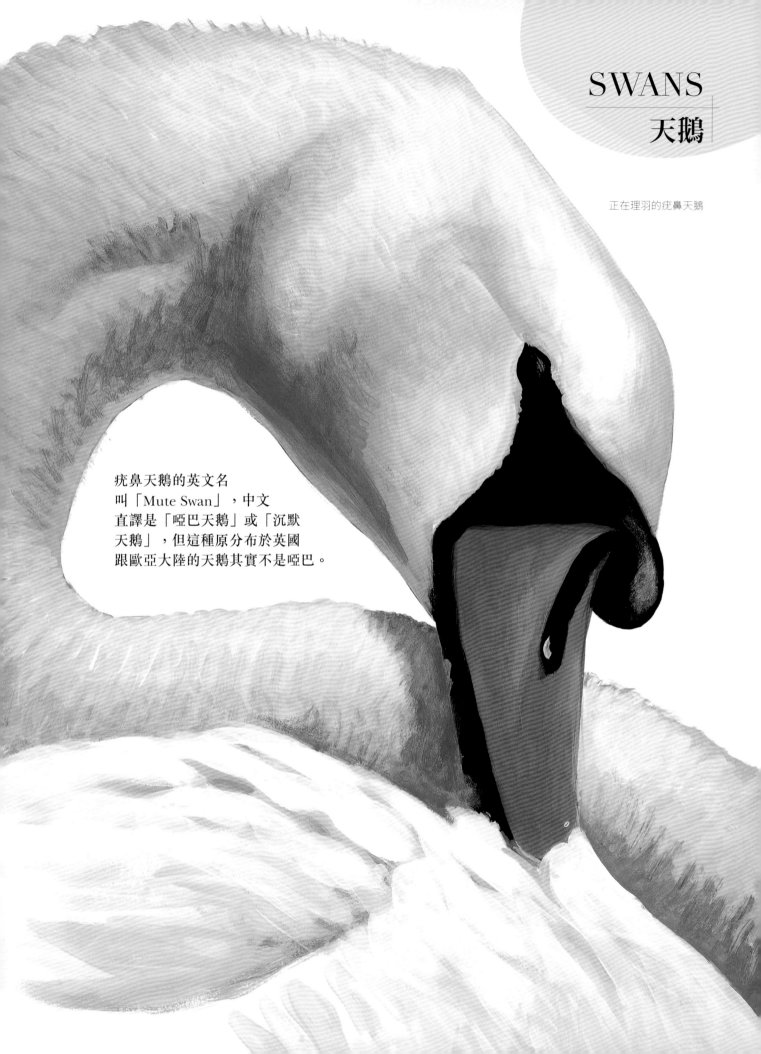

SWANS
天鵝

正在理羽的疣鼻天鵝

疣鼻天鵝的英文名
叫「Mute Swan」，中文
直譯是「啞巴天鵝」或「沉默
天鵝」，但這種原分布於英國
跟歐亞大陸的天鵝其實不是啞巴。

疣鼻天鵝的挑釁展示

● 鳥類很多「挑釁展示」的動作都是為了要讓自己看起來更龐大，疣鼻天鵝的威嚇展示就是最佳例子。疣鼻天鵝會先把翅膀舉到背上，抖鬆脖子的細小羽毛，然後奮力划水往前衝，伴隨著嚇人的嘶嘶聲。多數情況下，鳥類這樣威嚇人類時都只是在虛張聲勢，但是重達九公斤的疣鼻天鵝還會用翅膀的骨質前緣或是嘴喙發動猛力一擊，所以你最好還是保持安全距離。

● 天鵝跟雁的細長脖子不管在什麼天候下都需要保暖，尤其暴露在寒風中以及反覆伸進水裡時。為了減少暴露、保持熱量，這類長脖子的鳥會盡可能把頸部緊緊盤靠在身上。鳥類雙腳的逆流交換循環（見第15頁上）在脖子上發揮不了作用，因為腦部需要源源不絕的含氧溫血，這些鳥的整個頸部因而包覆著一層濃密細緻的絨羽。事實上，小天鵝是鳥類王國中的羽毛數量紀錄保持人——全身超過兩萬五千根羽毛，其中有八成（差不多兩萬根）長在頭頸部。

蜷縮著脖子保暖的疣鼻天鵝

● 什麼是嘴喙呢？它是種非常輕量的結構，由兩種類型的骨頭所構成：裡頭是海綿質骨，外層是薄而硬的骨頭，這樣鳥喙就能兼具輕盈跟堅固。此外，骨頭的最外面還包覆了一層堅硬的角蛋白（跟我們的指甲是同樣的成分），因為這是活組織，所以嘴喙可以漸漸改變顏色。角蛋白層會不斷生長，當嘴喙有刻痕或刮傷時就能加以修補，並保持嘴型，包括因使用而磨損的鋒利邊緣以及鉤狀尖端。

疣鼻天鵝的嘴喙結構，
白色是骨頭，橘色跟黑色是包覆在外層的角蛋白。

# DOMESTIC DUCKS AND GEESE
## 家鴨和家鵝

這兩種家禽的品種
和雜交組合繁多，
這裡僅僅畫出
其中兩個例子。

疣鼻棲鴨（上）和
綠頭鴨（下）的馴化品種

從七世紀到十九世紀，一千多年來，羽毛都是主要的書寫工具。羽軸的中空管狀結構搭配直挺又可彎曲的性質，拿來當筆是再適合不過。只要把羽軸斜剪一刀，就能得到精緻的尖頭，尖頭上方的中空管可以裝填墨水，然後再修剪羽幹兩側的羽枝，手就可以舒適握住。雁鵝或烏鴉翅膀上的大根羽毛拿來當筆剛剛好，而且容易取得，尤其是在某些會養鵝來食用的地區更是如此。事實上，在十九世紀早期，俄羅斯的聖彼得堡每年都出口兩千七百萬根鵝毛筆。直到今日，畫家還是會用精緻的鴉羽管筆（crow quill pen，也就是沾水筆）來創作，只是這種筆現在已經不是由鳥類的羽管製成了。英文的「pen」（筆）源自拉丁文的「penna」，意思是羽毛，而「pen knife」就是指過去放在口袋裡的摺疊小刀，隨時可以拿出來切削修整羽管筆的筆尖。

灰雁翅膀上的大根羽毛可以削剪製成羽管筆。

除了拿翅膀上的羽毛來做成筆，人類還發現鵝身上另外兩種羽毛的用途——體羽可以用來裝填枕頭和其他羽毛製品，而那些靠近體表的蓬鬆絨羽是已知保暖效果最好的材質，因而廣泛用在夾克及睡袋等專業產品上。無論是天然材料還是人工製品，沒有什麼材質能像絨羽一樣兼具超輕量以及超強保暖度。但人類在使用絨羽時發現一個缺點：如果絨羽溼掉，就幾乎無法保暖。鳥類為了克服這個問題，確保絨羽乾燥，會投入大量的時間和精力來保養羽毛。

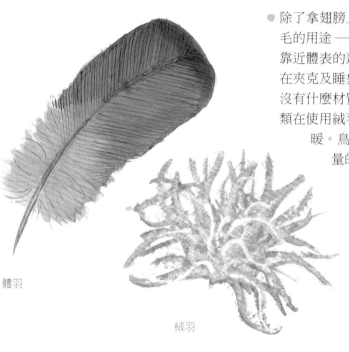

體羽

絨羽

鵝在過去幾個世紀都是非常重要的家禽。這些馴養的灰雁不但能夠提供肉跟蛋，還能提供絨羽以及製作羽管筆的羽毛，甚至充當保全——因為警覺性跟嘹亮的叫聲，使其成為實用的「看門狗」。

馴化的灰雁，也就是歐洲家鵝。

# DABBLING DUCKS
## 浮水鴨類

為了尋找水面下的食物，
綠頭鴨和其他鴨子在游泳時
只需把身體往前一壓，
脖子直直伸進水中，
就能找到想要的食物。

半身浮在水面上「倒栽蔥」覓食的綠頭鴨公鳥

從水面起飛的綠頭鴨

● 直接從水面起飛是個特殊挑戰，因為水沒辦法提供堅硬的表面讓鳥一躍而起，所以多數在水域活動的鳥種（見第21頁上）都要在水面助跑才能達到起飛速度。但是綠頭鴨這種浮水鴨類卻能直接從水裡飛上天，很不尋常。這到底是怎麼辦到的呢？牠們會往水面用力拍壓翅膀，所以起飛振翅的第一擊是拍在水面，而不是空氣中。一旦離開水面，牠們會繼續用力拍幾下翅膀，這樣就能升空並達到正常的飛行速度。

● 鴨子游泳時，翅膀是什麼狀態呢？答案是：會收攏靠在體側，然後體側的羽毛從腹部往上包覆翅膀。此時胸部、腹部及脇部（就是體側）的羽毛就成為完整的防水層，像船一樣讓身體跟翅膀保持漂浮。當背部的羽毛從上方散開遮住收攏的翅膀時，也剛好會被體側的羽毛蓋住，這樣便形成滴水不漏的密封，身體就不會溼掉了。

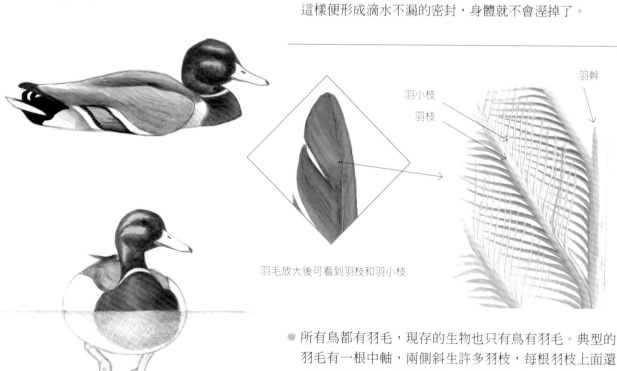

羽毛放大後可看到羽枝和羽小枝

羽幹

羽小枝

羽枝

上圖是綠頭鴨的正常姿勢，翅膀藏在脇部跟背部羽毛的下面。中間的圖是翅膀外露的樣子。下圖顯示脇部的羽毛如何包裹身體兩側，形成完整的防水層。

● 所有鳥都有羽毛，現存的生物也只有鳥有羽毛。典型的羽毛有一根中軸，兩側斜生許多羽枝，每根羽枝上面還有許多羽小枝。羽枝其中一側的羽小枝有一些細小倒鉤，稱作羽纖枝或羽小鉤，下一根羽枝延伸過來的羽小枝上則有槽溝，而羽纖枝可以一一鉤住羽小枝的槽溝，像魔鬼氈那樣「黏」在一起，形成一道輕量、堅固、柔韌、防潑水的平面。羽毛的纖維是從羽毛基部開始，沿著分支一路延伸到羽枝及羽纖枝的最末端（圖中橘色線顯示的是單根纖維），因此有極佳的抗斷裂性。

# The Nesting Cycle of a Mallard
## 綠頭鴨的繁殖育雛過程

兩隻公綠頭鴨對一隻母鴨求偶展示

綠頭鴨最早從十一月就開始求偶，並且延續整個冬天，這段期間公鴨會競相吸引母鴨的注意。公鴨與母鴨一建立配對關係，從春過境期到營巢產卵階段都會在一起，等到母鴨開始孵蛋，公鴨就會離開。

母鴨會獨自在地面築巢，地點通常遠離水域。牠會先大略弄出一個碗狀構造，然後以乾草等巢材布置巢緣。由於巢通常位於小灌叢或草叢底部，有時母鴨也會用草來當作雨遮。巢位跟巢材都經過精心挑選，好讓整個巢融入背景環境。母鴨開始產卵時，多數時間還是會跟公鴨一起待在鄰近的池塘或草澤，每天只會安靜迅速回巢一次，每次回去只下一顆蛋。在這段期間，親鳥並不會看管鳥巢，母鴨也很少做什麼防衛動作。開始孵蛋後，母鴨會從胸前拔取絨羽鋪在巢裡，並在整個孵化期持續往巢中添加植物巢材跟絨羽。

### 生存
在每一次的繁殖嘗試中，幼雛能夠長到飛羽齊全的機率只有15%。蛋孵化後，能活過前兩週的小鴨不到一半，活下來的又只有大約三分之一能夠撐過未來六個星期直到羽翼豐滿。孵蛋對成年母鴨而言是最危險的時期，因為幾乎整天都在坐巢，只能靠著偽裝來躲避捕食者。研究發現，有高達三成的成年母鴨無法安然度過為期四週的孵蛋期。

等到蛋都生完之後（一窩平均十顆），母鴨就會開始孵蛋，坐在蛋上面幫蛋加熱保暖。母鴨一天差不多要坐巢 23 個小時，連續孵 28 天左右，這段期間只能靠偽裝、運氣以及躲藏來避開天敵耳目。開始孵蛋後，母鴨整天都待在巢中，此時公鴨的責任就結束了，通常會長途跋涉到食物豐富的溼地度過整個夏天。

這些大約 30 天大的小鴨已經度過最脆弱的時期，但是還要好幾個星期才會飛。雛鴨長很快，要是牠們能撐過天敵等危險的威脅，等到 60 日齡左右，翅膀上的羽毛就能長好，也就可以飛翔了。再過幾個月，小鴨的外表基本上就跟年紀更大的鴨子沒什麼兩樣，而且在出生的隔年春天就能繁殖了。

早熟性的綠頭鴨孵化後沒多久幾乎就可自理一切——會走、會游、會覓食，並在母鴨帶領下離巢。小鴨此時還是要靠母鴨保暖，在較為寒冷的氣候下，經常得在夜裡躲進母鴨肚子底下取暖，最久可達 3 週。母鴨也承擔警戒任務，還要引導小鴨學會躲避捕食者並找到食物豐盛的地點。此時的雛鴨非常脆弱，有許多會被捕食者吃掉，包括大口黑鱸及狗魚之類的肉食性魚類、狐狸、貓、猛禽、鷗、烏鴉、鱷龜、牛蛙等。

胚胎在孵化溫度的觸發下開始在蛋殼裡發育，即便是相隔多天產下的蛋，最終孵化而出的時間也相差不到幾小時。雛鴨在破殼前大約 24 小時內會在蛋殼裡發出一些微弱的嘶嘶聲或咔嗒聲，這些聲音可能有助於同步孵化。一般來說，從第一顆蛋孵出來到一家子準備離巢覓食，往往只需幾個小時。

# WOOD DUCK
# 美洲鴛鴦

美洲鴛鴦公鳥是演化和雌性選擇的產物。公鴨並不參與育雛，因此母鴨在擇偶時主要是根據異性的吸引力。數百萬個世代以來，母鴨不斷挑選外表出眾的公鴨，於是演化出美洲鴛鴦這種俊美的鳥兒。

展現出最佳狀態的美洲鴛鴦公鳥

鳥的身體包覆著良好的隔熱層，雙腳卻是裸露的，還得經常暴露在嚴寒之中。其實應付寒冷對鳥腳來說並不是什麼大問題，因為雙腳肌肉組織很少（見第 121 頁中），並不需要太多的血流量。問題在於，流到雙腳的溫熱血液再流回身體時溫度太低了，幸好鳥類的循環系統能夠處理這個問題。鳥類用一種叫做「逆流交換循環」的機制來轉移熱量，以便加熱流回身體的血液。在雙腳的上端，主要的動脈和靜脈會分成很多條較小的血管，彼此交纏，讓溫暖的動脈得以傳遞更多熱量到回流的冰冷靜脈血中。這個熱交換系統的效率非常好，動脈血中最多有 85% 的熱量可轉移到回流的血液中。逆流熱交換在動物界相當普遍，鳥類的翅膀也有這套系統，人類的手臂裡則有這個系統的雛形。同樣的原理對於鹽腺中的化學物質轉移也很重要（第 17 頁上）。

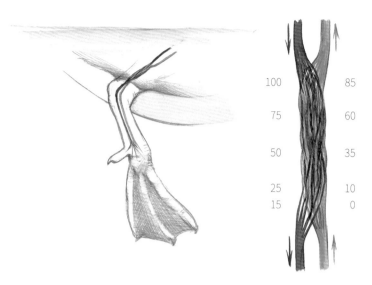

動脈中的血液（紅色）跟靜脈中的回流血（藍色）互相纏繞。在相同的位置上，動脈血的溫度都還是高於靜脈血（數字表示有效熱能的百分比），因此在整段熱交換系統中熱量都能從高溫處轉移到低溫處。

美洲鴛鴦母鳥

公鳥的外表可能得迎合母鳥的選擇，但支配母鳥外表的，主要是典型的自然選擇，比如需要隱蔽色（保護色）來躲避捕食者，這導致某些鳥種呈現極端的雌雄二型性。同時，母鳥對公鳥某些特徵的選擇也會影響雌性後代。胚胎的性別分化差不多在發育一週之後才會出現，在那之前已經發育的特徵都會出現在兩性身上，包括骨架結構、皮膚裸露無羽的部位以及某些部位的羽毛長度等等。美洲鴛鴦雌成鳥的羽色紋路雖然跟雄成鳥完全不同，但嘴型一模一樣，眼睛都有一圈裸皮圍繞，後腦杓也都有一簇羽冠。

鳥類羽色紋路的複雜多變超乎想像，但同一鳥種內，不同個體的羽毛花紋卻又如此驚人地一致。這些紋路是如何被控制得這麼精準呢？由於羽毛（人類和其他哺乳類的毛髮也一樣）從毛囊長出來之後就成了死掉的結構，因此製造紋路的唯一機會便在於羽毛的生長過程。我們大致上可以把這過程想成一張紙從噴墨印表機裡印出來：從羽尖開始，羽毛在冒出之前就已存放了顏色在上頭。跟紙張不同的是，紙張經過印表機時一直保持平整，但羽毛原本是繞著中軸捲起來，直到冒出之後才展開。藉由這種方式，就可在羽毛生長時於不同部位短暫「啟動」黑色跟褐色色素，從而創造出暗色的斑點、縱紋、橫紋等圖樣。同一個毛囊能夠產生不只一種羽毛形狀及紋路，至於要產生什麼樣的形狀或紋路，完全取決於鳥兒成熟或季節變換時體內分泌的激素（見第 165 頁上）。

美洲鴛鴦公鳥體側的羽毛。上圖是羽毛正從管狀羽鞘長出並展開的狀況，下圖是完全長好的樣子。

# DIVING DUCKS
## 潛水鴨類

海番鴨這類鴨子是能夠完全潛到深水裡覓食的潛水鴨類。牠們會把整顆蚌蛤吞下肚，再用強而有力的肌胃壓碎。

在海中覓食蚌蛤的斑頭海番鴨

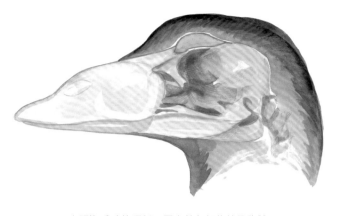

斑頭海番鴨的頭部，圖中藍色部位就是鹽腺。

● 人類仰賴腎臟來排除體內多餘的鹽分和污染物，但鳥類除了腎臟外，頭骨的眼窩上方還有鹽腺，能把血液中的鹽分濃縮後排掉，之後這些高濃度鹽溶液會從鼻孔滴落。鹽腺是利用逆流交換循環把鹽從血液轉移到水中（見第 15 頁上），就像我們的腎臟，但效率要比腎臟高出許多。科學家做過一個實驗，讓一隻鷗喝下接近其體重 10% 的鹽水，結果發現多餘的鹽分在三小時內就全排出體外，而且沒有任何不良影響。（請勿在家自行嘗試！）對海番鴨這類在海中捕食蚌蛤跟其他無脊椎動物的鳥類來說，排出鹽分是一大挑戰，因為牠們體液的含鹽量跟周遭的水域相同（魚類體內的鹽份濃度則低於海水）。海番鴨在夏季待在淡水湖泊，此時鹽腺會萎縮，等到冬季前往海域時鹽腺就會變大。

---

● 羽毛的防水性能主要來自羽毛的結構。水的表面張力能讓水滴維持形狀，而羽毛上重疊且相連的羽枝僅留下極小空隙，小到這些液態水滴無法流過（這跟 GORE-TEX 布料的概念一樣）。帶鉤的羽小枝不僅可以防止羽枝被扯開，還能避免被推得太近，這樣羽枝就能保持適當的間距。間距的大小則是根據鳥種的習性各自演化而成。會潛水的鳥，羽枝就排列得非常緊密，以避免水因壓力擠壓而穿透羽毛。然而非常緊密的羽枝間距雖然能夠防止水分穿透，卻也會讓水沿著羽枝相接，繼而浸溼羽毛表面。陸鳥的羽枝間隔就大多了，不但能展現最佳防潑水性，也能避免羽毛表面浸溼，但卻會讓水分受壓而穿透間距（鳴禽如果想潛入水下就會這樣）。海番鴨這類鴨子則以適中的羽枝間距加以折衷，並將尾脂腺分泌的油脂塗抹在羽毛上加強防潑水，眾多重疊的羽毛也能提供多層防護，限制水分穿透。

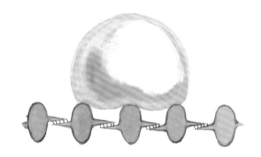

羽枝橫剖面上的水滴。英語有句俗諺說「like water off a duck's back」，意思是白費功夫的批評或告誡，就像水落在鴨子背上，抖一下就全散落了。

---

● 斑頭海番鴨這類游禽的每根羽毛都非常堅硬且彎曲，羽毛末端因此得以緊緊壓在後方的羽毛上。間距小且互相重疊的羽毛構成多重防水層，集合起來就形成堅固而有彈性的外殼，不但能防水，還能在下方保留一層乾燥而保暖的絨羽。相較之下，烏鴉之類的陸鳥不但沒那麼多羽毛，羽毛較直也較有彈性，如此形成的外殼雖然具有絕佳的防潑水性，但要游泳的話就不太理想了。

體表的橫切面示意圖，
左上是海番鴨的羽毛，右上是烏鴉的羽毛。

# COOTS
# 瓣蹼雞（白冠雞）

瓣蹼雞乍看有點像鴨子，但其實是鶴的近親。

正在吃水生植物的
美洲瓣蹼雞

游禽是以雙腳划水來讓自己在水中前進，腳趾之間多半演化出單一的蹼，一大片划起水來很有效率。但有些鳥種，例如瓣蹼雞，則是沿著腳趾兩側長出延伸的扁平組織，讓腳趾更寬，提供更多表面積來划水，這種腳趾型態稱為「瓣蹼足」。除了瓣蹼雞外，鸊鷉、鷸科的瓣足鷸、分布於熱帶地區的鰭趾鷉也都有瓣蹼足。

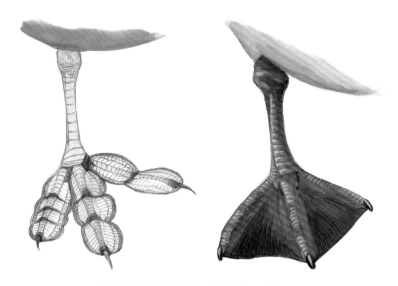

左邊是瓣蹼雞的瓣蹼足，右邊是鴨子的蹼足。

鳥類的味覺相當發達，雖然味蕾數量比人類少多了，但也能感受到人類的四種主要味覺。左圖這隻瓣蹼雞正在用嘴喙品嚐食物的味道。鳥的味蕾多半不在舌頭上，而是在口腔的頂部跟底部，但有少數味蕾接近嘴喙尖端，所以可以在啣起食物時迅速評估能否吃下肚。

綠點表示味蕾的大致位置（在嘴喙內側）

瓣蹼雞雛鳥破殼而出時全身就長滿了絨羽，眼睛也已睜開，孵化後大約六小時就能游泳並跟隨親鳥活動。但跟完全早熟性的雁鴨雛鳥（見第13頁中）不同的是，牠們不會自己覓食，要靠親鳥餵食好幾星期。鸊鷉跟潛鳥也是採取這種策略。

正在餵食雛鳥的美洲瓣蹼雞

# LOONS
# 潛鳥

深具魅力的普通潛鳥
是北國潔淨湖泊的象徵，
那兒也是牠們傳宗接代的所在。

背著一隻雛鳥的普通潛鳥成鳥

潛鳥得要雙翅雙腳並用，助跑一大段距離才能達到起飛所需的速度，因此需要大片開放水域才能起飛。由於逆風能夠加快空氣流經翅膀的速度，牠們總是偏好迎著風起飛。如果牠們降落的池塘面積不夠大，就有可能飛不起來而受困。潛鳥的雙腳長在身體後側，這有助於游泳，卻導致行走困難，更別說從陸地奔跑起飛了。（見綠頭鴨，第 11 頁上。）

正在助跑起飛的普通潛鳥

潛鳥的覓食方式是潛進水裡抓魚吃。在潛水之前，牠們常會先把頭伸進水裡找魚，等到要下潛時，雙腳就用力一推，順勢頭先腳後滑入水中，接著以雙腳四處游動，直到夠靠近目標獵物，然後像鷺鷥一樣用匕首般的嘴喙迅雷不及掩耳地抓住（而非刺穿）那隻魚，返回水面後再把魚吞下肚。潛鳥在水下停留的時間最長可達 15 分鐘，下潛到 60 多公尺，不過平均潛水時間不到 45 秒，深度則是在 12 公尺以內。

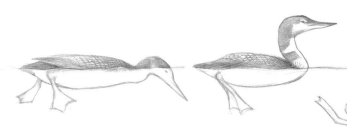

普通潛鳥查看水下狀態後潛入水中。

潛鳥孵化後幾小時就會游泳，但得靠親鳥餵食將近三個月。雛鳥經常在親鳥游泳時坐在親鳥背上。等到三週大，牠們就能追魚追到水下 30 公尺深，但是由於身上蓬鬆的絨羽會拖慢速度，所以捕魚的成功率只有 3% 左右。到了八週大，牠們就已經長出如同成鳥般的羽衣，此時約有五成的食物來源是靠自己捕捉。到了 12 週牠們就可獨立生活，不但能夠飛行，也完全靠自己覓食。

背著雛鳥的普通潛鳥

所有鳥類每年至少會換羽一次，而潛鳥和許多鳥種是一年兩次。普通潛鳥在繁殖季時是醒目的黑白羽色，到了冬季則會轉為較樸素的灰褐和白色。未成年的潛鳥在一歲之前外表跟成鳥的冬羽差不多，都是黯淡的灰褐色。

普通潛鳥的未成鳥

# GREBES
## 鸊鷉

儘管鸊鷉的外表類似潛鳥和其他游禽，
但近來的 DNA 研究顯示，
牠們的近親其實是紅鸛！

黑頸鸊鷉繁殖羽

在一年中的大部分時間裡,黑頸鸊鷉都不飛翔,但每年春季跟秋季卻會踏上艱困的旅程,不間斷飛行長達數百公里。初秋時節,整個美洲的黑頸鸊鷉有 99% 都聚集在加州的莫諾湖(Mono Lake)跟猶他州的大鹽湖(Great Salt Lake)。這兩座湖各有超過一百萬隻黑頸鸊鷉在那兒狂吃豐年蝦,把自己養得胖胖的。在這段無需飛行的期間,牠們的注意力都放在食物上面,以至於消化器官變大、飛行肌肉萎縮。等到體內儲存的脂肪使體重倍增,湖裡的食物也吃得差不多了,牠們便停止進食。接下來,消化器官會縮小到僅剩巔峰期的四分之一而暫停運作,然後鸊鷉會鍛鍊翅膀的飛行肌肉,準備長途飛行。這可是很大的賭注,因為牠們現在沒辦法再進食了,得趁體內還有足夠的脂肪時把飛行肌肉練到夠壯。牠們體內儲存的燃料只夠飛一趟。等到十月份,時機最佳的夜晚到來,幾十萬隻鳥便會同時起飛,通宵達旦飛越沙漠直達太平洋,在那兒度過整個冬季。

在水面助跑起飛的黑頸鸊鷉

會潛水的鳥都有某些可以控制自身浮力的機制。鸊鷉常常會把身體整個沉入水面,只露出頭部。牠們藉由壓縮羽毛、擠出羽毛之間的空氣,或是從體內的氣囊呼出一些空氣來做到這點——氣囊充滿氣時會占據大部分的體腔,壓縮氣囊就能減少浮力。有項針對潛水鴨的研究顯示,羽毛跟氣囊對於減少浮力同等重要。

把空氣擠出羽毛跟氣囊外,黑頸鸊鷉就能沉下去。

黑頸鸊鷉雛鳥在破殼之前,會以聲音跟坐巢孵蛋的成鳥溝通,相當不可思議,這便是所謂的「乞求照顧信號」。雛鳥破殼前的最後幾天,蛋殼裡會傳出微弱的叫聲,促使成鳥更加頻繁地翻動每顆蛋、把原有的巢堆修築得更大、帶食物回巢,並且花更多時間坐巢孵蛋。

雛鳥孵化後的第一週會坐在親鳥背上。大約十天後,鸊鷉爸媽會各自帶走一半的雛鳥,之後就各過各的生活。

一隻黑頸鸊鷉正在照料牠的蛋。

# ALCIDS
# 海雀科海鳥

在繁殖洞穴中餵食雛鳥的大西洋海鸚

海雀科海鳥可說是北半球的企鵝,但兩者的分類完全不同。要在冰冷的海洋中覓食是一大挑戰,但是這兩類鳥都發展出類似的解決之道,這是趨同演化的一個例子。

就許多方面來說，海鳥的繁殖聚落對於
該地區的生態都非常重要。海鳥從海裡
捕魚再帶到陸地，等於是把營養鹽集中
起來往上搬，而這過程基本上就是在替
聚落周遭施肥，繼而促進植物生長，這
麼一來也提供了許多動物居住的棲所。
有項研究甚至發現，北極地區海鳥聚落
的糞便會釋出銨鹽粒子，這是雲形成時
的重要成分，本質上就是在「催生」雲
層，並幫助該地區降溫。

岩石小島上的海鳥聚落

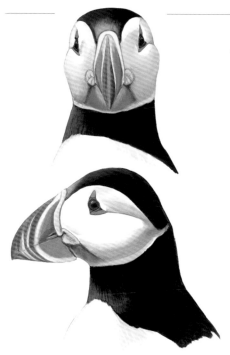

海鸚的彩色大嘴是既奇怪又奇妙的東西，也讓牠們贏得「sea parrot」
（海鸚鵡）這個英文別稱。不過，為什麼海鸚的嘴長成這樣呢？其醒
目的色彩與圖樣或許是為了炫耀展示給其他海鸚看，但嘴的形狀跟大
小為什麼是這樣，就很難解釋了。大部分擁有大嘴的鳥類都是生活在
熱帶，比如鵎鵼，牠們的大嘴可以幫助散熱。但海鸚住在寒冷的海域，
長著一副大嘴要怎麼生存呢？此外，高大嘴喙的流線外型雖然有利於
往前移動，但在水下要側向移動就有點困難了。或許這副大嘴的好處
在於額外的高度可以增加硬度、避免彎折，海鸚因此能夠牢牢咬住滿
嘴的魚。

大西洋海鸚的正面和側面

海鴉是海鸚的近親，以小魚為食，而且常以
翅膀推進（這跟潛鳥不同，見第 21 頁中）潛
到海面下超過 180 公尺深的地方。在那麼深
的海水中，即便烈日當空且水質清澈，亮度
也只和地面上帶著黯淡月光的午夜時分差不
多。海鴉也常在夜間覓食——夜裡牠們愛吃
的獵物會移動到海面附近，但牠們還是會往
下潛到 60 公尺深。海鴉似乎不太可能利用視
覺來定位並追捕獵物，但沒人知道牠們到底
是用哪些感官來覓食。除此之外，我們不知
道牠們如何承受那種深度下的水壓（比方說
如何避免海水穿透羽毛），也不清楚牠們是
如何在憋氣的情況下游得那麼快、那麼深。

潛入一片漆黑之中的厚嘴海鴉

# CORMORANTS
## 鸕鶿

鸕鶿是世界上效率最好的海洋捕食者，
平均來說，
其單位努力漁獲量[1]比其他動物都要高。

展開雙翅站立的雙冠鸕鶿

常有人說鸕鶿的羽毛之所以會沾溼，是因為牠們沒有尾脂腺，所以沒辦法在羽毛上塗油防水。事實上，鸕鶿有尾脂腺，羽毛碰水會溼掉是拜演化所賜。鸕鶿體羽的外圍羽枝是鬆散的，沒有羽小枝固定，所以當水讓羽枝互相沾黏時，體羽外圍就會溼掉。然而鸕鶿體羽內側有羽小枝可以緊抓羽枝，使其排列能夠展現防潑水性（見第 17 頁中）。這些防水的羽毛內側互相重疊，所以即便羽毛外緣都溼透了，也能防止水分接觸到皮膚。當羽毛增加的水分重量達到體重的 6% 左右（差不多潛水 20 分鐘後），鸕鶿就必須離開水域。羽毛含水的好處是可以減少將近 20% 的浮力，在潛水時能節省力氣。還有一種可能是，在羽毛上保持一層水分或許有助於在水中穿梭移動，但這說法還需要驗證。

雙冠鸕鶿展開雙翅，有利於弄乾羽毛。

鸕鶿的體羽外緣會被水沾溼，但內側能夠防潑水。

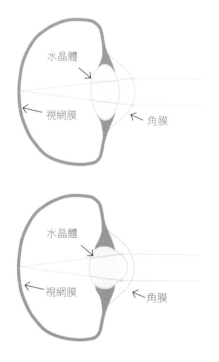

## 我在水下看到的是一片模糊，為什麼鳥兒能看到還能抓到魚呢？

要把影像聚焦在視網膜上，我們的眼睛跟其他透鏡一樣，都需仰賴折射（或稱屈光），也就是當光線從某一密度的介質進入不同密度的介質時所發生的彎曲現象。介質間的密度相差越多，光線的彎曲角度就會越大。在空氣中，眼睛的折射力（屈光力）大部分來自於角膜的彎曲表面，光線就在此處從氣體進入液體（從大氣到眼球）。眼球裡的水晶體只會對光線做些微調整，以便對焦在近處或遠處的物體上。但在水中，角膜幾乎起不了作用，因為光線是從液體進到液體（從水域到角膜），這時我們的水晶體無法彌補角膜的功能，所以影像無法聚焦到視網膜上，眼前看到的就是一片模糊。不過，鸕鶿和其他幾種游禽卻演化出更有彈性的水晶體。為了在水下獲得清晰的影像，有一群小肌肉會用力擠壓這些鳥類的水晶體，迫使水晶體從更堅硬的虹膜凸出來，形成非常彎曲的表面，便能在水下取代角膜的功能。

在空氣中（上圖），光線是在眼球外側的表面折射，在水晶體裡折射的並不多。在水中（下圖），光線在進入眼球處幾乎沒有折射，對焦的工作是由水晶體完成。

1. 譯註：又稱漁獲率，投入捕魚的時間（努力量）跟漁獲量的比率。

一派悠閒的褐鵜鶘成鳥。
世上所有會飛的鳥類中，
鵜鶘在重量排行榜上可是名列前茅。

鵜鶘
PELICANS

## 鵜鶘如何用喉囊捕魚？

鵜鶘喉囊的功能跟多數人的認知不同，不是用來裝魚的籃子，而是在水下捕魚的大杓子。

褐鵜鶘會飛到水面上找魚，一發現有機會捕獲的魚群，就會一頭衝入水中。

鵜鶘一頭栽進水裡時會打開嘴巴，下喙兩側往外彎曲，喉囊就會像氣球一樣伸展開來，裡頭可以裝滿多達十一公升的水，以及大量的魚——希望如此囉！

一旦頭不再往前移動，下喙兩側就會立即回復平行，然後合起上喙，不讓巨大喉囊中的任何一條魚跑掉。

停棲在水面的鵜鶘慢慢把頭抬出水面，讓水從上下喙之間的縫隙流出，喉囊中只留下魚。

最後，當所有的水都排出時，鵜鶘靈巧地把頭一甩，將所有魚大口吞下。

在食物鏈中，DDT（以橘色小點表示）會從昆蟲到魚類再到鵜鶘體內，層層向上累積。

● 褐鵜鶘曾經因為 DDT 的毒害而差點滅絕。人類在 1950 及 60 年代大量使用這種化學物質作為殺蟲劑，後來在 1962 年成為《寂靜的春天》一書探討的主題。DDT 會累積在動物的體脂肪中長達數年之久，每隻昆蟲體內雖然只帶著微量的 DDT，但以這些昆蟲為食的魚類就像是不斷往自己身上添加殺蟲劑，當鵜鶘吃下這些魚時，也會逐漸累積體內的殺蟲劑濃度。位居食物鏈越上層的物種，毒素越集中，這種現象就是所謂的「生物累積」。DDT 會干擾生物體內對於鈣質的利用，因此受到毒害的鳥所生下的蛋就很容易破掉。結果坐巢孵蛋的鵜鶘壓碎了自己的蛋，導致繁殖失敗，族群量因而減少。幸運的是，1972 年美國禁用 DDT 的幾年之後，族群下降的趨勢逆轉了，褐鵜鶘得以再次成為美國南部海濱地區的常見景色。

褐鵜鶘及笑鷗

● 「盜食寄生」這個有點炫的詞彙是在說一種偷食物吃的策略，某些海鳥尤擅此道，特別是鷗這一類的鳥。當牠們看到某隻鳥抓到豐盛的食物時，就會想要偷來自己享用。笑鷗經常在覓食中的鵜鶘身旁閒晃，甚至站到鵜鶘頭上，希望抓到幾條魚吃。牠們會趁鵜鶘的喉囊在排水時找尋漏網之魚，但也不放過任何從張開的喉囊中抓魚的機會。

# HERONS
## 鷺鷥（一）

一隻 3 公斤重的鷺鷥能吞下 450 公克的魚，
就好像體重 45 公斤的人吞下將近 8 公斤的魚，
而且是一口氣全吞下去。

大藍鷺捕魚動作分解圖

大藍鷺是很有耐心的獵手——靜靜注視著,偶爾往前緩緩踏出一步,一旦看到目標,便把身體微微前傾,脖子略縮,瞄準,謹慎地策劃致命一擊。隨後,在電光石火間,牠們的嘴裡已叼著一條魚。把魚帶出水面後,大藍鷺會在口中迅速輕拋那條魚,等位置調整好,就能從魚頭開始吞下。

像鯉科小魚等比較小型的獵物,牠們毫不費力就能吞掉;較大的獵物可能要花上一分鐘才能通過牠們的長脖子,而且在吞的過程中還能看到頸部有個鼓起一路往下。飽餐一頓後,鷺鷥會停幾分鐘讓獵物「安頓」下來,然後繼續下一回合的獵食。

● 鷺鷥並不會拿尖嘴來刺穿獵物。在迅雷不及掩耳的出擊瞬間,牠們的上下嘴喙會在接觸到獵物前的十三分之一秒內張開,隨後緊咬住獵物。

站在巢上的大藍鷺

● 大藍鷺常常會成小群營巢,並將巢築到生長在水域的樹上,這樣就能避開地面的捕食者。河狸的數量在美國北方回升後,大藍鷺也因而受惠,因為河狸會利用大量枯木創造許多新的溼地,非常適合鷺鷥築巢繁殖。

大藍鷺正面圖

# EGRETS
## 鷺鶯（二）

在 1900 年前後，
為了獲取鷺鶯羽毛
而獵殺白鷺的行為引起公憤，
也點燃了當代的保育運動。

正在求偶展示的雪鷺

魚所反射的光線（橘色線）在水面產生折射，因此會以不同角度抵達鷺鷥的眼中。沿著這條線（虛線）看過去，那條魚就像是在不同位置。

● 折射：試試把鉛筆（或任何直的物體）插入水中，你會發現那根鉛筆在水面看起來像折彎了。要是你想射中鉛筆的筆尖，你會瞄準哪裡？這就是鷺鷥遭遇的挑戰。魚所反射的光線會在水面產生折射，意味著魚實際上並不在看起來的位置。鷺鷥得要修正這種錯覺，並攻擊在真正位置上的魚。

　　折射角會隨著視角而略有變化，折射引起的偏差也會隨著水深而增加。在鷺鷥的攻擊範圍內，魚真正的位置可能會離看起來的位置相差最多達七公分半。要知道魚的真正位置，就得對角度和深度進行複雜的計算。實驗顯示，鷺鷥在攻擊前會先調整自己的位置，使得角度和深度符合特定的數學關係，而這顯然能校正折射所帶來的視覺偏差。如果偏愛的角度被擋住，牠們往往無法命中目標，但在實驗室中，如果牠們可以選擇攻擊的位置並瞄準靜止的獵物，就從不失手。

想把魚兒引誘到水面的雪鷺

● 為了更靠近魚，鷺鷥可說是花招百出。有人看過綠鷺把一小片羽毛（甚至是公園裡找到的魚飼料）放在水面，然後緊盯著那些被餌誘來的小魚。雪鷺也常把嘴尖放到水中，模仿水面上掙扎的昆蟲，藉此捕捉靠近的魚兒。把魚引誘到水面有個附帶的好處：這樣一來，折射所造成的挑戰幾乎就消除了。

## 羽毛的演化

羽毛並非由鱗片演化而來。最初從恐龍身上發育出來的羽毛，基本上是管狀構造。下圖依序說明羽毛演化的五個階段：

階段一：最早的「羽毛」是一根簡單的中空管子，如同剛毛，主要功能或許是保暖隔熱。但即便是在演化的初始階段，羽毛也可能具備能夠展示或偽裝的色彩。

階段二：從簡單管狀羽的基部分出數根纖維，看起來就像是現代鳥類身上的絨羽，這樣就能產生一層絨毛，並且獲得比前階段的管狀羽還要有效的隔熱效果。

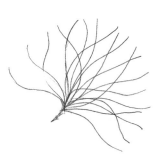

階段三：發展出分支結構，亦即一根中軸加上生長於兩側的羽枝，如此就能形成更複雜的羽色紋路。

階段四：分支化持續發展，每根羽枝再長出羽小枝，互相鉤連，這樣羽枝便能連成一片更堅硬的平面。

階段五：發展出很多特化的羽毛形狀及結構，因此能夠展現不同的功能。某些最為複雜、特化的羽毛都跟飛行有關，比如不對稱羽毛能夠增進空氣動力，這意味著飛行功能是後來才演化出來的，並非羽毛最初的功能。

# SPOONBILLS AND IBISES
## 琵鷺和䴉

粉紅琵鷺

琵鷺用湯杓狀的嘴喙在泥水中
以觸覺跟味覺來找食物。

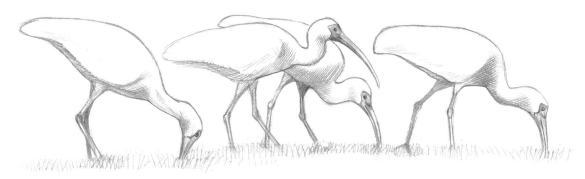

美洲白䴉把嘴喙插入泥土或洞穴中，以視覺跟觸覺來覓食。

● 找尋食物是鳥類的主要挑戰之一，鷺鷥、䴉、琵鷺等大型涉禽就展現了多樣的覓食策略。鷺鷥完全靠視覺來獵食（見第 31 頁），琵鷺依賴觸覺，䴉則是同時使用視覺和觸覺。牠們常會尋找螯蝦洞之類的地方，找到後就把嘴喙伸進去，再用嘴尖的觸覺跟味覺探查，直到發現一些值得叼出來的東西。

---

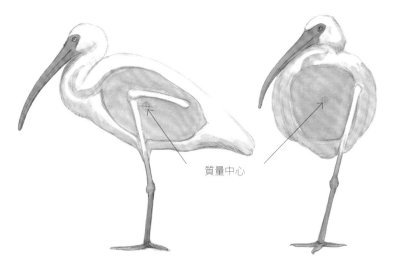

● 「反流」（regurgitation）是指消化道的東西回流到口腔，這在鳥類身上相當常見。許多鳥類在其頸部底端，也就是食道跟體腔的交會處，都有一個可擴張的囊袋，稱為嗉囊（見第 5 頁下），消化作用有一部分就是從這兒開始的，但它基本上是個儲存食物的器官。成鳥外出覓食的時候會收集大量食物，暫放在嗉囊中，飛回巢穴後再把食物反流給幼雛吃。鳥類也會把食物中不能消化的部分反流吐掉，比如種子或硬殼。這些東西會反流，有些是因為太大而無法通過腸道，有些則是因為鳥類要盡快排出體內多餘的重量。

美洲白䴉雛鳥（右）伸嘴取食成鳥（左）反流吐出的食物。

---

● 為什麼鳥要單腳站立呢？簡而言之，因為這對牠們來說很容易。這種行為在腳長的鳥種身上最為明顯，不過所有鳥類都會這麼做。鳥類足部結構有諸多演化適應，能夠讓單腳站立成為穩定且幾乎不費力的姿勢。鳥類身體的質量中心位置低於膝蓋（就像你蹲下時那樣），而且骨盆有個構造可以防止腿往上抬到更高的位置。單腳平衡時，那隻腿必須傾斜，這樣腳才會位於身體的正下方。腿的位置基本上是固定的，身體靠在腿上，之後只要微調腳趾就能保持直立。此外，鳥類在骨盆附近還有一個平衡感測器，這絕對有助於單腳站立（見第 149 頁上）。

質量中心

從側面和正面看單腳站立的美洲白䴉

# CRANES
## 鶴

一對跳舞中的沙丘鶴

全世界有十五種鶴，大多數
是受脅或瀕危物種，但北美
洲的沙丘鶴數量正在增加。

● 對很多美國人來說，只要是高大挺拔、灰色系的鳥類都叫「鶴」，但在北美的大多數地區，所謂的「鶴」其實是大藍鷺（見第30頁）。沙丘鶴跟大藍鷺的外表雖然很像，卻非同類，從外表、習性、叫聲等諸多細節都能區分。沙丘鶴幾乎總是成對或成群（不會離群索居），擁有悅耳的「鶴鳴」，在地面溫和揀食（大藍鷺則是以猛然向前啄的方式捕魚），而且額頭有紅色裸皮，站立時尾巴上方披散著一團長而彎的羽毛。

大藍鷺（左）和沙丘鶴（右）

● 如果你仔細觀察鳥的下肢，會發現「膝關節」彎曲的方向反了，但其實那是鳥的踝關節，而非膝關節。左圖黃色的部位在人身上主要是腳掌，但在鳥類身上則是融合成一根既長且直的結構，看起來像是小腿。鳥的「腳掌」其實完全由趾骨構成。此外，鳥的下肢肌肉都很靠近身體，並由羽毛包覆保暖，而露出來讓人看到的「鳥腳」則如骨骼般纖細，因為實際上那只是細長的骨頭和肌腱，外面再覆上一層皮而已。

人的下肢（右）跟沙丘鶴的下肢（左），不同顏色由下而上分別對應到腳趾、腳掌、小腿、大腿

沙丘鶴之舞

● 繁殖季時，成對的鶴有很強的領域性，而且在育雛期間（通常要照顧一隻幼雛，有時兩隻）都不會跟其他的鶴打交道。等到夏末，各個家族跟沒有參與繁殖的單身鶴會聚集，一同往南遷徙。同家族的鶴通常會待在一起直到來年三月，家庭成員除了親鳥跟當年出生的幼鳥外，往往還有一隻或多隻前幾年出生的未成鳥。在這些度冬的鶴群中，社交展示行為是普遍的現象，包括相當精采且繁複的「鶴舞」，這是鶴類獨有的行為。鶴舞由雄鳥發起，具體動作包括鞠躬、鳴叫、鼓翅、跑步以及凌空躍起等。有人認為這是一種求偶展示，但牠們整個冬天都會跳鶴舞，而且只要有一對鶴起舞，附近其他成對的鶴往往也會受到刺激而開始跟著跳。

像雙領鴴這種在地面生蛋的鳥，
會利用偽裝跟一些花招來避免天敵攻擊蛋和雛鳥。

在公園繁殖的雙領鴴

PLOVERS

鴴

直接下在空地的蛋很容易被捕食者吃掉，所以鳥類主要的防禦策略是避免蛋被發現，但成鳥本身在演化上也有幾種應對之道。這些蛋的蛋殼有隱蔽色，證據顯示成鳥會選擇背景跟蛋殼顏色相仿的地面來營巢，而所謂的巢，其實只是地面上的淺坑，沒有任何會引起捕食者注意的巢材結構。成鳥同樣也有隱蔽色，而且會積極以一些擾亂的動作來引開捕食者。上述全是視覺上的偽裝，但最大的威脅來自靠嗅覺狩獵的天敵，尤其入夜之後。為了避免受到這種攻擊，雙領鴴等在地面營巢的鳥種於繁殖期間，尾脂腺會轉而分泌另一種沒有氣味的化合物，這能夠有效掩蓋孵蛋中的親鳥氣味，比較不會被臭鼬或狐狸等天敵發現。

雙領鴴的蛋下在空地的淺坑，蛋殼具有隱蔽色。

**我看到一隻鳥跌倒在地上，顯然受傷了，但當我靠近時，牠卻立刻飛走。**

這些全是牠們為了保護蛋或幼雛而刻意裝出來的，稱作「擬傷行為」。擬傷的鳥會假裝自己斷了一隻翅膀，然後邊發出哀鳴，邊拖著斷翅跟蹌前行。這種表演相當逼真，只要你跟了上去，就會被誘離巢區。等到那隻鳥覺得已經把你帶得夠遠，便會突然飛走，稍後再溜回巢邊。

擬傷的雙領鴴

有幾種小型鴴是在鄰近高潮線的沙灘上棲息繁殖，比如分布於美國東岸的笛鴴跟西岸的雪鴴。由於人類也會在沙灘上從事休閒活動，因此這些鴴被迫跟數百萬人口直接競爭這些灘地。全世界的笛鴴只剩一萬兩千隻左右，其中有許多是在美國東岸（從紐澤西州到麻州）的沙灘上繁殖。目前在這些沙灘的大多數地區，某些人會協助宣導，讓其他人（以及他們的狗、車輛、風箏等威脅）遠離繁殖中的笛鴴，這種鳥存續與否全繫於此。如果笛鴴在關鍵時刻能不受干擾，那麼即便是在遊客眾多的海灘，也能順利繁殖。

笛鴴

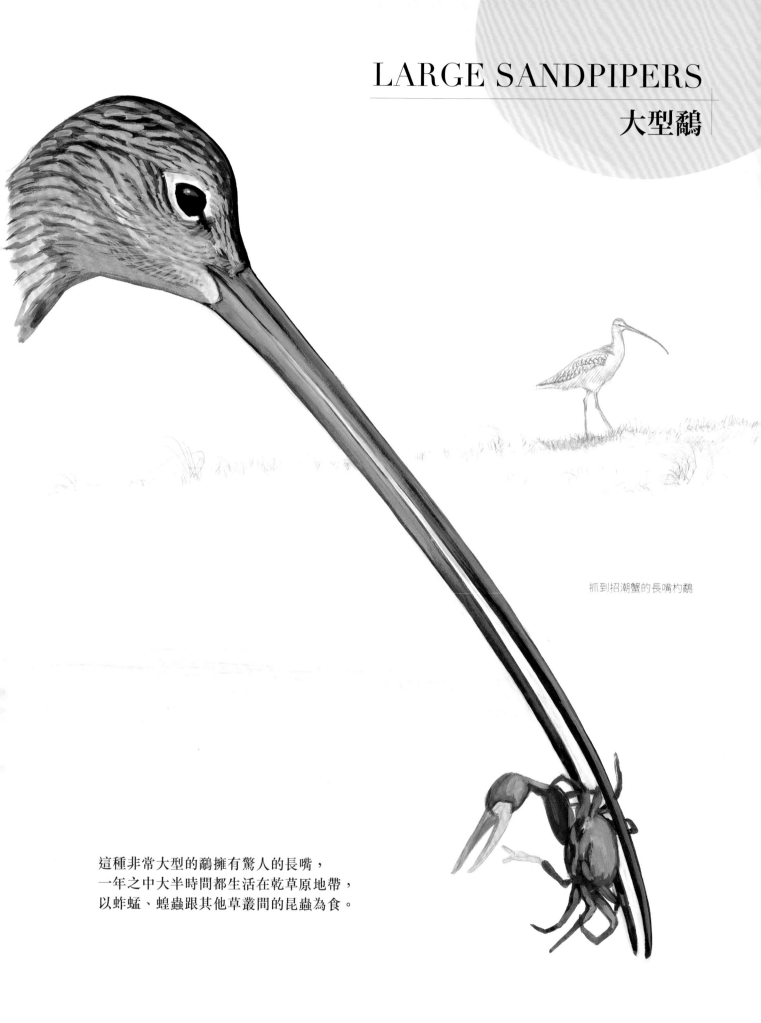

# LARGE SANDPIPERS
## 大型鷸

抓到招潮蟹的長嘴杓鷸

這種非常大型的鷸擁有驚人的長嘴，
一年之中大半時間都生活在乾草原地帶，
以蚱蜢、蝗蟲跟其他草叢間的昆蟲為食。

這四種水鳥都有長長的嘴喙，但用法各有巧妙。雲斑塍鷸跟黑腹濱鷸差不多，都是把喙戳進泥地或沙地中探查。北美反嘴鷸以向上彎的喙在水中左右巡掃，憑觸覺覓食，一碰到食物就立刻叼起來（跟粉紅琵鷺的覓食方法差不多，第34頁）。美洲蠣鷸以堅硬的嘴喙敲擊螺類跟貽貝等軟體動物，等殼被敲鬆再用嘴喙撬開。蠣鷸的英文是「oystercatcher」，但其實牠們不太吃牡蠣（oyster），也沒必要「抓」（catch）牡蠣來吃。黑頸長腳鷸用極為細長的嘴從水面或泥地上仔細撿拾小動物來吃，就像赤斑瓣足鷸一樣（第43頁下）。上述這四種鷸都有自己專擅的覓食方法跟範圍，在生態群落中占有各自的區位，因此可以待在同一個地方覓食而無需爭搶食物。

由上而下分別是：雲斑塍鷸、北美反嘴鷸、美洲蠣鷸、黑頸長腳鷸。

鷸的喙尖布滿神經末梢，所以可以在泥沙之中感覺到獵物。此外，喙尖內側有味蕾，可以用來檢測找到的東西是否能夠食用。靠近喙尖的地方有易於彎曲的「關節」，是由肌腱所控制，肌腱連接到頭骨上的肌肉。有了這樣的構造，即便獵物深埋在泥沙裡頭，嘴喙還是能叼住並拉出。

把喙尖彎折打開的雲斑塍鷸。可跟上圖合攏時的嘴型比較看看。

# SMALL SANDPIPERS
## 小型鷸

在灘地奔跑的三趾濱鷸

這種鳥整天都在跑步：
衝下海灘尋找海浪退去後翻出來的食物，
然後趕緊往回跑，躲避下一波海浪。

整群鷸在飛行時的轉向動作是自然界中非常壯觀的景象，近年有研究對此現象提出了一些見解：這群鷸並沒有領袖，鳥群中的任何一隻鳥都能發動轉向，別的鳥看到那隻鳥的飛行方向改變後，要是也跟著轉向，這種反應就會以固定速率在整個鳥群中傳播（很像在運動場中跳波浪舞）。一群像美式足球場那麼大的鳥群，可以在三秒內以這種方式改變行進方向：每隻鳥只需轉換到新方向，改變跟鄰鳥的相對位置即可，就像樂儀隊那樣。轉向往往是由鳥群邊緣的鳥所發動，牠們通常會飛入內部，待在邊緣雖然有更好的視野看見潛在危險，但也讓牠們更容易遭到攻擊。有些鳥轉向確實是要應付真正的危險，但很多時候可能只是想要離開邊緣。當一隻在邊緣的鳥因為緊張而轉往鳥群內部，鳥群裡其他的鳥也會有所反應，結果這一大群鳥就變得令人眼花撩亂、盤旋繞飛、難以預測，如此一來捕食者就頭痛了。即便多數轉向都是虛驚一場，但頻繁且突然的轉向確實能讓鳥群更為安全。

轉彎前跟轉彎後的一群鷸。處於邊緣的鳥（淺色個體）轉向後，所有的鳥都會跟著以相同半徑轉彎，而原先在邊緣的那隻鳥就變成在鳥群中間。

鷸的喙尖對於碰觸相當敏感，甚至能間接感覺到物體存在。當鷸把嘴喙戳進含水的泥沙時，水會被擠開。此時要是泥沙之間有東西擋住了水流（比如一粒小蚌蛤），介於喙跟蚌蛤之間的水便會受到擠壓而產生較高的壓力。感受到這股壓力後，鷸就知道哪個方向比較有機會吃到東西。

在泥地用嘴喙覓食的黑腹濱鷸

觀察一群在泥灘地覓食的鷸，你可能會注意到牠們不斷從地面撿東西吃，或是一直把嘴喙戳進泥裡或水中，但很少抬起頭來。鷸都是用喙尖銜起食物，再吞進嘴裡，整個過程中嘴喙總是朝著下方，好像牠們能夠對抗重力一般。這其實是利用了一個簡單的物理現象：水的表面張力。當某隻鷸用喙尖抓起一丁點食物時，水滴也會同時被帶上來。由於表面張力的關係，水滴總是凝聚在一起，所以鷸可以藉由反覆微張嘴喙，讓水沿著嘴喙往上移動，順勢將食物帶上去。食物一進到口中，鷸就會將水擠出並甩掉，等吞下食物後，就能繼續尋找更多食物。高速攝影機拍攝的畫面顯示，紅領瓣足鷸僅花 0.01 秒就能把獵物從喙尖送到口中，而這只需藉著表面張力來牽引一滴水就能辦到，速度比眨眼還快了 30 倍。

赤斑瓣足鷸熟練地把食物弄進口中。

在森林底層潛行的美洲山鷸

山鷸大部分時間都在森林裡獨自活動，
但春天會在晨昏展現精采的求偶飛行。

田鷸和山鷸

SNIPE AND WOODCOCK

為了打動配偶或震懾對手，北美田鷸會以尾羽製造出一種嗡嗡的響聲來取代鳴唱聲。這種行為雖然很容易觀察，但直到最近才有人研究出其中物理機制的運作細節。牠們最外側尾羽的內緣顏色較淡，也沒有羽小枝勾連成片，這根尾羽的內緣因而沒那麼堅硬。在高速飛行中，當最外側尾羽張開到與身體呈直角時，內緣會像強風中的旗子一樣快速顫動，並因羽毛的形狀跟柔韌度而以特定的頻率振動，進而產生飛行展示時發出的那種低沉聲響。

飛行展示中的北美田鷸以及能夠發出聲音的尾羽特寫。

草地裡的北美田鷸

「獵田鷸」是一種惡作劇，最早於 1840 年代就在美國流行了。首先邀請一個不知情的新手來打獵，給他一個袋子並帶他到偏遠的地方，然後要他去抓一種叫做田鷸的神祕沼澤動物。整人的一方通常會建議一些技巧，包括打開袋口然後等著田鷸自己飛進去，或是發出一些怪聲吸引田鷸進到袋中，特別是在夜裡。之後就讓此人拿著袋子，獨自留在林子內。其實真的有一類鳥叫做田鷸，屬於鷸科，長得矮矮胖胖，通常躲在潮溼泥濘的草生地，身上有非常好的隱蔽色可以偽裝。不過，從來沒有人用袋子成功抓到田鷸。

鳥類通常目光銳利，其視覺勝過人類的其中一點是視野——有些鳥可以同時看到前後左右的景象。人類眼睛的設定讓我們只能聚焦在一個點上，如果我們保持不動，大概可以看到眼前 180 度的景象（但只能看清視野中央一個小點的細節）。田鷸跟很多種鷸和鴨子一樣，可以同時看見周圍 360 度以及頭頂 180 度的景象，兩隻眼睛還能夠各自看清一道水平寬帶範圍內的細節，而不是只有一個小點的細節。想像一下，你不用轉頭就能看到整個天空和地平線，以及地平線上大半地區的部分細節。這種能力對於田鷸這類依靠偽裝來保護自己的鳥類而言至關重要，因為當危險逼近時，牠們的第一個反應是蹲低身子然後停止動作，但在這完全靜止不動的時刻，牠們還是可以看清周遭一切。（也可參見第 57 頁中及第 67 頁下。）

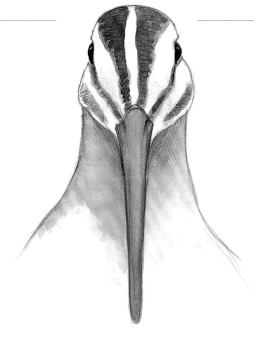

北美田鷸正面圖

# GULLS

## 鷗

鷗或許是全世界最多才多藝的鳥類了。
在鳥界的三項全能運動中,
不管是游泳、跑步還是飛翔,
牠們都是奪冠熱門。

在海灘上偷吃人類野餐
食物的環嘴鷗

在北美，鷗的名聲很差，因為牠們會吃垃圾。真的。牠們會成群結隊去露天掩埋場尋找食物，也會在野餐區、速食餐廳、漁船以及類似的場所閒晃，隨時準備吞下被人丟棄的食物殘渣。儘管如此，鷗對於拿來餵養幼雛的食物還是相當謹慎。許多研究顯示，雛鳥孵化後，親鳥會提供營養豐富的天然食物，比如螃蟹跟鮮魚，即便親鳥自己吃的是垃圾堆的東西。（也可參見第 113 頁中。）

銀鷗將食物反流出來餵幼雛

如果你在海灘上發現一根鷗的羽毛，那可能是用了一整年之後自然脫落的舊羽毛。如果那是像左圖的這種外側飛羽，你可以仔細觀察羽毛末端，會看到白色的部分磨損較多，而暗色的部分還很完整。幾乎所有的鷗在翅膀末端（翼尖）都有暗色色素，這種模式在各科鳥類中極為普遍，原因是黑色素（讓羽毛呈現黑色及褐色的色素）能夠強化羽毛，讓羽毛更耐磨損。翼尖對飛行非常重要，而且受到比較多光照，也容易磨損，所以讓這部位強韌一點相當要緊。

多數的鷗都有這種以灰色為主但在末端黑白相間的外側飛羽。新飛羽（上）擁有完整的白色斑紋，但舊飛羽（下）的白斑已經磨損了一大半。

遇到暴風雨時鳥類該怎麼辦？鳥類能夠察覺氣壓變化，當氣壓下降，意味著暴風雨即將到來，牠們的第一個反應是大吃一頓。要想安然度過暴風雨，鳥類採取的策略通常是儲備食物、尋找遮蔽處，然後坐等天氣好轉。對鷗來說，海灘上的一叢草或一根倒木都能稍微遮風。牠們會迎風而立，然後低著頭，讓整體身形更為流線化。只要體內還有一些脂肪，牠們就不需要四處移動。

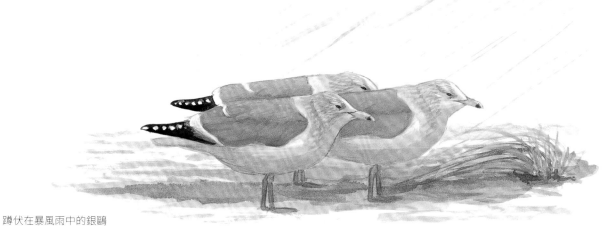

蹲伏在暴風雨中的銀鷗

# TERNS
## 燕鷗

燕鷗是鷗的近親，但比鷗優雅多了。
多數種類的燕鷗只吃小魚。

邊飛邊找魚的普通燕鷗

為什麼有些鳥會集體營巢呢？當適合的營巢地點很有限，而食物資源在一大片廣闊區域內零散分布且不可預測時，鳥類就會形成集體營巢的習性，比如燕鷗是在沒有地面捕食者的小島上繁殖，而成群巡游的魚兒很難預測會在哪裡出現。一大群鳥擠在一起生活的缺點包括：更容易接觸到疾病和寄生蟲，而且會增加競爭（對於食物、巢位、巢材、配偶等）。優點則是較能抵禦天敵，也較容易獲得食物來源的訊息。比起鳥口稀疏的繁殖聚落或單獨的一對親鳥，更大更密集的聚落能對捕食者發動更猛烈的反擊，因此即便某些親鳥長時間離巢覓食，還是有其他成員可以防禦保護整個聚落。繁殖聚落也具有訊息交換的功能，鳥兒可以透過左鄰右舍找到食物來源。有更多隻鳥出去找魚，發現小型魚群的機率就會大幅增加，一旦發現魚群，其他燕鷗很快就會加入這場覓食盛宴。

繁殖聚落裡的普通燕鷗：每對燕鷗會捍衛自己巢位四周那一小塊空間，但除此之外的其他資源都可共享。

普通燕鷗懸停之後俯衝抓魚。

● 在茫茫大海中找魚是一大挑戰，燕鷗只能抓到海面下幾公分內游泳的小魚，因此策略是利用低飛巡視來尋找魚群。當牠們在海面找到魚時，會以定點振翅的方式懸停在海面上約三公尺高的地方，選定目標並等待時機，接著轉身俯衝入水，希望自己口到擒來。俯衝之後，燕鷗並不停棲在水面，而是立刻起飛，要是有抓到魚，牠們要嘛邊飛邊吞下肚，要嘛把魚帶回巢裡。牠們肯定希望這一路上都不會遇到四處打劫的鷗以及其他想要偷魚的鳥（見盜食寄生，第 29 頁下）。

● 燕鷗非常適應飛行，北極燕鷗更是其中的佼佼者。北極燕鷗在北極地區繁殖，每年會遷徙到南極然後再飛回北極。從北極的夏季到南極的夏季，這種鳥一年大半時間都生活在陽光下，同時也生活在冰山附近。由於燕鷗不太適合游泳，所以長途遷徙時都靠一對翅膀不斷飛行。牠們的遷徙飛行路徑並不是一條直線，而是沿著海洋繞一大圈，因此一隻燕鷗一年的遷徙距離可達九萬七千公里。（目前鳥類的遷徙距離紀錄保持者是漂泊信天翁，根據追蹤紀錄顯示，這種鳥一年平均可以在南半球海域巡航超過 18 萬公里。）

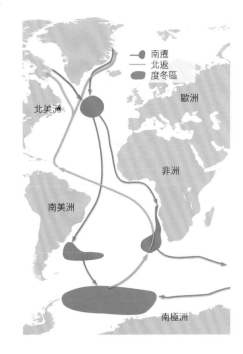

南遷
北返
度冬區

歐洲

北美洲

非洲

南美洲

南極洲

北極燕鷗從北極地區的繁殖地出發往南遷徙（橘色線）到南極的度冬區（藍色區塊），之後再沿著不同路徑（綠色線）北返。

這種猛禽在人類製造出來的空地及邊緣地帶
適應良好，族群相當繁盛。

沿著路肩獵食的紅尾鵟

● 鳥類的整體羽色變化多端，能隨著季節或年齡而改變，也可能因性別而異。有些鳥種則會顯現出「色型」（color morphs）[1]，比如紅尾鵟，如果是這種情況，那麼這隻紅尾鵟的整體羽色不是暗色就是淡色，而且終身如此，不會隨年齡、性別或季節而變。這種羽色變異的原因，我們還不完全清楚，但最近有研究認為這跟偽裝有關（至少鵟這類猛禽是如此）。暗色型的鵟看起來比較不明顯，因此在森林等光線較暗的地方比較容易捕獲獵物，而淡色型則是在開闊地區等亮處較容易抓到獵物。不同色型在不同環境條件下各有優點，但不是全面占優勢，所以兩種色型都得以保留下來。

暗色型及淡色型的紅尾鵟

飄飛之後接著俯衝的紅尾鵟

　　● 大多數鳥類只把飛行當作點對點的移動方式，也極少改變飛行方式。然而，紅尾鵟之類的鳥種卻會長時間滯空飛行，而且飛行花樣之多變讓人歎為觀止。牠們會依據目的（獵食或移動）選擇飛行方式，並根據自身需求及現場風向來加以調整。紅尾鵟是相當有耐心的獵手，常在視野良好的樹枝或杆子上停棲數小時等待出擊時機，也會利用飄飛（在微風中幾乎不振翅而定點滯空）、盤旋或在開闊地區滑翔等方式，花好幾個小時從空中尋找地面的獵物。牠們主要以田鼠或地松鼠之類的小型哺乳類為食，但也會捕捉任何體型不超過小兔子的動物。要捕捉獵物時，紅尾鵟會先收起翅膀，然後高速向地面俯衝。

● 大多數鳥種的體型並不會有太大變化。幼鳥在孵化後幾週內就會長到跟成鳥一樣大，此後每隻鳥的體型就都大同小異。多數鳥種都是公鳥略大於母鳥，然而絕大部分日行性猛禽卻剛好相反，母鳥比公鳥還要大（貓頭鷹跟蜂鳥等類群更是如此）。很多假說都提到這種現象對於繁殖或覓食的潛在好處，但至今並沒有任何研究證實這些假說。由於大部分孵育工作是由母鳥負責，因此母鳥體型較大會更容易維持蛋或雛鳥的溫暖。公鳥幫自己和孵蛋中的母鳥覓食時，較小的體型在獵食時更快更敏捷，有助於抓到小型獵物（小型獵物的數量通常較多較穩定）。雛鳥破殼後，公母鳥都會外出為全家獵食，或許相異的體型能讓親鳥在繁殖領域內抓到更多樣化的獵物。

較大較壯的紅尾鵟母鳥（左）和較小的公鳥（右）

1. 譯註：同一種鳥在相同性別、年齡時具有一種以上的羽色模式，這些不同的羽色模式稱為色型。

# The Nesting Cycle of the Red-tailed Hawk

## 紅尾鵟的繁殖育雛過程

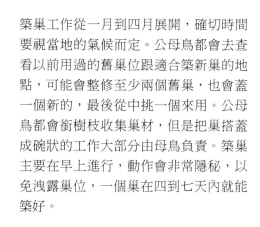

在某些地區，紅尾鵟並不會隨季節遷徙，而是整年都在領域內和配偶一起活動。會遷徙的紅尾鵟則是在返回繁殖地的冬末或早春開始求偶，在這段時期可以看到牠們雙腳垂懸的飛行展示（如圖所示，上面較小的是公鳥）。

築巢工作從一月到四月展開，確切時間要視當地的氣候而定。公母鳥都會去查看以前用過的舊巢位跟適合築新巢的地點，可能會整修至少兩個舊巢，也會蓋一個新的，最後從中挑一個來用。公母鳥都會銜樹枝收集巢材，但是把巢搭蓋成碗狀的工作大部分由母鳥負責。築巢主要在早上進行，動作會非常隱秘，以免洩露巢位，一個巢在四到七天內就能築好。

選定用哪個巢之後，可能要再過三到五週才會開始下蛋，通常只下兩到三顆蛋，有時四顆。一般來說，母鳥每隔一天生一顆蛋，所以第三顆蛋會在第一顆蛋之後的第四天才下。第一顆蛋生出來之後親鳥就會開始孵，大半時間是由母鳥進行，公鳥偶爾會幫忙，但主要負責帶食物給巢中的母鳥。蛋的孵化期介於 28 到 35 天之間。

紅尾鵟在孵化後的 42 到 46 天離巢，但仍會待在巢區附近，也還需仰賴親鳥提供食物達二到三週。接下來的幾星期，牠們靠自己抓的食物越來越多，但在離巢後至少八週內都還是會從親鳥那兒獲取食物。雛鳥在離巢前的最後兩週內，會花非常多時間鍛鍊發育中的翅膀，並在離巢大約四個星期後開始如同成鳥般盤旋飛行。以會遷移的族群來說，成鳥跟幼鳥在離巢後十個星期就分道揚鑣了，而終年留棲的紅尾鵟家族可以持續互動達六個月之久。

第一顆蛋會最先孵化，在那之後的一到兩天內，較晚下的蛋會陸續破殼。由於非同步孵化的緣故，幼雛會處於不同的發育階段，體型跟力量都有差異。要是食物不夠多，雛鳥在巢中會彼此競爭，最強壯的那隻（通常是最早破殼的）會搶到最多食物，至於最弱小的那隻則會餓肚子，或是被手足吃掉。這看起來似乎很殘忍，但先餵養最強壯的雛鳥，可以確保大多數的雛鳥獲得最好的結果，畢竟養一隻健康的雛鳥勝過養兩隻營養不良的。

雛鳥孵出後在 12 到 18 個小時內可以抬起頭來，15 日齡時能夠坐起，21 日齡時會自己進食（食物由親鳥帶來），然後在 46 日齡離巢。在 30 到 35 日齡之前，母鳥都會幫巢中雛鳥保持溫暖乾燥，雛鳥年紀越小，母鳥待在巢裡的時間就越多。在這段期間，母鳥跟雛鳥主要的食物來源都是由公鳥提供。公鳥一天最多可以帶回 15 件獵物，總共能給一家三口提供大約 680 克的食物。

# ACCIPITERS
## 鷹

對捕食者的恐懼會
深切影響被捕食者
的行為。

狩獵中的庫氏鷹

庫氏鷹跟紋腹鷹都是老一輩美國人所說的「雞鷹」，但一般來說這兩種鷹的體型都不夠大，抓不了成雞。同一屬的蒼鷹對雞更具威脅，但蒼鷹並不常見。有人覺得鷹很邪惡，而且會跟人類競爭食物，這種想當然耳的觀念導致鷹遭受人類迫害好幾個世紀。十九世紀末、二十世紀初的保育教育活動把重點擺在鷹的經濟價值，比如鷹會幫農夫吃老鼠之類的，當人們能夠正面看待捕食動物的價值後，美國政府便訂定了嚴格的法規來保護這些鷹。不過，鷹在許多地區還是持續受到迫害，而且同樣的思維也仍在影響人們對狼及其他大型捕食動物的態度。

正要逼近一隻黑頂山雀的庫氏鷹

鳥類除了擁有敏銳的視力及寬廣的視野外，還具備其他跟鳥類生活型態密切相關的演化適應：處理視覺訊息的能力遠比人類來得快。我們看電影時，螢幕其實是以每秒約 30 張的速度不停閃過一連串靜態圖片，這超過人眼能夠反應的極限，因此圖像便糊在一起成為動態影像。鳥類處理這些圖像的速度比人類快兩倍以上，看到的電影就成了一張張幻燈片。在高速飛行中閃避障礙或追蹤獵物時，這種能力非常重要。當我們在高速公路上疾駛時，只能看到路標模糊閃過，但鳥兒的眼睛卻能跟得上每個路標並看清各種細節。

神出鬼沒的庫氏鷹跟近親紋腹鷹都以小型鳥類為食，冬天經常會在鳥類餵食器周圍打獵，並利用樹籬、圍牆甚至房舍作為掩護，伺機靠近獵物，接著像一枚灰褐色導彈一般猛然飛到餵食器旁的開闊處，飛行時速可超過 48 公里。牠們會在這一剎那找尋最好下手的鳴禽——動作遲緩的、漫不經心的，或者單純只是很倒楣。出擊的獵鷹可以藉由快速擺動雙翼和尾巴迅速變換方向，為了緊追小鳥而在空中或旋轉或閃避，希望能飛到夠近的距離，再伸出長腳及尖爪一把抓住獵物。

抓到一隻鳴禽的紋腹鷹

EAGLES

鵰

白頭海鵰在 1970 年代曾因 DDT
的毒害等威脅而瀕臨滅絕。隨著
保育措施的推動,目前族群數量
又恢復了。

白頭海鵰吃鮭魚。

如果有人能夠看到很遠的東西，英文會形容這個人是「eagle-eyed」，意思是眼力如鵰一般銳利。這個說法最早出現於十六世紀，比我們對鵰類視覺的科學認識還要早得多。只要觀察過鵰的人都會發現，鵰能對遠方的事物做出反應，比如在一公里半之外的山坡上大步跳躍的兔子，這樣的距離我們必須借助望遠鏡才能看清。鵰類眼中的感光細胞數目是人類的五倍之多（好比印表機多五倍的列印解析度），因此能夠看到的細部特徵遠超過我們，而且這些感光細胞之中，絕大部分是負責識別顏色的錐狀細胞（占了 80%）。人眼的感光細胞只有 5% 是錐狀細胞，其餘全是負責夜間視覺的桿狀細胞。此外，鵰的每個錐狀細胞中都有一個有色小油滴，能夠像濾波器般阻擋某些波長（顏色）的光，進一步增強鵰的辨色力。使用五倍的望遠鏡，我們的視力可以接近鵰，但仍無法模擬出牠們的辨色力。

這隻白頭海鵰別過頭用單眼正對著你看，這是眼球裡中央窩的位置使然。

白頭海鵰的四個中央窩所看出去的四條視線

現在請你盯著這個句子的某個字看，眼睛不要動，然後試著閱讀旁邊的字。你會發現視野中央處的一小點特別清晰，這要歸功於中央窩（或稱中央凹），那是位於視網膜上的小凹，密集分布著感光細胞。人類的雙眼各有一個中央窩，兩眼同時對焦到一點上，所以我們看到的是一個清晰的點。我們的水平視野大部分（超過 110 度）都是由兩眼共同觀看，這叫做「雙眼視覺」。然而鵰的雙眼各有兩個中央窩，總共是四個，這四個中央窩分別指向不同方向，雙眼的視野只在眼前一個小於 20 度的狹窄範圍重疊，而且在此處看不到太多細節。一隻鵰隨時都可以同時看到四個不同區域的細節，以及近乎 360 度的周邊視覺！雙眼各有一個幾乎是對著正前方的中央窩，而另一個「最強大」的中央窩則是指向大約 45 度的方向。為了查看天空或地面，牠們會把頭歪向一邊，用一隻眼睛的一個中央窩來仔細觀察某樣東西。

鉛中毒是目前鵰跟許多鳥種所面臨的重大威脅。鵰會吞下嵌入獵物體內的鉛彈，或是吃下含有高濃度鉛含量（來自吞下的鉛彈或釣魚鉛墜）的游禽。由於鳥類的消化系統依靠強健的肌胃和胃酸來磨碎並溶解食物，石頭、種子、骨頭或金屬碎片等較硬的東西會被磨碎，直到磨得夠小才能通過消化道，這意味著少量的鉛會留在肌胃好幾天，在這段期間不斷分解，鉛因而釋出並進入體內。嚴重鉛中毒的徵象包括虛弱、嗜睡以及排綠便。這些中毒事件中的鉛全都出於人類之手，解決之道其實很簡單，只要在製造彈藥和釣魚鉛墜時改用鉛的替代品就行了。

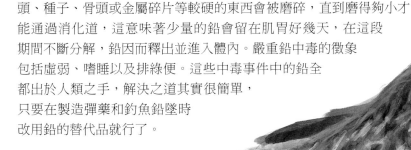

這隻嚴重鉛中毒的白頭海鵰需要接受治療才有一線生機。

紅頭美洲鷲

美洲鷲因為擁有獨特
的腸道菌群，得以適
應吃腐肉的食性，但
這些細菌對多數動物
來說都是有毒的。

夜裡，美洲鷲會一大群棲息在樹上、高壓電塔或建築物上，也常在大清早展翅站立。我們目前還不清楚這種行為的原因，可能有許多不同的作用。這種行為最常發生在晴朗的早晨，當鷲群準備離開夜棲地時。牠們常會背對太陽站立，翅膀張開，並調整角度以獲得最多的日照。在沁涼的清晨，這或許有助於盡快晾乾夜裡凝聚在翅膀上的露水，從而減輕重量，讓飛行更容易些。有項研究發現，不管翅膀上有沒有露水，

紅頭美洲鷲展翅停棲

美洲鷲都會在涼爽的早晨展翅站立。該研究指出，這種行為可能僅僅是對於強烈日照和可能受潮的雙翅所產生的自主反應。有位研究者認為，溫暖的太陽可以讓翅膀上那些大型飛羽恢復彎曲度，為嶄新一天的飛行做好準備。在炎熱的天氣裡，張開翅膀能露出翼下較易散熱的部位，有助於降溫。

---

紅頭美洲鷲慢速低飛以便利用嗅覺覓食

你可能聽人說過鳥類沒有嗅覺，但其實每種鳥都有，紅頭美洲鷲的鼻子更是靈敏。紅頭美洲鷲到底是比較依賴視覺還是嗅覺來找出剛死去的動物，這個問題向來爭論不休，但毫無疑問，嗅覺相當重要。近期研究發現，紅頭美洲鷲的嗅覺並沒有靈敏到從一般盤旋的高度就能聞到微弱的氣味，所以可能是先利用其他線索，再用嗅覺鎖定食物（或是那些研究低估了牠們的嗅覺）。我們常見到紅頭美洲鷲低空飛行，大概就在樹頂的高度而已，因此也可推測牠們是靠嗅覺覓食。紅頭美洲鷲的近親黑美洲鷲早上起飛的時段較晚，飛得較高，而且常常尾隨著紅頭美洲鷲去找食物。

---

紅頭美洲鷲的飛行姿勢很有特色——牠們會把雙翅往上舉成「V」字型，而且會隨著氣流變化不斷地左右傾斜飛翔。雙翅上揚飛行雖然比較穩定，但產生的升力比雙翅平伸來得小，因此以體重來說，紅頭美洲鷲的翅膀相對偏大（見第99頁下）。雙翅上揚飛行之所以比較穩定，是因為這種姿勢具「自我修正」能力：當身體往一邊傾斜時，該側的翅膀就會變得比較水平，進而產生較多垂直升力，將整隻鳥推回兩側翅膀等高的位置，過程完全無需振翅。當遭遇強盛的上升氣流時，可側身讓氣流從單邊翅膀溢出，同時由另一邊的翅膀提供升力，如此就能夠讓身體回正。這樣一來，牠們在尋找食物時便可低空慢飛，只需微調翅膀就能長期滯空飛行，而其他鳥種則需頻繁振翅才能重新獲得平衡。

這隻紅頭美洲鷲以典型的雙翅上揚姿態飛翔，由此可看出當牠傾斜時，如何從水平的翅膀產生更多升力，進而把自己推回兩側翅膀等高的狀態。

美洲隼吃蝗蟲

這是一種體型非常小的隼，
會在啄木鳥洞或
其他的洞穴營巢繁殖。

隼
FALCONS

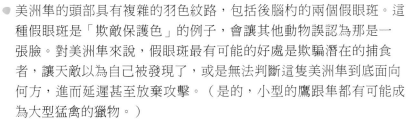

● 美洲隼的頭部具有複雜的羽色紋路，包括後腦杓的兩個假眼斑。這種假眼斑是「欺敵保護色」的例子，會讓其他動物誤認為那是一張臉。對美洲隼來說，假眼斑最有可能的好處是欺騙潛在的捕食者，讓天敵以為自己被發現了，或是無法判斷這隻美洲隼到底面向何方，進而延遲甚至放棄攻擊。（是的，小型的鷹跟隼都有可能成為大型猛禽的獵物。）

● 遊隼是世界上飛最快的動物，速度至少可以達到每小時 389 公里，甚至超過 483 公里，而且飛行轉彎時能夠承受高達 27 個 G 力（G 力就是重力，一個 G 力相當於自身的體重，人類通常在承受 9 個 G 力時就會失去意識）。遊隼獵食時通常會先在高空盤旋，鎖定鴨子之類的目標獵物後，就會收起翅膀然後向下極速俯衝，英文稱這個動作為「stoop」。遊隼會從上方攻擊飛行中的鴨子，被鎖定的獵物常常還沒發現遊隼飛來就遭到突襲。遊隼是用腳來擊殺獵物，被將近一公斤重的隼以超過 320 公里的時速撞上，鴨子通常會當場昏死然後掉到地上，此時遊隼再盤繞回來，在獵物身旁停妥後便開始享用大餐。遊隼對於這種極速飛行有多項演化適應，包括非常硬挺光滑的羽毛，以及一對特化的鼻孔，讓遊隼在高速飛行時還能保持呼吸。

高速俯衝的遊隼

● 鳥類在飛行時會利用許多技巧來節省能量，其中大部分是無需振翅而能保持滯空的方法，乘著上升氣流升空就是最明顯的手段。田野或停車場之類的裸露地面會吸收更多太陽的熱量，接近地面的空氣加熱之後會往上，形成一股上升的溫暖空氣柱，這種熱氣流可以升到上百甚至上千公尺高。翱翔的鳥兒能夠察覺到空氣的流動，並以盤旋的方式待在熱氣流之中，只需展開雙翅跟尾巴，上升氣流就會像電梯一樣把牠往上帶。到達頂端後，鳥會彎起翅膀，朝著想要前往的方向滑翔而去，繼續尋找另一股熱氣流。所有能盤旋的鳥類都會利用熱氣流，寬翅鵟跟斯氏鵟更是其中的佼佼者，在天時地利的配合下，幾乎不用振翅就能前進數百公里遠。

藍色線條代表從開闊空地中上升的一股熱氣流，紅色螺旋線條代表遊隼從低空飛進之後，乘著上升氣流盤繞而上的軌跡。

這是北美洲分布最廣的貓頭鷹，
可見於加拿大各省跟美國各州。

美洲鵰鴞

美洲鵰鴞的「角」伏貼及豎立時的樣子

● 美洲鵰鴞的英文名稱直譯是「大角鴞」，但所謂的「角」其實只是頭上的羽簇。這些看起來很像耳朵或是角的羽簇，僅僅由幾根羽毛組成，而且會隨著心情豎起或放下。羽簇的功用為何尚無定論，但由於會破壞頭部的輪廓，絕對有助於貓頭鷹偽裝。此外，羽簇可能也跟展示行為有關。

為了聽清楚你的一舉一動，倉鴞會把頭倒轉過來。

● 有個常見的迷思說貓頭鷹的頭能夠轉一整圈，但這並不完全正確，貓頭鷹的頭是可以往左往右各轉 270 度，也就是四分之三圈（其實每種鳥都能轉超過半圈）。貓頭鷹的頸椎骨數量是我們的兩倍（有些鳥甚至是人類的三倍多），所以頸部更為柔軟靈活，但要把頭完全扭轉過去，除了頸部的柔軟度外，還需要更多條件配合才行。當脖子轉成這樣的角度時，沿著頸部的重要神經和動脈如果沒有保護機制，就會受到夾擠或扭轉打結。貓頭鷹的頸部有兩條供應腦部血液的動脈，從頸椎內一個相對較大的通道經過，然後從頭骨下方最後幾塊頸椎骨穿出來，所以牠們能夠更自由地調整頭部運動。此外，這兩條動脈在分散蓋滿整個腦部之前會先會合，所以如果其中一條在靠近頸部的地方遭到夾擠，另一條動脈仍然可以供應血液給整個大腦。

### 貓頭鷹不是夜行性的嗎，為什麼最常在晨昏鳴叫呢？

雖然貓頭鷹是夜行性動物，但大部分時間還是仰賴視覺，也會展示視覺信號。例如圖中這隻在鳴叫時露出白色喉部的美洲鵰鴞，喉部的白色在薄暮的昏暗光線中特別醒目，而此時正是美洲鵰鴞鳴叫最勤的時段。貓頭鷹並不需要五顏六色的羽毛，因為顏色在弱光下並不明顯，而且牠們的辨色力也沒有非常好（牠們眼裡的感光細胞主要是桿狀細胞，提供敏銳的夜間視覺）。視覺也是貓頭鷹在晨昏時刻（日落後以及日出前的數小時）最積極獵食的原因，因為即便牠們已經藉由聲音確認獵物的位置，還是需要用眼睛來觀看，才能繞過樹木等障礙物飛行。

美洲鵰鴞鳴叫

# MORE OWLS
## 貓頭鷹（二）

很多種貓頭鷹都有的耳
羽簇或許在白天有助於
偽裝，因為耳羽簇會破
壞頭部的外型輪廓。

棲息在樹幹空心處的東美鳴角鴞

貓頭鷹的聽覺非常敏銳，某些種類還演化出能夠增進聽音辨位能力的構造，例如倉鴞的外耳孔並不對稱，左耳孔的位置較高且開口朝下，右耳孔位置較低但開口向上。我們可以從水平面上聽出聲音源自何方，因為聲音傳到兩耳的時間差非常小，但幾乎無法在垂直面上靠聲音精確定位。倉鴞的耳朵結構意味著朝下的左耳可以聽到更多下方傳來的聲音，右耳則能聽到更多上方的聲音，利用兩邊音量的差異，倉鴞就能找出音源的垂直角度。再者，倉鴞還能把頭扭到奇怪的位置，讓耳朵從不同的角度來探查音源，進一步找到更準確的位置。有趣的是，這種不對稱耳至少在四種貓頭鷹身上各自獨立演化出來，而且彼此都略有不同。

倉鴞兩邊耳孔的位置及方向示意圖

貓頭鷹的羽毛演化出幾種得以靜音飛行的構造，包括前緣及後緣的精細梳狀結構、絨毛般的上層表面，以及整體來說柔軟有彈性的質地。較柔軟的羽毛加上富有彈性的梳狀邊緣，可以讓翅膀周圍的空氣更平順地流過，這樣就能減少空氣紊流，從而降低噪音。同樣的構造也能減少振翅時羽毛互相摩擦的聲音。貓頭鷹的體羽一樣柔軟且毛茸茸，因此當這些體羽交疊滑動時（比方說把頭轉一大圈時）也是靜悄悄的。想像一下，當你穿上的是柔軟的毛衣而非尼龍雨衣，你的動作會是多麼安靜。安靜無聲有兩個好處：一是獵物較難察覺到貓頭鷹，二是能讓貓頭鷹更加清楚地聽到周遭的聲音。

美洲鵰鴞的飛羽（左）及體羽（右）

正撲向老鼠的倉鴞

即便擁有絕佳聽力，絕大多數的貓頭鷹仍需靠一點視覺來捕捉獵物，然而倉鴞能在全黑的環境中只靠聲音就抓到獵物。實驗顯示，倉鴞可以在將近 10 公尺外完全靠聲音來精確找出老鼠的位置，即使稍後老鼠不再發出任何聲音，牠們還是能夠準確飛到那裡。倉鴞甚至還能依據老鼠往哪邊移動來決定攻擊的方向。想像一下，在一片漆黑之中走過你的臥室，把手指頭放到一分鐘前曾發出聲音的某個東西上面。再想像一下，你是用飄的飄過你房間……倉鴞能夠辨認獵物的確切方位，是因為耳朵的演化適應，但牠們是怎麼知道距離的呢？還有，一旦在全黑環境裡離開棲枝開始飛行，要怎麼知道自己已經飛到哪裡，並且精準落在離起點 10 公尺遠的一隻小老鼠身上呢？這些問題目前都還沒有答案。

# TURKEYS
## 火雞

盡情展示自己的公火雞

火雞的求偶方式跟許多雉科鳥類一樣，都採用「求偶場」交配制度：公火雞會聚集在一個千挑萬選的地方，也就是求偶場，通常是林間的一小片空地，讓母火雞可以清楚看到公鳥的展示。春天時，公鳥會在求偶場待上幾星期，想方設法爭奪最佳位置。母鳥經過時，會隨意看看待選的公鳥，評判一下公鳥的表現。母鳥只需交配一次，之後跟公鳥就再無瓜葛，築巢、下蛋、育雛都一手包辦。

三隻公火雞搔首弄姿，母火雞在前方品頭論足。

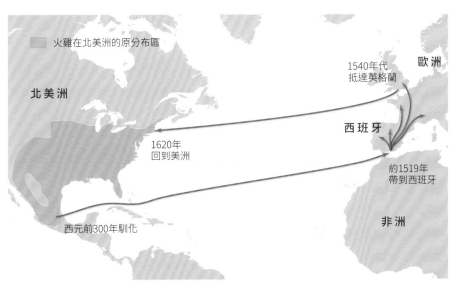

火雞在北美洲的原分布區

歐洲

1540年代
抵達英格蘭

北美洲

西班牙

1620年
回到美洲

約1519年
帶到西班牙

非洲

西元前300年馴化

馴化火雞的奇幻旅程

鳥類的耳孔位於頭部兩側，在眼睛下後方。大部分鳥類的耳孔都被特化的羽毛蓋住（見第 107 頁下），但是像火雞這類頭部裸露的鳥種，就能清楚看到耳孔開口。

火雞母鳥

早在西元前 300 年，墨西哥南部就開始馴養火雞了。第一批抵達美洲的西班牙探險家在西元 1519 年將之帶回歐洲，結果大受歡迎，在城鎮之間廣泛交易，很快就傳遍了整個歐洲。火雞的英文之所以叫「turkey」，是因為當時有人誤以為這種奇特的鳥來自東方的土耳其（Turkey）。火雞在 1540 年代抵達英格蘭，距離首次踏上西班牙還不到 30 年。到了 1620 年，五月花號啟航前往麻州時，船艙內有幾隻活火雞，於是牠們在 101 年後又回到美洲大陸。事實上，今天所有馴養的火雞全都是兩千多年前那些墨西哥馴化火雞的後代。

# GROUSE AND PHEASANTS

## 松雞和雉雞

這種鳥是大草原松雞的一個亞種，在 1800 年之前曾經遍布美國東北各州，連波士頓跟紐約市附近也能見到，卻在 1932 年完全滅絕。

石楠松雞

鳥類身上最大塊的肌肉是提供飛行動力來源的胸肌，重量占了一隻鳥總重的 20%。鳥的胸肌包含兩部分，一部分負責上拉翅膀，另一部分負責下拍，而在絕大多數鳥類身上，負責下拍的胸肌是上拉肌的十倍大。人類帶動手臂往前（相當於翅膀下拍）的肌肉是在胸部，而讓手臂往後（相當於翅膀上拉）的肌肉則是在背部。但鳥類這兩塊肌肉都演化成生長在身體前方、位於翅膀之下，這樣在飛行時才能得到較好的重量平衡。這張速寫畫出較大塊的下拍肌（深紅色）是如何附在翅膀下方並提供下拉的力量，而上拉肌（淺紅色）則是包覆著肩部並附在翅膀上端，就像一組滑輪系統。當你在餐桌上切開雞胸或火雞胸時，或許也會注意到這兩大塊肌肉是分離的。

環頸雉胸前的肌肉

鳥類具有許多針對飛行的演化適應，其中非常重要的一項是體重平衡。鳥類身上較重的骨骼和肌肉幾乎全都集中在翅膀下方一個密實的核心區，再從這裡的肌肉延伸出長長的肌腱去控制翅膀跟雙腳。鳥類的頭頸部非常輕盈，因為沒有笨重的頜部跟牙齒，取而代之的是輕量的嘴喙。你可以試著摺一架紙飛機，然後把一枚硬幣黏在紙飛機的不同部位，你會發現這份額外的重量只有在機翼下方且靠近機體中心時，飛機才能正常飛行。

紅色是環頸雉身上的骨骼肌肉，而翅膀跟尾巴幾乎都是羽毛。

家雞

北美洲數量最多的鳥類是什麼呢？答案是家雞。以目前來說，北美隨時都有超過 20 億隻雞，其中大約有五億隻是蛋雞，其他則是肉雞，這大概是北美總人口的五倍之多。相較之下，如果要問北美最多的野鳥是什麼，最可能的答案是旅鶇，差不多有三億隻，也就是家雞數量的七分之一左右，略少於北美的總人口數。

美洲鶉行蹤隱密，
總是躲在濃密的灌木叢中，
但是公鳥卻常站在開闊處大肆鳴叫。

珠頸翎鶉公鳥

● 北美齒鶉的英文名叫「Northern Bobwhite」，bobwhite 是得自公鳥清亮悅耳的哨聲：bob-WHITE。這種鳥是北美東部唯一一種原生的美洲鶉，由於叫聲很能代表美東地區，在十九世紀，移居西部的人們會寫一些思鄉懷舊的文字，述說對這種叫聲的深切懷念。最早從十九世紀中期開始，北美齒鶉的數量在人類墾殖區就因狩獵而急遽下降，到二十世紀中期，農地逐步變更為其他土地利用型態後，又進一步削減了牠們的棲地及數量。這個趨勢仍在持續中，目前北美齒鶉族群數量已經不到 60 年前的十分之一了。為了因應族群下降的問題，從十九世紀中期開始，人類從北美齒鶉仍舊普遍的地區（比如墨西哥）捕抓了數百萬隻送到數量正在減少的地區（比如新英格蘭），此外還有更多北美齒鶉是圈養繁殖後放到野外去的個體。然而有些引入的鳥在基因上並不適合當地的環境條件，或許導致當地族群進一步下降。雖然目前仍可在美國許多州找到這種鳥，但野外族群的處境長期而言卻是前景未明。

北美齒鶉公鳥

在地面扒土的珠頸翎鶉

● 鳥類要花很多時間尋找食物。如果是在地面覓食，通常要在落葉跟砂土之間仔細尋找，才能發現可以吃的東西。美洲鶉（跟近親家雞一樣）演化出以單腳扒土的方式覓食：以單腳站立，另一隻腳往後踢，踢的時候腳趾會扒過地面，將落葉跟砂土往後掃。牠們有時候會換腳踢，但因為看不到自己的動作，所以為了覓食，牠們必須先停止扒土，後退半步，然後仔細觀察地面有什麼東西。

● 羽毛上錯綜複雜的紋路往往遵循簡單的漸變模式。羽毛以非常有組織的排列方式生長（就像屋頂的瓦片一樣），也因為有這樣的規律，只要在每根羽毛上增添一點相對簡單的改變，就能創造出奇妙的羽色紋路。以珠頸翎鶉的腹部羽毛來說，底色、黑邊的厚度、軸斑的顏色及粗細這三方面會往上下左右產生些微變化，創造出極為複雜卻毫不突兀的規律性，宛如音樂化為圖像一般。

珠頸翎鶉腹部的羽毛

# PIGEONS
## 鳩鴿（一）

野鴿在幾千年前就已適應了人類的生活環境，現在更是在世界各地的城市裡大量繁殖。

都市高樓窗台上的野鴿

Birdbrain、silly goose、dodo 這些英文字眼是在罵人蠢呆，這類跟鳥有關的表達方式反映出人類對鳥類智力的低度評價，但這對鳥來說並不公平。在推理和學習的測驗中，烏鴉和鸚鵡的表現其實跟狗一樣好，而且鳥類有自我意識，會觀察並學習其他鳥兒的經驗。鴿子能夠理解某些概念，比如水滴、水坑或湖泊中的水有什麼不同，受過訓練後能從諸多畫派中認出印象派的作品，也能像人類一樣判讀乳房 X 光片。野鴿能在全世界的都市成功立足，憑的便是聰明和創新，而這兩者都是智力的表現。

野鴿

鴿子具有非凡的導航能力，數千年來都被人用來傳遞信息。由於鴿子能從至少四千公里外找到飛回自家鴿舍的路徑，因此產生了賽鴿這項至今仍廣受歡迎的活動。比賽方式如下：先從同區的鄰近鴿舍帶走一批鴿子，然後在某個遙遠的地方一起放飛，最早飛回家的就是冠軍。研究鴿子的科研計畫數以百計，我們對於鳥類如何導航的認識大多來自鴿子。就目前所知，鳥類的導航能力相當複雜，牠們必定擁有某種形式的地圖和羅盤，外加多種感官能力及身體系統的協力合作。牠們能感知磁場，判讀星象，追蹤太陽，接收人耳聽不見的超低頻聲波，追尋氣味等等，並將這一切跟精密的生理時鐘整合起來。而且鴿子只要曾經飛過某條路線，就會利用山川、道路、建物等地標，沿著相同的途徑前行。

野鴿平常巡航飛行的速度將近每小時 80 公里

大多數人一聽到鴿子恐怕都會皺起眉頭，並且想到都市裡常見的野鴿。野鴿已經演化成在人類周遭棲息生活，很少出現在遠離建築物的地方。北美的野鴿源自歐洲，但北美洲原本就有其他本土種的鴿子，其中分布最廣的是漂亮又壯碩的斑尾鴿，常見於美國西部的山區。另一種北美的原生鴿子則很不幸已經滅絕了。旅鴿曾被認為是北美洲數量最多的鳥類，會數以億計地成群飛行，只要哪裡有大量的食物，就會大群聚集在那兒營巢繁殖。十九世紀中期美國東部的都市成長，加上新造的鐵路讓交通更加便利，人們得以把整群聚在一起繁殖的旅鴿一網打盡，運到城裡的市場當做食材販賣。最後一隻旅鴿——瑪莎（Martha），於 1914 年死於俄亥俄州的辛辛那提動物園。

斑尾鴿是北美原生種

兩隻靜靜等待暴風雪過去的哀鴿

鳥類通常會盡可能找尋掩蔽，
並且在極端天氣下保存能量。

很多鳥類在走路時，頭部會來回擺動，這樣是為了緊盯周遭環境。牠們頭部的擺動跟腳的動作是同步的：當一隻腳抬起並往前時，頭也會同時向前，然後幾乎靜止不動，頭部下方的身體則在此時往前移動，等後面那隻腳抬離地面，頭再次快速往前移動，如此循環。這種行進擺頭運動是由視覺所激發。實驗顯示，鴿子被放在跑步機上或是眼睛被蒙住時（這樣視野就不會改變），並不會擺動頭部。

行進中的鴿子：身體往前移動時，頭部保持固定。

大腦部分入睡的哀鴿

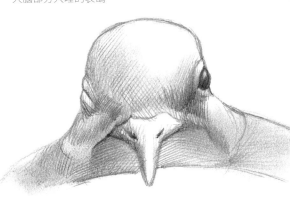

鳥類真的可以睜開一隻眼睛睡覺嗎？是的。鳥類的睡眠跟人類很不一樣，可以一半的大腦進入休眠，同時另一半繼續保持運作。我們可以說這隻哀鴿是在「半夢半醒」之間，不過研究顯示，牠實際上大概有四分之三的大腦是睡著的。眼睛睜開的那一側大腦其實是處於中間狀態——一邊休息一邊監視著四周。待在鳥群外圍休息的鳥通常會張開向外的那隻眼睛，隨時保持警戒。

為什麼哀鴿起飛時翅膀會發出哨聲呢？研究人員播放哀鴿起飛時的錄音給哀鴿及其他鳥類聽，結果發現，如果是一派悠閒的正常起飛聲，那些鳥聽到之後沒什麼反應，但如果是驚慌失措的起飛聲（聲調較高且振翅較快），哀鴿跟其他鳥類就會受驚逃離。顯然哀鴿翅膀發出的哨聲是很重要的信號，能向其他哀鴿通風報信，告知可能有危險逼近了，其他非親非故的物種也可經由學習得知這類哨聲的作用，就像許多鳴禽發出的高頻警戒聲一樣。哀鴿也用拍翅聲來求偶展示，所以拍翅聲可能主要是有助於求偶才在演化過程中保留下來，警報功能則是附帶的好處。

凌空而去的哀鴿

# HUMMINGBIRDS
## 蜂鳥（一）

在花叢上方大打出手的棕煌蜂鳥公鳥

公蜂鳥會為了保衛花叢（或餵食器）
而跟其他蜂鳥激烈打鬥。

很多種鳥都有具金屬光澤的斑爛色彩，這些是由羽毛表面的微結構所產生的。公蜂鳥喉部的燦爛色澤可說是大自然中最精緻、最絢麗的色彩了。羽毛表面的結構會放大增強光線中的某一種顏色，由於表面結構的排列是傾斜的，所以只會往單一方向反射那種顏色，也就是正前方。即便是包覆頭部兩側的羽毛，也有那種往前方傾斜的微小平面結構。左圖這隻公蜂鳥大半時間看起來都是一頭黑，但當牠轉頭直直面對你時，喉部就會閃耀出燦爛的有色光澤。公蜂鳥因此得以發出深具指向性的信號，只有牠關注的對象才能看到。

從側面跟正面看紅喉北蜂鳥

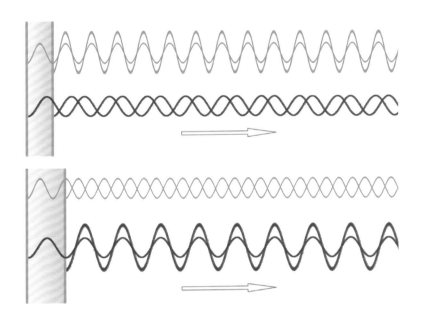

蜂鳥喉部的絢麗色彩並非來自色素，而是跟羽毛表面的物理結構有關，那是光波抵達精密排列、結構細微的羽毛表層時所發生的光學現象。上方示意圖中，灰色代表羽毛的表層微結構，各個波長的光源都來自右邊（圖上沒有顯示）。有些反射光是從羽毛表層的外側反射，有些則會穿透表層然後從內側反射出來。示意圖僅顯示從表層內外兩側反射出來的紅光與藍光。

示意圖的上半顯示，穿透該表層的距離剛好等於藍光的波長，所以從兩側反射出來的藍色光波會形成「同相」（波峰對齊波峰、波谷對齊波谷），兩波疊加會產生更強的波。而其他顏色的波長都跟表層厚度不一致，像紅光的波長就大於表層厚度，反射出來的紅色光波會形成「異相」。這些紅色光波的波峰跟波谷互相抵消後，我們看到的只剩下強烈的藍色。示意圖下半的表層較厚，跟紅光波長一致，所以紅光會增強，而藍光（及其他光波長）就看不見了。蜂鳥喉部的羽毛可以有多達 15 道表層微結構，每層的厚度都一模一樣，剛好契合某種顏色的波長，所以從一根羽毛反射出來的唯一一種可見光，其實是由 15 道相同顏色的光波疊加而成的超級光波！

（以上是一些基本原理的簡化說明，真實的情況複雜多了。）

蜂鳥需要許多能量來維持日常生活，因此得在整個白天不斷進食。為了保存能量以度過沒有食物的漫漫長夜，蜂鳥在晚上會降低身體的代謝速度，進入蟄伏狀態，此時這些小鳥兒的體溫會掉到攝氏 16 度以下，心跳從每分鐘 500 下降到少於 30 下，甚至會暫停呼吸。蜂鳥是如何從蟄伏中甦醒的呢？隨著心跳跟呼吸頻率提高，身上大塊飛行肌肉開始顫動，接著就可以看到牠們快速振翅了。身上任何一處肌肉都能在運作時產生熱量。（哺乳類也是如此，所以我們運動時會覺得熱，感到冷時會發抖。）翅膀肌肉振動產生的熱量能讓蜂鳥血液的溫度回升，當暖和的血液流經全身，體溫很快就能回升到溫暖舒適的 38 到 40 度。

蟄伏的棕煌蜂鳥

蜂鳥（一）　77

# MORE HUMMINGBIRDS
## 蜂鳥（二）

藍喉寶石蜂鳥（上）和星煌蜂鳥（下）

墨西哥以北體型最大
跟最小的蜂鳥

餵食蜂鳥其實很簡單，而且這些小鳥實在百看不厭，但有幾件事你得先知道：調製餵食蜂鳥的糖水要用白砂糖，比例是溫水跟砂糖4:1。不要用紅糖、黑糖、有機糖或「粗糖」，這些都含有鐵質，對蜂鳥來說具有毒性。不需添加紅色食用色素，餵食器上的紅色就會吸引蜂鳥前來。白砂糖的成分是蔗糖，跟花蜜一樣，至於你所添加的其他東西都是不必要的，而且可能對蜂鳥有害。餵食器要保持清潔，每隔幾天就要沖洗乾淨並更新糖水，天氣溫暖時要更頻繁清潔，避免發霉。如果有一隻蜂鳥霸占餵食器，不斷驅趕其他蜂鳥，你可以試著多放幾個餵食器。通常一隻蜂鳥每隔半小時會去餵食器一趟，在這中間會到處抓昆蟲（蜂鳥的食物最多有六成是昆蟲）、訪花叢。有個粗略的經驗法則可以估算共有多少隻蜂鳥去你的餵食器喝糖水：同一時間你最多能看到幾隻蜂鳥，再乘以 10 就是了。

聚集在餵食器的紅喉北蜂鳥

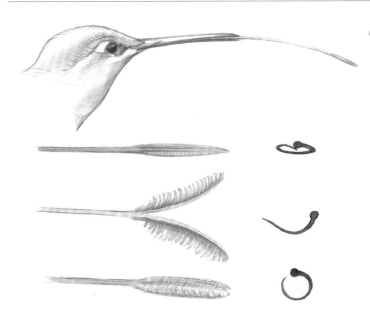

左邊是蜂鳥的舌頭，右邊是放大的穗狀舌尖構造橫剖面，由上而下依序是舌頭從嘴喙伸出來時、伸進花蜜時、收進嘴喙時。

蜂鳥會將細長的舌頭伸進花朵舔舐花蜜（見第 91 頁下）。牠們到底是怎麼做的呢？近幾年來科學家才查明其中的奇特細節。蜂鳥的舌頭尖端有分叉，分叉處有穗狀構造，可以形成容納液體的軟管。當舌尖的分叉伸進花蜜時，穗狀構造會展開，等舌頭縮回嘴喙時，穗狀構造就會緊緊裹住花蜜。到了嘴裡，花蜜馬上就被擠出來然後吞下，緊接著舌頭又會伸到花朵裡，這個動作每秒可重複 20 次，遠遠超過你去數的速度。蜂鳥要做的事情就是把舌頭伸進花裡，再把盛滿花蜜的舌頭縮回去，就像拿毛筆沾墨水一樣。

蜂鳥的翅膀在往前跟往後揮動時都會扭轉並產生升力，所以可以在適當的位置懸停。直升機旋翼的槳葉之所以能夠把直升機拉起來，是因為旋翼槳葉是傾斜的，前緣比較高、後緣比較低，這樣當槳葉旋轉時，就會在下方產生較高的氣壓。蜂鳥的翅膀也具有相同作用，只不過無法繞著整隻鳥轉一圈，而是要倒回來然後快速前後拍打。不管是往前還是往後，翅膀都會扭轉，讓前緣處於較高的位置，如此翅膀一動就能把空氣往下推。

昆蟲擁有近乎完美的懸停效能，往前跟往後揮動翅膀時能夠產生等量的升力，蜂鳥則大約有三成的升力是來自向後揮動翅膀。但是像胸帶魚狗這種體型較大的鳥其實沒有辦法真正懸停，牠們的翅膀往後拍動時幾乎無法產生任何升力，而且通常要靠一點風才能維持在空中。

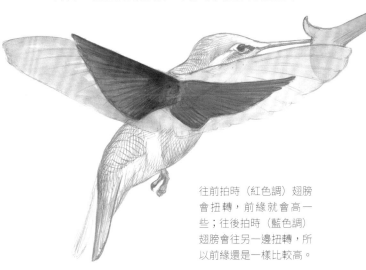

往前拍時（紅色調）翅膀會扭轉，前緣就會高一些；往後拍時（藍色調）翅膀會往另一邊扭轉，所以前緣還是一樣比較高。

# ROADRUNNER
## 走鵑

走鵑藉由快速的反應和出其不意的動作來捕捉獵物。奔跑通常是為了行進移動。

咬著蜥蜴的大走鵑

● 現實生活中，郊狼的速度要比走鵑快多了（即便沒有使用卡通中威利狼的火箭等配件也一樣），但走鵑卻能跑贏大多數人。如果上圖這幾種動物一起比百米賽跑，鴕鳥在五秒之內就能輕鬆奪冠（鴕鳥的極速達每小時97公里，並且能以72公里的時速持續奔跑），緊跟在後的是郊狼，六秒之內可以壓線（時速超過64公里），而走鵑跟當今百米短跑紀錄保持人尤塞恩·博爾特（Usain Bolt）則需要兩倍左右的時間才能跑完。走鵑的最快速度據說是每小時32公里，約莫11秒出頭能夠跨過終點線。博爾特的百米世界紀錄不到9.6秒，算起來時速差不多37公里，一般跑者則要花15秒（時速不到24公里）。結論是，只有頂尖短跑健將可以在終點線擊敗走鵑，大多數人是跑不贏的。

近鳥龍是有羽毛的恐龍

● 一個多世紀以來，人們對於鳥類和恐龍的關係一直爭論不休，但近幾年由於發現了許多帶有羽毛等鳥類特徵的恐龍化石，對羽毛的演化也有了更進一步的了解（見第33頁右），相關爭論可說塵埃落定了：現代鳥類就是恐龍的後代無誤。圖中的近鳥龍是一億六千萬年前的「原始鳥類」，體型比走鵑還小，可能不會飛行。牠的羽毛鬆散蓬亂，沒有互相勾連的羽小枝（羽毛演化第三階段的產物）。這種羽毛或許有助於滑翔，但主要功能應該是保暖和展示。許多有羽毛的恐龍跟真正的鳥類是在近鳥龍之後的一億年內演化出來的，但在六千六百萬年前隕石撞擊地球之後就幾乎全數滅絕了。

● 六千六百萬年前，一顆隕石撞到地球，結束了白堊紀。那時地球上有非常多種鳥類，許多都住在樹上，具備完全的飛行能力。那起撞擊事件讓當時地球上大部分的大樹以及所有非鳥類的恐龍都滅絕了，此後的幾千年裡，蕨類一直都是最具優勢的植物。大約只有四分之一的動植物種在那次災難性的全球變遷中倖存，鳥類也僅有少數幾種小型地棲性物種存活，其中一種後來演化成現代的鶂鴕和鴕鳥這一類鳥，另一種演化成現代的雞和鴨這群鳥，第三種（可能長得像鳩鴿或鷦鷯，甚至像走鵑）則成為其他所有的現代鳥類。

正在奔跑的大走鵑

# KINGFISHERS
## 翠鳥

這種鳥最常出現在俯瞰水面的突出棲枝上。

胸帶魚狗典型的停棲姿態

● 翠鳥（又稱翡翠、魚狗）會先「懸停」（另見第 79 頁右下），再以頭先入水的方式俯衝抓魚。翠鳥懸停時，如果你仔細觀察，會發現牠的頭部穩穩定在空中，在水面上維持固定的姿勢，同時藉由拍動翅膀、調整尾巴以及左右移動身體來達到滯空飛行。翠鳥的頭部要維持穩定，才能一直緊盯著下方的目標獵物，這個動作所涉及的感官和控制機制實在令人驚嘆。牠們對於空氣的流動必須非常敏感，才能預知不斷改變的氣流將如何影響自身位置；對於身體位置所在也必須同樣敏感，以便調整翅膀和尾巴來抵消空氣流動的影響。為了定點滯空，身體必須隨著氣流擺動，翅膀要拍打，尾巴得張開，頸部也要立刻吸收這些部位運動的作用力，頭部才能保持不動。想像一下你站在搖晃的船上，頭卻要維持在同一點不動——超難的吧！而這還只是翠鳥懸停時做的其中一件事情而已。（見第 75 頁上，鴿子的頭部擺動。）

胸帶魚狗懸停

待在巢穴附近的胸帶魚狗，圖中的河岸洞穴就是牠的巢洞。

● 生態學家所說的「限制因子」，是指會限制物種族群總量的某一項稀缺資源。以胸帶魚狗來說，營巢地就屬於這類資源。很多地方都有足夠的魚可以餵飽一家子魚狗，但若要營巢繁殖，就需要沙質堤岸，這地點不但要軟到足以挖出夠深的洞，還要夠高夠陡，讓捕食者難以到達巢洞。由於人類在河川上興築水庫、水壩，外加河道溝渠化，使得符合上述條件的河岸沙地越來越少，因此營巢地就成為胸帶魚狗族群量的限制因子。

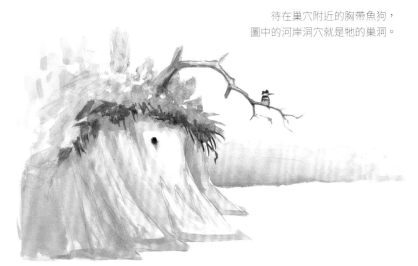

## 抓到魚了，再來呢？

這隻魚狗橫咬著一隻不停扭動的小魚，往樹枝猛甩猛敲，直到小魚動也不動，然後靈巧熟練地往上一拋，咬住頭，從頭部開始吞下去。

鳥沒有手，只有翅膀，而腳必須用來站立停棲，因此所有的食物處理工作都要靠嘴喙來完成。此外，由於沒有牙齒（牙齒太重了），所以獵物必須整個吞下去。想像一下你的手被綁在背後，而且嘴裡沒有牙齒可以咀嚼，這樣要怎麼吃東西呢？鳥類是用嘴喙處理食物，然後整個吞下去，至於「咀嚼」則交給強壯有力的胃部。

# PARROTS AND PARAKEETS
## 鸚鵡及鸚哥

這種鳥原產於南
美洲南部，引入
美國後已在許多
地區繁殖。

和尚鸚哥在結果的樹上覓食

很多種鸚鵡身上都有鮮豔的綠色，那其實是由藍與黃兩色混合而來。黃來自色素，藍主要由羽毛的微結構所產生，但有部分是得自黑色素。藍色的結構色跟黃色色素相加，就成了鸚鵡身上的鮮綠色。鸚鵡繁殖場已經能夠繁殖出藍色跟黃色的變異個體了，藍鸚鵡只是缺少黃色色素，因此剩下羽毛結構跟黑色素所產生的藍色跟灰色。黃鸚鵡則缺乏黑色素，所以整隻鳥呈現白色跟黃色，這是因為雖然羽毛結構仍會從表面反射藍色光，但缺乏底層的黑色素吸收其他顏色，其他顏色也都被反射掉，所以羽毛看起來就是白色的了。有趣的是，鸚鵡身上的黃色、橘色跟紅色並非來自類胡蘿蔔素（見第 163 頁中），而是另一種全然不同的色素，稱作「鸚鵡色素」（psittacofulvins），只能在鸚鵡身上找到。

和尚鸚哥：中間是正常羽色，右邊那隻缺乏黑色素，左邊的則是少了黃色色素。

鳥沒有手，大部分鳥類都只用嘴喙來處理食物。有些鳥種（比方說猛禽、藍鴉和山雀）會用腳抓握食物，再以嘴喙撕扯或敲擊，唯獨鸚鵡會主動用雙腳來處理食物。有趣的是，多數種類的鸚鵡都有慣用腳，而且大部分都是左撇子。此外，明顯較喜歡用某一隻腳的鸚鵡也顯示出較佳的問題解決技巧。鸚鵡和人類的相關研究顯示，只用身體某一側來執行任務，能夠增進多工作業的能力以及創造力，因為這過程只用到大腦的一側，另一側可以空出來做其他事情。這種跟人類相似的行為，讓鸚鵡顯得如此獨特又可愛。

用左腳抓握食物的和尚鸚哥

鳥類在處理食物時，舌頭是非常重要的器官，因此許多鳥種都有特化的舌頭（見第 91 頁下及第 79 頁中）。鸚鵡的舌頭更是獨一無二，和人類一樣粗短且肌肉發達，而且牠們很常用舌頭在嘴裡搬弄食物。也有證據顯示，鸚鵡的舌頭能夠改變鳴管發出的聲音（方式跟我們用舌頭讓聲音產生變化是一樣的），這可能是鸚鵡能模仿人類說話的原因之一。

用舌頭來處理食物的和尚鸚哥

# WOODPECKERS
# 啄木鳥（一）

這兩種極為相像的啄木鳥廣泛分布於北美大陸。證據顯示，體型較小的絨啄木之所以具備近似於毛背啄木的外表，是因為毛背啄木體型較大、較占優勢，所以擁有這種羽色的絨啄木會因為被誤認而從中受益。

絨啄木（左）和毛背啄木（右）

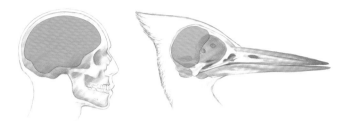

人類跟北美黑啄木的頭骨及腦部

● 為什麼啄木鳥不會腦震盪呢？主要是因為牠們的大腦質地輕盈，而且適合吸收來自前方的撞擊力道，而人類的大腦比較重，且適合吸收來自下方的撞擊力（如跳躍）。啄木鳥還有多種適應機制可以減少撞擊的影響，像是牠們的下喙比上喙略長，啄木時會先碰撞木頭，然後由下顎來傳遞撞擊力，而不是直接傳到頭骨。此外，啄木鳥的上喙基部有一層海綿質骨，有助於緩衝該部位受到的撞擊。還有，啄木鳥總是把嘴喙筆直敲進木頭裡，所以撞擊力都會朝同一個方向傳遞。

啄木鳥這三種截然不同的活動有個共同點，就是都需要以嘴喙來敲擊木頭。

啄木鳥主要是在春天製造出「敲擊聲」，作用相當於鳴唱聲：牠們會定點停在樹上，規律地以嘴喙在短時間內飛快敲擊木頭，以此向配偶或競爭對手大肆宣揚。牠們這樣敲木頭時雖然非常大聲，但是並不會傷害樹。

覓食中的啄木鳥會在樹上四處移動，到處啄到處敲，啄出一大堆小孔洞來尋找小蟲。覓食活動占了牠們每日生活的大部分，而且一年四季都是如此，啄出來的孔洞形式也會因為目標獵物而各有不同。

銜著糞囊的毛背啄木

● 養育四隻以上的雛鳥時，鳥巢會很擁擠，因此處理鳥寶寶的排泄物就成了極為重要的工作。幸好雛鳥有項奇特的演化適應可大大減輕這項工作：在雛鳥的腸道末端、泄殖腔之前，有種凝膠狀的黏液會把每個白中帶黑的排泄物包裹成糞囊。鳥寶寶就是排出這種整潔的「便便包」，讓成鳥得以銜起帶走。剛孵化的雛鳥被餵食之後會本能地立刻排便，成鳥也會本能地等待雛鳥排出糞囊，然後帶著飛走並丟棄，最遠可離巢達 30 公尺。這麼做的主要目的或許是為了保持巢內清潔，不過將排泄物帶到遠方四處丟棄也可避免糞便堆積後暴露巢位。

啄木鳥會在樹幹上挖鑿出漂亮的圓洞來做為繁殖巢洞，這得花上許多天，通常幾天之後就大到足以讓整隻鳥爬進去了。

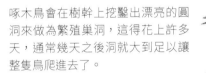

由上而下分別是正在製造敲擊聲、覓食中、挖鑿巢洞的絨啄木

黃腹吸汁啄木跟啄出來的樹汁孔

吸汁啄木鳥會在樹皮
上啄出一排排淺洞，
然後舔食流出來的樹
汁，並捕食被樹汁引
來的昆蟲。

啄木鳥（二）

MORE WOODPECKERS

在美國，橡實啄木主要分布於西南部的幾個州。牠們有個特殊的習性，會在樹上啄出許多小洞，並在每個洞裡儲存一顆橡實。這種啄木鳥過著群體合作的生活（尤其在加州），一個共同生活的群體包括幾隻參與繁殖的成鳥跟幾隻不繁殖的幫手，但所有鳥都會幫忙啄洞和收集橡實。牠們會在秋天收集、儲存橡實，等到入冬食物來源有限時再吃掉，所以整個冬天都可以待在原本的領域內，春天來臨時也能健康繁殖下一代。一個繁殖群體能否生息繁衍，跟牠們儲存多少橡實密切相關。牠們會把儲存的孔洞打在枯枝或粗厚的樹皮層上，這樣樹木就不會受傷。牠們會重複使用這些洞，此外每年也會多打幾個新洞，日積月累之下，就能建立相當大的儲存量。一棵擁有四千個洞的典型儲存樹，要花八年以上才啄得出來，這已經比多數橡實啄木的壽命還長了。目前單一棵樹上儲存孔洞的最高紀錄據估計是一萬五千個，恐怕要超過一百年才能啄出來。

橡實啄木公鳥跟牠儲存食物的樹木

紅腹啄木

一百多年來，北美鳥類的分布範圍基本上呈現往北擴張的趨勢。紅腹啄木在過去一百年間從美國南方一路向北挺進，現在已經分布到新英格蘭地區了，其他像黑額簇山雀、北美小嘲鶇、卡羅萊納鷦鷯等鳥種也有同樣的情況。而在北美的太平洋西北地區，紅面紗蜂鳥跟加州灌叢鴉在這幾十年來也變得普遍許多。這種現象部分要歸因於氣候變遷，溫和的冬天讓鳥兒在更北邊也能生存。另一個因素則是郊區都市化導致棲地變遷，包括密集的房屋和樹籬創造了溫暖的微氣候環境、種植外來種灌木及喬木所形成的濃密植被，以及大量的野鳥餵食器提供了額外的食物。

由於美洲旋木雀體型小、具保護色，所以即便在北美的樹林分布很廣，而且多數時間都毫不遮掩地在大樹的樹皮上攀爬，還是很少人注意到。有經驗的鳥友可以循著清亮、帶金屬音質的鳴叫聲找到牠，或是當牠從一棵樹的高處飛到另一棵樹的底部準備再次爬樹時發現牠，但最常見的情況是我們從美洲旋木雀的身邊走過，卻渾然不覺牠們的存在。旋木雀有著類似於啄木鳥的攀爬方式，都會用硬挺的尾羽支撐，然而兩者的分類相差甚遠。這是不同的兩類鳥在面對問題時發展出相同解決之道的一個例子，在這個例子裡，牠們的共同挑戰是爬樹。旋木雀甚至比啄木鳥更進一步，牠們會緊挨樹皮，讓自己貼近樹身，並斜著身子仔細端詳鱗狀樹皮的下方或溝紋深處，然後再用又長又彎的尖喙抓出藏在裡面的小蜘蛛、小昆蟲以及蟲卵。

美洲旋木雀，此圖為實際大小

# PILEATED WOODPECKER
## 北美黑啄木

北美黑啄木公鳥

近幾十年來，原本遍布北美的
許多農耕地都回復為成熟林[1]，
這種啄木鳥的族群數量也隨著
棲地的增加而上升。

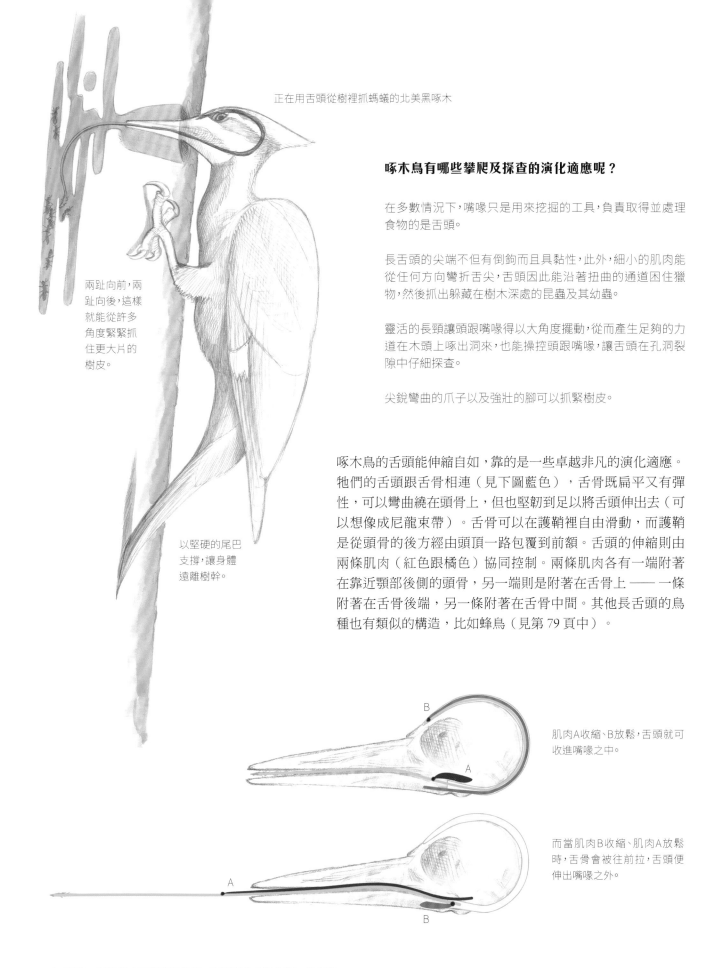

正在用舌頭從樹裡抓螞蟻的北美黑啄木

兩趾向前,兩趾向後,這樣就能從許多角度緊緊抓住更大片的樹皮。

以堅硬的尾巴支撐,讓身體遠離樹幹。

## 啄木鳥有哪些攀爬及探查的演化適應呢?

在多數情況下,嘴喙只是用來挖掘的工具,負責取得並處理食物的是舌頭。

長舌頭的尖端不但有倒鉤而且具黏性,此外,細小的肌肉能從任何方向彎折舌尖,舌頭因此能沿著扭曲的通道困住獵物,然後抓出躲藏在樹木深處的昆蟲及其幼蟲。

靈活的長頸讓頭跟嘴喙得以大角度擺動,從而產生足夠的力道在木頭上啄出洞來,也能操控頭跟嘴喙,讓舌頭在孔洞裂隙中仔細探查。

尖銳彎曲的爪子以及強壯的腳可以抓緊樹皮。

啄木鳥的舌頭能伸縮自如,靠的是一些卓越非凡的演化適應。牠們的舌頭跟舌骨相連(見下圖藍色),舌骨既扁平又有彈性,可以彎曲繞在頭骨上,但也堅韌到足以將舌頭伸出去(可以想像成尼龍束帶)。舌骨可以在護鞘裡自由滑動,而護鞘是從頭骨的後方經由頭頂一路包覆到前額。舌頭的伸縮則由兩條肌肉(紅色跟橘色)協同控制。兩條肌肉各有一端附著在靠近顎部後側的頭骨,另一端則是附著在舌骨上 —— 一條附著在舌骨後端,另一條附著在舌骨中間。其他長舌頭的鳥種也有類似的構造,比如蜂鳥(見第 79 頁中)。

肌肉A收縮、B放鬆,舌頭就可收進嘴喙之中。

而當肌肉B收縮、肌肉A放鬆時,舌骨會被往前拉,舌頭便伸出嘴喙之外。

1. 譯註:樹種組成已經趨於穩定,不再有太大變化的一片森林。

# FLICKERS
## 撲翅鴷

在地上吃螞蟻的北撲翅鴷

由於撲翅鴷的古怪習性以及醒目的斑點，
很多人都不知道牠們也是啄木鳥。

北撲翅鴷的展示動作

● 北撲翅鴷的「舞蹈」展示動作包含拉長脖子、展開尾羽、左右扭動身軀，同時搭配一系列緩慢的 wikka 鳴叫聲。這種展示動作既用來防禦自身領域，也用來求偶，只是強度和功能略有差異。

「紅羽」撲翅鴷（上）及「黃羽」撲翅鴷（下）

北撲翅鴷起飛瞬間

● 北撲翅鴷飛行時，翼下會閃現鮮豔的紅色或黃色。「紅羽」撲翅鴷主要分布於洛磯山脈及美西，「黃羽」撲翅鴷則分布於美國的東部及北部。無論紅色或黃色，都是源自類胡蘿蔔素（見第 163 頁中），但不同地區的北撲翅鴷會在體內以不同的方式處理類胡蘿蔔素，結果就形成了紅色或黃色色素。

● 北撲翅鴷的鮮明白腰在停棲時會被遮住，但在起飛時就非常明顯，若再搭配紅色或黃色翅膀，或許能夠嚇到潛在的捕食者。北撲翅鴷猛然飛起時，這種乍現的鮮豔色彩可能會讓捕食者遲疑，進而增加逃生機會。無論如何，這種鳥身上閃現的白色以及飛行中冒出來的黃色或紅色，就是牠們英文名稱 flicker（原意指「閃爍不定」）的由來。

# PHOEBES
# 菲比霸鶲

世界上有三種菲比霸鶲，全都適
應了人類活動的環境，常在門廊
的屋簷下築巢。

站在草坪躺椅上的黑菲比霸鶲

很多沒有親緣關係的鳥種都有擺動（或搖動）尾巴的習性，人們對此提出不少假說來解釋。近期有研究發現，當附近有捕食者（而且只有在此情況下），這些鳥擺動尾巴的速率就會增加。研究人員認為，抖動尾巴這個簡單訊號是對捕食者表示：「我知道你在那裡！我不但身強體壯而且動作敏捷，你抓不到我啦，省省力氣吧。」我們緊張時會坐立不安，而菲比霸鶲緊張時就會搖動尾巴，捕食者看到獵物焦躁不安或狂搖尾巴，就知道對方不但健康而且很警覺，大概不值得浪費力氣去獵捕。這種在壓力之下焦躁不安或抽搐顫動的行為普世皆然，我們之所以會這麼做，只是出於天性、本能。不同物種表現出來的相異處，就在於如何發送訊號。菲比霸鶲等鳥種是搖動尾巴，有些則是向上輕彈尾羽，有的會迅速彈動翅膀，有些會擺頭，有的則是鳴叫等等，不一而足。這些其實都是在傳遞相同訊息。

擺動尾巴的黑菲比霸鶲

在門廊築巢繁殖的東菲比霸鶲

菲比霸鶲喜歡在能遮風避雨的壁架上築巢，所以開放式門廊邊角的下方可說是完美地點。大部分鳴禽並不會重複使用舊巢，即便在同一個繁殖季也會另築新巢來生第二窩蛋。然而菲比霸鶲是例外，牠們會在同一個繁殖季使用同一個巢，或是重複利用前一年的舊巢（略微翻新一下），有時甚至還會改裝家燕的舊巢來用。一般認為，多數鳥類替每一窩蛋築新巢是為了避免羽蝨之類的寄生蟲感染下一窩雛鳥。藍鶲和雙色樹燕這類在樹洞營巢的鳥類常常重複使用舊巢，原因是能選的巢洞很少，但如果有得選，通常也喜歡在乾淨的洞裡築新巢。菲比霸鶲可能也面臨類似限制——沒那麼多合適的巢位可以挑，所以重複使用舊巢也許是最佳選擇。

跟多數鳥類一樣，菲比霸鶲通常也是把獵物整個吞下去，「咀嚼」的工作就交給強壯有力的肌胃。很多昆蟲身上都有消化不了的堅硬部位（如翅鞘），這些部位的小碎片可以從消化道排出，但較大且無法分解的碎片就會堆在肌胃裡，結為緊實的食繭再吐出來。日行性猛禽和貓頭鷹吐出來的食繭會包含獵物的骨頭跟毛（大約會在進食後十六個小時吐出），而鷗與鸕鶿的食繭則含有魚骨。這些鳥跟某些鳥類不同，並不會吞下砂礫協助研磨食物（見第5頁下），部分是因為吐出食繭時也會連帶吐掉砂礫。此外，牠們食物中少量的骨頭或殼也可以替代砂礫，在肌胃中協助研磨較軟的食物。

正要吐出食繭的黑菲比霸鶲

# MORE FLYCATCHERS
## 其他霸鶲

不斷騷擾紅尾鵟的西王霸鶲

剪尾王霸鶲有著鳥類世界中極為引人注目的尾巴，但這有什麼用處呢？多數鳥類尾巴的作用在於提高飛行表現：收攏尾羽能減少阻力（可讓身體後方的空氣平順流過），展開時則能在慢速飛行中增加升力。長而分叉的尾部可將這些優點發揮到極致，並提供兩種截然不同的高效模式：高速飛行時尾羽收攏，慢飛時展開。所以燕鷗（見第49頁）有這樣的尾巴，顯然是有道理的，牠們需要快速、有效率地長途飛行前往覓食區，一旦到達該地，就要慢速巡飛，甚至懸停找魚。不過剪尾王霸鶲那超長又浮誇的尾巴倒不是為了空氣動力表現，而是為了展示跟覓食：牠們會慢慢飛，同時在草叢裡揮動尾巴以「掃」出昆蟲，然後在空中一口咬住。

剪尾王霸鶲用尾巴掃捕獵物

---

大多數鳥類都有絕佳視力，但霸鶲對視力的要求尤其極端。想像一下你正以超過30公里的時速飛行，為了緊追前方那隻飛行中的蚊子，得在空中急轉、閃躲障礙，然後用支鑷子在半空中逮住那蚊子。這需要多項視覺上的演化適應才能辦到，人類的視力就遠遠不及了。

・強化的視覺敏銳度讓霸鶲遠遠就能發現極其微小的斑點。
・在面對樹葉和陰影構成的斑駁背景時，霸鶲能看到紫外線，無疑有助於找出昆蟲。
・霸鶲眼內錐狀細胞的有色小油滴如同濾鏡，能夠增強色彩清晰度——比方說，在藍色跟綠色的背景中，能更輕易認出其他顏色。
・霸鶲在高速飛行時，能夠追蹤快速移動的昆蟲跟周圍環境。鳥類處理圖像的速度比人類快兩倍多，這會讓高速移動的物體或背景看起來沒那麼模糊，而在人類研究過的所有鳥類裡，霸鶲的視覺處理速度是最快的。
近期發現霸鶲有一種特殊的錐狀細胞，可能是視覺處理能力的關鍵。

正要抓蟲吃的黑菲比霸鶲

---

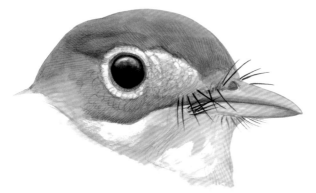

嘴喙基部周圍長著嘴鬚的柳蚊霸鶲

嘴鬚是鳥類嘴喙基部周圍一組特化的鬚狀羽毛（也就是剛毛），在多數的霸鶲以及其他幾科鳥類身上都非常明顯。這些鳥以在空中捕抓快速移動的小昆蟲維生，所以人們普遍認為嘴鬚能夠像網子一樣捕撈飛蟲，或是讓鳥能感覺到嘴邊昆蟲的位置，但事實上霸鶲都是用嘴喙尖端獵食，而非剛毛。實驗顯示，這些剛毛具有保護眼睛的作用，如同一張安全網，在高速追捕昆蟲的過程中能避免昆蟲（及其腿部和翅膀）傷到眼睛。

# SWIFTS
## 雨燕

在高空飛行的煙囱刺尾雨燕

許多種雨燕每年可以連續
滯空飛行長達十個月。

飛行對多數鳥類而言攸關生死，對雨燕來說尤其如此，因此翅膀上的飛羽必須保持良好狀態，也表示每年得換羽一次。但是在新飛羽生長期間，如何繼續飛行呢？多數鳥類會逐一更換羽毛，也就是同一時間只換一到兩根，這樣就有夠多相鄰的羽毛重疊覆蓋大部分的空隙，進而維持翅膀的功能。而下一根羽毛會等到旁邊的新生羽毛長到足以填補空缺時才會脫落，所以飛羽間的空隙永遠都很小，不會明顯妨礙飛行能力。對煙囪刺尾雨燕來說，飛羽得花三個月以上才能完全換新。（見第 5 頁中。）

上圖顯示煙囪刺尾雨燕翅膀上新羽毛（顏色較深者）替換掉舊羽毛的進程，從內側開始逐漸往翼尖更新。

雨燕的翅膀結構跟多數鳥類明顯不同，「手臂」的骨頭很短，幾乎整個翅膀的外觀都是由長在「掌指」骨上的長羽毛所構成。以這點來說，雨燕和蜂鳥很像，但飛行方式當然有很大的差異。這裡畫來比對的環嘴鷗，就是「手臂」相對較長的鳥種，能藉由調整翅膀骨頭的角度大幅改變翅膀外型，以適應不斷改變的環境。雨燕翅膀外形能夠改變的範圍就非常有限，而且通常以高速直線飛行，這也是雨燕經常待在高空的原因。

煙囪刺尾雨燕和環嘴鷗（未按比例繪製）的「臂」骨（藍色）及「掌指」骨（紅色）

在美國，大部分人如果想要看停棲的雨燕，頂多就是等著看雨燕飛進煙囪內棲息。雨燕非常適應天空的生活，翅膀堅硬狹窄，快速直線飛行時很有效率，但慢速機動飛行就比較困難。雨燕擁有「高翼面負載」，即體重相對於翅膀表面積的比值較高。為了產生足夠的飛行升力，必須高速前進，才能讓更多氣流通過那雙相對較小的翅膀。鷗的翼面負載低，相對較大的翅膀在低速時也能產生足夠的升力，所以可以看似毫不費力地飄浮在空中。雨燕要飛進煙囪棲息時，會先以高速接近，到了煙囪口上方時直接「熄火」，然後笨拙地拍著翅膀筆直落進煙囪。

宛如墜落般飛進煙囪的煙囪刺尾雨燕

# SWALLOWS
## 燕子（一）

在牧草地上空捕食昆蟲的家燕

這種鳥（英文名直譯為「穀倉燕子」）
會在穀倉內築巢，且幾乎所有的巢都
是築在人工建物上。

鳥類有許多不同的築巢策略以及巢型，親緣相近的鳥種通常會趨於一致。不過燕科鳥類相當特殊，即使親緣相近，築巢風格也大相逕庭。雙色樹燕會利用啄木鳥的舊洞或人工鳥屋，內部再墊上一層草。家燕和白額崖燕會先收集泥土構築巢型，再用草鋪上巢墊。有些燕子，例如灰沙燕，會在沙質堤岸上挖一條地道，然後在地道末端用草築巢。另外，有幾種燕子幾乎完全仰賴人工建物提供巢位，名符其實的家燕就是其中之一。

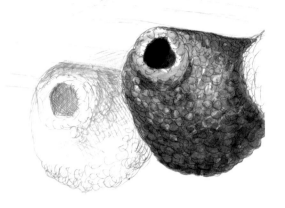

左邊杯碗型的是家燕巢，右邊比較封閉的瓠瓜型（球型加上略微突出的開口）是白額崖燕的巢。這兩種燕子都會在懸伸結構下方的垂直壁上築巢，用小巧的嘴喙把一小口一小口溼泥塊細細黏合，再放著風乾。

飛行中的家燕

燕子一次能飛好幾小時，有時低低飛過田野、沼澤及池塘，有時凌空高飛捕捉小飛蟲，所以也隸屬於「空中食蟲性鳥類」，其他成員包括雨燕及霸鶲等等。北美地區的調查顯示，過去五十多年來，空中食蟲性鳥類的族群數量全都降低了。原因有很多，最主要的因素或許是昆蟲變少了。近年在歐洲的研究發現，當地的昆蟲數量在過去三十年間大幅減少。雖然北美沒有類似的研究調查，但大部分的資料都指出昆蟲數量正在衰退。在 1970 年之前出生的人，一定都記得飛蟲撞上並蓋住擋風玻璃的情況，如今那已難得一見。昆蟲變少的原因可能是人類在農地、草坪等環境廣泛使用殺蟲劑。我們需要盡快研究監測，並採取相關行動。

為了飛行，鳥類得輕量化，且體重越輕，飛行所需的能量就越少。鳥類的演化絕大部分都符合這項要求，骨骼也因此產生大幅改變。不過，鳥的骨骼並不特別輕，所有骨頭占全身總重的比例其實跟體型相當的哺乳動物一樣。從許多方面來看，鳥類都演化出更輕的骨骼──像是較少的骨頭、中空的骨頭等等。為了滿足飛行需求，骨骼得更加堅硬強壯，導致構成骨頭的組織在鳥類身上的密度比在哺乳類身上還要高，這雖然增加了飛行所需的硬度及強度，卻也會增加重量。所以我們只能說，跟體型相仿的哺乳類相比，鳥類不需額外增加重量，就能擁有更強壯堅硬的骨骼。

家燕及其全身骨骼

# MORE SWALLOWS
## 燕子（二）

停在蘆葦上的雙色樹燕

燕子常聚集在昆蟲繁多
的溼地附近。

● 同一隻鳥每年都會重返相同的領域嗎？幾乎一定會……如果能撐過那年冬天的話（見第 169 頁中）。大多數鳥種對營巢地的忠誠度都非常高，尤其若曾經成功繁殖後代，就會每年都回到相同的繁殖領域。此外，一歲大的鳥在第一次交配繁殖時，通常也會回到出生成長的地方。賓州有一項研究發現，雙色樹燕會回到距離生長的巢箱僅幾公里內的區域繁殖。鳥類會固守熟悉的地點，且不只是營巢地，許多候鳥每年也都依循相同的路徑遷徙，並在相同的領域度冬。

一對停在巢箱上的雙色樹燕

剛孵化的雙色樹燕

● 所有鳴禽的寶寶（比如這隻雙色樹燕）破殼時全身都沒有羽毛，雙眼緊閉，而且需要親鳥不斷餵食、保暖、守護才能存活，這類型的雛鳥就稱作晚熟性雛鳥。相較於早熟性雛鳥（見第 3 頁上），生養晚熟性雛鳥的好處是母鳥只需生下較小型的蛋，耗費的資源較少，因為胚胎在發育的早期就已孵化。但這只是將生育的工作往後延，樹燕親鳥必須在雛鳥孵化後投入大量時間和精力來照顧。晚熟系統的另一個優勢是，大腦在孵化之後有更多發育空間。雁鴨之類的早熟性雛鳥在破殼時大腦就已幾乎發育完全，能自行覓食，而晚熟性雛鳥破殼時毫無自理能力，但親鳥會穩定提供高蛋白食物（見第 113 頁中），所以幼雛的腦部在孵化後會大幅生長，成鳥的腦部在比例上會比早熟性的成鳥來得大。

● 每根飛羽的細部構造都相當驚人！研究人員在探索羽毛確切形狀和結構的過程中不斷發現新細節，有些還能用來解決人類的工程難題。羽軸是一根多孔的管子，這樣的結構能在輕量化的同時提供高強度、高剛性。管子是由不同方向的纖維層所組成，如同當代的高科技碳纖維管材。羽軸的斷面形狀會改變，從基部的圓形逐漸成為矩形再到方形，如此每一個點便能具有不同的剛性和彈性。羽枝的斷面則是橢圓形，上下兩側比較厚，因此羽枝不易往上或往下彎曲，但往兩側彎曲就容易多了。當羽枝相互勾連，就會形成一片飛行用的牢固平面。但如果羽毛撞到什麼東西，這一根根羽枝就會扭曲，然後解開與相鄰羽枝的勾連，彎曲變形以吸收衝擊。

典型飛羽羽軸上不同位置的剖面圖

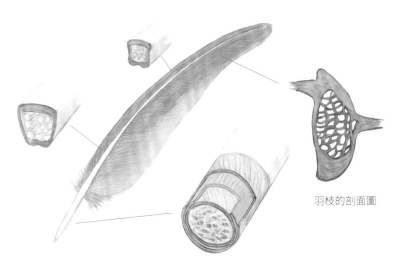

羽枝的剖面圖

烏鴉可說是最聰明的鳥類，
甚至懂得公平交易的概念。

叼著小東西玩的北美鴉

● 烏鴉往往終年結成小群移動，那些充滿好奇且有時帶有破壞性的行為（比如打開垃圾袋找吃的），看起來會像是在惡意搞破壞，但通常只是一家子在覓食，並非有意製造麻煩。一個典型的烏鴉家族包括一對繁殖的親鳥、近期出生的子代，以及一些較早出生的子代。一歲大的幼鳥通常會留下來幫忙照顧弟妹，有些甚至會待到五年之久！

一群覓食中的烏鴉

北美鴉幼鳥

● 烏鴉寶寶（羽毛還沒完全長好，嘴喙顏色較淺，而且眼睛帶有藍色調）往往在真正會飛之前就早早離巢。很多人在地上發現這些烏寶寶時，常會忍不住想要「救援」，把牠們帶回家養幾個禮拜，直到能完全獨立為止，但其實最好的方法是置之不理。這些幼鳥的父母很可能就在附近，會好好照顧自己的小孩，而且與其他烏鴉社交互動對此階段的幼鳥非常重要。烏鴉聰明又具有好奇心，的確會是迷人有趣的寵物，但牠們畢竟是野生動物，若由人類收養，會產生嚴重的缺陷。有位研究者追蹤人類養大的七隻烏鴉，牠們會飛之後被放回野外，幾個月後，沒有一隻存活。相較之下，在野外由親鳥養大的烏鴉幼鳥有一半以上都能活過第一個冬天。

● 烏鴉會認人臉，將每個人跟好經驗或壞經驗連結起來，甚至還能把這些資訊傳給別的烏鴉。有個誘捕過烏鴉的研究人員竟被他未曾抓到過的烏鴉給認出來，地點離他誘捕烏鴉的地方將近八公里遠，而且時間已經相隔五年！雖然每隻烏鴉在我們眼裡都一樣，但我們有時可以初步區分第一年的幼鳥跟其他年長的鳥。成年烏鴉擁有一身烏亮的羽衣，而幼鳥的羽毛則是光澤不明顯的霧面黑，然後在第一年的冬天逐漸褪成暗褐色。一歲大的烏鴉在春天會擔任成鳥的育雛幫手，跟一旁年長的成鳥相比，看起來明顯呈現褐色調。

左邊是一歲大的北美鴉，右邊是成鳥。

# RAVENS
## 渡鴉

鳥類無法用嘴喙整理自己頭部的羽毛，所以會用腳來執行這項工作。而像渡鴉這類社會性鳥種，共同生活的同伴會幫彼此理羽。

正在理羽的普通渡鴉

伊索寓言有一則故事叫「烏鴉和水瓶」，內容講述有隻口渴的烏鴉發現了一個水瓶，但瓶裡的水太少，烏鴉的嘴碰不到，於是這隻烏鴉叼來很多小石頭丟進瓶裡，水面漸漸升高，烏鴉終於喝到水了。這則故事啟發了研究人員，設計出許多現代科學實驗來測試多種鴉科鳥類。其中之一是研究人員在裝了水的管狀瓶中放置烏鴉愛吃的點心，讓點心漂浮在瓶子底部，然後觀察烏鴉的各種反應。結果發現，烏鴉能夠理解大石頭比小石頭更有用，也知道要丟進幾顆石頭才能吃到點心，還曉得裝滿木屑的管子和水不一樣，丟石頭沒有用等等。在各種受測的烏鴉裡，最擅長解決問題的是分布於南太平洋的新喀里多尼亞鴉，理解這類問題的能力相當於五到七歲的人類。

正在解決難題的渡鴉

普通渡鴉

許多生活在炎熱氣候環境的鳥類都是一身黑，這看似違反直覺，但研究發現其實利大於弊。深色羽毛的確比白色羽毛更容易吸熱，但因為羽毛具有很好的隔熱效果，所以熱量很少傳遞到皮膚上。在微風吹拂下，黑鳥其實比白鳥更為涼爽，因為深色羽毛會在表面吸收光和熱，而那個部位很容易就能把熱量輻射回大氣之中。白色羽毛則會讓光穿透到接近皮膚的部位，熱量要從那裡傳回空氣中就比較難了。除此之外，黑色羽毛更耐磨損，也更能阻擋紫外線。一身烏黑或許也可以讓鳥類在暗處棲息時顯得不起眼，但活動時，同伴卻能輕易看到。

每隻鳥都披覆著羽毛，而且身上的每根羽毛幾乎都不相同，長度、形狀和結構都已特化，以合乎該部位所需的特定功能。頭部的羽毛全經過高度特化，包含眼睛周圍的細小羽毛、嘴喙基部的剛毛，以及喉部較長的羽毛等等。在這些羽毛之中，特化程度最高的當屬覆蓋耳孔的羽毛，不但要能讓聲音通過，還要防止殘骸碎片等異物進入耳中，並在耳外創造出流線型的輪廓，好讓空氣盡量平順、安靜地流過。多數鳥類的正常飛行時速是 40 公里左右，即便只是這樣的速度，由空氣亂流所產生的噪音傳到人類耳中還是可以達到 100 分貝。這麼吵的噪音讓人很難再聽見其他聲響，而且長期暴露在這種噪音之下，人的聽力也會受損。擁有平滑的耳覆羽，鳥類就能避免這些問題。

臉部周遭的一些特化羽毛。耳覆羽位於右下。

# JAYS
# 藍鴉

銜著橡實飛走的冠藍鴉

翅膀和尾巴上
突然閃現的白
色或許能夠嚇
到準備攻擊的
捕食者。

鳥叫聲可以相當洪亮。舉例來說，如果有隻公雞在你耳邊啼叫，那音量跟你站在噴射機引擎外 60 公尺聽到的引擎聲差不多。（舉例而已，請勿嘗試！）很多鳥類都會發出巨大的叫聲，比如藍鴉，而且牠們的耳朵距離嘴還不到兩公分半。當藍鴉鳴叫時，聽力為何不會受損呢？鳥鳴叫時，有些機制多多少少會自動「防禦」：一張開嘴，外耳道就會關閉以阻擋聲音傳入；內耳的氣壓會增加，有助於減少震動；連接耳部的下顎骨在活動時可以放鬆耳膜的張力。此外，鳥類的耳朵可以長出新的聽覺毛細胞，藉此修復受損的聽力，這點人類是做不到的。

暗冠藍鴉鳴叫

我們有時會看到藍鴉把房子上的淺色油漆啄下來吃掉。牠們其實是在尋找鈣質，這是母鳥體內形成蛋殼時的重要元素，而多數油漆含有此成分。我們已經知道很多鳥種的母鳥在春天會為了產卵而去挑選含鈣量較高的砂礫吞下。這種把油漆啄下來的行為，在天然鈣質相對缺乏的北美東北部最為普遍，部分原因是酸雨會把鈣質從土壤中淋溶掉。此外，當地面覆蓋厚厚積雪時也會看到這種行為，因為鳥兒完全無法取得任何天然鈣質。你可以提供碎蛋殼給野鳥吃，對鳥兒來說蛋殼是更好的鈣質來源，如此不但可以幫助藍鴉，也能避免牠們啄碎油漆。

撿油漆碎片吃的暗冠藍鴉

人們經常將日光浴跟蟻浴這兩種鳥類行為混為一談。做日光浴時，鳥兒會展開雙翅，抖鬆身體的羽毛曬太陽，尤其在大熱天。日光浴結束後，牠們通常會好好整理羽毛。日光浴或許能夠抑制某些會降低羽毛品質的細菌，還能幫助轉化維生素 D 以及控制身上的羽蝨（直接曬死或促使羽蝨爬動，理羽時比較方便清除）。而在蟻浴時，鳥兒會以一種扭曲的姿勢坐在一群螞蟻之間，通常尾巴會壓在身體下方，然後用嘴叼著一隻螞蟻沿著羽毛一根根擦拭。有證據指出這是在處理食物：鳥兒其實是在騷擾螞蟻，逼螞蟻釋放出有毒的蟻酸，蟻酸一排出，便能大快朵頤了。就目前所知，蟻酸本身對於羽毛或羽毛上的寄生蟲並無任何影響，不過鳥類也會在羽毛上塗抹其他的酸，比如檸檬汁，因此酸液對於羽毛或許有一些我們尚未發現的好處。

正在進行日光浴（左）及蟻浴（右）的冠藍鴉

# SCRUB-JAYS
## 灌叢鴉

加州灌叢鴉

這位訪客一身鮮豔華服造訪野鳥餵食器，特別愛吃花生。

很多藍鴉及灌叢鴉都吃橡實，尤其是加州灌叢鴉。這種鳥會在秋天儲藏多達五千顆橡實，留待冬天及春天再來享用。加州灌叢鴉演化出的堅固下顎可以用來猛力敲擊堅硬物體，包括橡實。牠們會以下喙尖端啄破橡實的外殼，且和啄木鳥一樣，都靠下顎而非頭骨來吸收撞擊力。然而吃橡實有個大問題：橡實含有大量單寧酸，而單寧酸會跟蛋白質結合，使得鳥兒無法消化吸收。橡實含有豐富的脂肪及碳水化合物，但只吃橡實的話，灌叢鴉的體重會迅速下降，因為跟單寧酸結合的蛋白質比從橡實中獲得的蛋白質還要多。如果這隻鳥有其他蛋白質補充來源，而且量多到可以補足單寧酸所造成的損失，適量的橡實就可以成為很不錯的糧食。

用下喙尖端啄破橡實的加州灌叢鴉

正要把橡實叼去儲藏的加州灌叢鴉

灌叢鴉也是儲藏食物留待日後食用的高手。牠們通常會在地上挖個小洞，把食物塞進去，再蓋上葉子或石頭，之後只要利用導航能力以及卓越的記憶力，就能找出數千項儲藏品（見第113頁中）。像昆蟲這類容易腐壞的東西，牠們會在幾天內就找出來吃掉，但種子這種經久耐放的食物就會放上幾個月。有些灌叢鴉會暗中窺探，並偷走其他灌叢鴉藏起來的食物。如果某隻鴉覺得自己藏食物時被發現了，會在幾分鐘後偷偷飛回來，將藏好的食物換到更好的儲藏點。這種行為顯示灌叢鴉具有高度智能，能夠察覺其他鳥的意圖。

近年在加州有項研究顯示，許多鳥種正在設法適應越來越高的氣溫，築巢繁殖的日期比一百年前提早了五到十二天。時間點的改變切合近年來的溫度變化，可能是為了避免夏季的高溫，也可能是為了配合提前的植物和昆蟲生活週期。留鳥可以感受當地的環境條件並做出調整，但長途遷徙的候鳥面臨的挑戰更為複雜。候鳥之所以從遙遠的度冬地北返，主要是受到日照長度變化的驅使，但在繁殖地，植物和昆蟲的生活週期卻會依當地的氣候而變。為了跟上這些變化，鳥類正在調整牠們的抵達時間，但是到目前為止，證據顯示許多鳥種的調整速度不夠快，無法跟上變化的腳步。未來是否會有越來越多鳥類跟不上這種變化、是否能夠表現足夠的彈性來適應？有待後續觀察。

加州灌叢鴉

# CHICKADEES
## 山雀

四處查探的三種山雀

右上是黑頂山雀（分布於美國北部及加拿大），左上是高山山雀（分布於北美西部山區），下面是栗背山雀（分布於北美西部的太平洋地區）。

山雀是森林裡最閒不下來的傢伙，一天到晚仔細查看裂隙、探索纏結的東西、研究樹枝和松果，然後不停嘰嘰喳喳叫。在繁殖季以外的時間，山雀都是群居性鳥類，會以最多十隻的小群移動，而能聽懂山雀鳴叫聲的其他鳴禽也常加入山雀的小團體四處漫遊。由於山雀只要發現危險就會示警，因此團體裡的其他小鳥就有更多時間專心覓食，這對候鳥特別有幫助。遷徙中的森鶯在黎明時分抵達陌生的林子時，正好可以利用當地山雀的經驗趨吉避凶。跟著山雀群在森林移動會相對安全些，也能找到最佳的食物及飲水來源。

四處動來動去的黑頂山雀

山雀雖然是野鳥餵食器的忠實訪客（牠們熱愛葵瓜子），但一整年的伙食裡有超過半數是自己捕獲的小動物。在北國的冬天，山雀會去樹皮裂隙、枯葉堆、樹枝等處尋找並獵捕休眠的昆蟲和蜘蛛，還有蟲卵與幼蟲。夏季時，山雀大部分是帶毛蟲回巢給幼雛吃（一天可以抓超過一千隻蟲），但在雛鳥孵出後的頭一個星期左右，成鳥會特別去找蜘蛛來餵雛鳥，因為蜘蛛能提供牛磺酸，對於雛鳥的腦部發育和其他功能都是不可或缺的營養素（見第 47 頁上）。

黑頂山雀帶毛蟲回去餵養剛離巢的幼鳥

生活在嚴冬地區的山雀會為了過冬而勤奮儲藏食物，一隻山雀一天最多可以儲藏一千顆種子，也就是一季八萬顆。這種策略稱為「分散儲藏」，這些小鳥會把食物塞進任何剛好可以容納的縫隙，像是雲杉的針葉束裡，或樹皮的裂隙中。令人驚訝的是，山雀可以記住每樣食物的儲存位置，而且多多少少能記住哪些食物品質最好、哪些已經被吃掉了之類的訊息。生活在寒冷地區的鳥兒擁有較大的海馬迴（大腦中跟空間記憶有關的部位），儲藏食物對於這些地區的鳥類來說極為重要，因此海馬迴在秋天會變大，以記得更多儲藏地點，到了春天就會萎縮（見第 111 頁中）。

黑頂山雀儲藏種子

簇山雀這一屬的鳥類
也是山雀科的成員，
共有五種，每一種的
羽色都是灰色系，而
且頭部有羽冠。

TITMICE
簇山雀

橡木簇山雀

根據「最佳覓食理論」，鳥類會朝著「最大利益、最低勞力及風險」的方向來調整覓食行為。這隻簇山雀面前有四顆大小不同的種子，你或許認為牠會拿走最大的那顆然後飛進林子裡。但越大的種子越難攜帶，也更容易引起注意，而且得花更長時間敲碎吃掉，不僅需要付出更多勞力，也會增加被搶或被天敵攻擊的風險。小型種子提供的食物分量通常較少，可能不值得費力叼走，但如果含有高脂肪、高熱量，也可以成為最佳選擇。因此，最理想的種子是能夠在成本跟收益之間取得平衡的那一顆。簇山雀每次飛去野鳥餵食器時，都會考量再三，很多時候，成本效益分析會驅使牠們挑選較大的種子，但那永遠是深思熟慮的選擇。

面臨抉擇的黑額簇山雀

簇山雀（以及山雀）跟很多小鳥不同，不會在餵食器上直接吃掉食物，而會帶著食物飛離，到另一個地方才吃。你通常會看到牠們飛到餵食器前，花一兩秒鐘給種子分門別類，之後挑一顆飛回樹林吃掉或儲藏。既然不是站在餵食器前吃掉，種子的選擇就更顯重要。山雀在查看並分類種子時，顯然是在判斷重量，以此猜測種子的脂肪含量（脂肪的密度較高，兩顆大小相當的種子，較重的可能含有較多脂肪）。一旦飛進林子有了掩護，簇山雀就會以雙腳抓著食物再用嘴喙猛敲，撬開外殼之後就能享用了。

選了一顆種子準備飛離餵食器的黑額簇山雀

鳴禽通常下四到五顆蛋，並在下完最後一顆之後才開始孵，因此所有的蛋會一起發育，破殼而出的時間也幾乎相同。黑額簇山雀的孵化期平均約十三天，東菲比霸鶲要十六天，其他鳥種的平均孵化時間也有很大落差。為什麼會演化出這些差異呢？最近有篇文獻綜述認為，最重要的因素在於手足競爭：如果能比巢裡的手足還早破殼，便能為自己爭取優勢。這種孵化「競賽」會導致較短的孵化時間。但另一方面，胚胎需要充分發育，未來才能順利長大，因此孵化時間也不能太短。在那些只下一顆蛋或是非同步孵化的鳥種裡（見第 53 頁下），手足之間的位階是天生注定的，孵化期相對來說就比較長了。

即將離巢的黑額簇山雀雛鳥

一對正在築巢的
叢長尾山雀

叢長尾山雀
BUSHTIT

第一步：最開始一定是先用蜘蛛絲跟其他纖維物質築出巢口邊緣。

第二步則有兩種作法：

A 利用粗略編好的巢材先做出一道平台，然後母鳥坐進去將平台拉撐成杯狀，再從裡面增添、編織巢材，填滿縫隙，接著拉撐、增補、拉撐，如此反覆，直到形成長條型的懸吊巢。

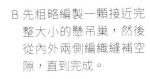

B 先粗略編製一顆接近完整大小的懸吊巢，然後從內外兩側編織縫補空隙，直到完成。

A 作法在繁殖季初期以及開闊地區較常採用，耗時長，但築出來的巢較堅固。B 作法則常出現在夏季中後期以及植被濃密之處，所需的時間短，可以較快完成，但沒那麼耐用。

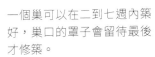

一個巢可以在二到七週內築好，巢口的罩子會留待最後才修築。

隔熱是鳥巢的重要功能，但人類往往忽視這一點。蛋跟幼雛必須處於恆溫數週，要是太冷或太熱，胚胎跟雛鳥都會死去，而成鳥改變溫度的能力其實很有限。叢長尾山雀的巢就有很好的隔熱效果：亞利桑那州有項研究發現，烈日當空下，巢外都已經超過攝氏 44 度了，但巢內才攝氏 29 度。此外，鳥巢在寒冷的夜晚也能保暖。由於具備如此良好的隔熱保溫功能，因此叢長尾山雀每天花在孵蛋的時間平均只有四成，親鳥也因此擁有更多時間外出覓食。在溫度較為寒冷之處繁殖的其他鳥種，則傾向修築較厚的巢壁並鋪設更多巢材，也會視環境來調整，以提供更具保暖隔熱性能的鳥巢給鳥蛋及幼雛。

叢長尾山雀的巢體剖面圖

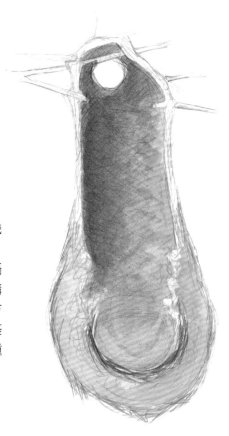

● 儘管叢長尾山雀體型嬌小，築出的巢卻讓人印象深刻——那是種編織而成的懸吊巢，長度可達 30 公分。每一種鳴禽築巢的步驟都差不多：先蓋出底座或框架，接著增添巢材形成整體結構，最後再鋪入柔軟隔熱的墊料。這些都是鳥類與生俱來的本能，不需要指導就能建造出構造複雜、該鳥種專屬的典型鳥巢。叢長尾山雀是少數幾種會用兩套方式築巢的鳥類，選擇何者則依據環境條件及時節而定。所以，雖然築巢是出自本能，但也具有適應當地條件的靈活度，甚至可以根據各種因素選擇不同的築巢風格。

# NUTHATCHES
# 鳾

白胸鳾（上）及紅胸鳾（下）

鳾可以緊抓樹皮朝任何方向移動，
而且經常保持頭部朝下。

白胸鳾和紅胸鳾都會在樹洞築巢，卻很少使用人工鳥屋。母鳥會在樹洞裡用草築巢，紅胸鳾還會進一步以嘴喙或小片樹皮為油漆刷，沾著從松樹、雲杉、冷杉取回的汁液，「粉刷」出入的巢洞口。這些鳾都是在巢洞口穿梭自如而不會黏到的高手，但松鼠和其他鳥兒就會被具有黏性的樹脂擋在門外。白胸鳾也有類似的行為，會用樹皮、樹葉或壓碎的昆蟲來清掃或擦拭巢洞口外側。有人推測這些東西具有強烈的氣味，可以遮蓋鳥兒身上的味道，或能使捕食者退避三舍，但真正的功能還不清楚。

在巢洞入口塗抹氣味的白胸鳾

白胸鳾母鳥（上）及公鳥（下）

- 白胸鳾的公鳥跟母鳥非常相像，通常我們只能根據頭頂的羽色來區分：公鳥是帶有光澤的黑色，母鳥則偏灰色。

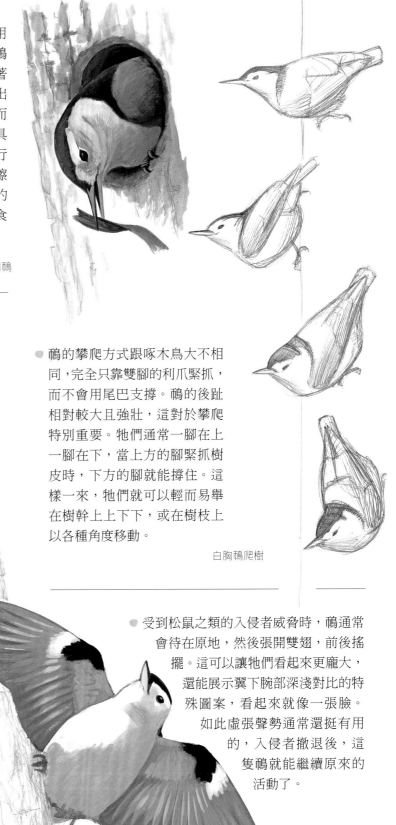

- 鳾的攀爬方式跟啄木鳥大不相同，完全只靠雙腳的利爪緊抓，而不會用尾巴支撐。鳾的後趾相對較大且強壯，這對於攀爬特別重要。牠們通常一腳在上一腳在下，當上方的腳緊抓樹皮時，下方的腳就能撐住。這樣一來，牠們就可以輕而易舉在樹幹上上下下，或在樹枝上以各種角度移動。

白胸鳾爬樹

- 受到松鼠之類的入侵者威脅時，鳾通常會待在原地，然後張開雙翅，前後搖擺。這可以讓牠們看起來更龐大，還能展示翼下腕部深淺對比的特殊圖案，看起來就像一張臉。如此虛張聲勢通常還挺有用的，入侵者撤退後，這隻鳾就能繼續原來的活動了。

威嚇展示的白胸鳾

紅眼鶯雀在北美築巢繁殖，因此美國人總以為這是北美的鳥種。其實牠們一年之中待在南美的時間更長，在那兒多半與鵎鵼之類的熱帶留鳥為鄰。

VIREOS
鶯雀

紅眼鶯雀跟橙嘴鵎鵼

紅眼鶯雀活動時的姿態（左）
以及睡覺時的姿態（右）

● 長久以來一直有這樣的說法：鳥的雙腳有一套肌腱系統，一彎曲，腳就會「自動」抓住樹枝。但事實並非如此，近期研究發現，鳥類根本沒有什麼停棲自動抓握的機制，只是在睡覺時不斷保持平衡。鳥類睡覺時，身體會比活動時更靠前，重心剛好落在腳上，如此便能維持平衡，此時腳趾是輕鬆放在棲枝上，而非緊緊抓住。睡覺時在一根細長且不穩定的樹枝上保持平衡，對鳥兒來說輕而易舉（見第149頁上）。

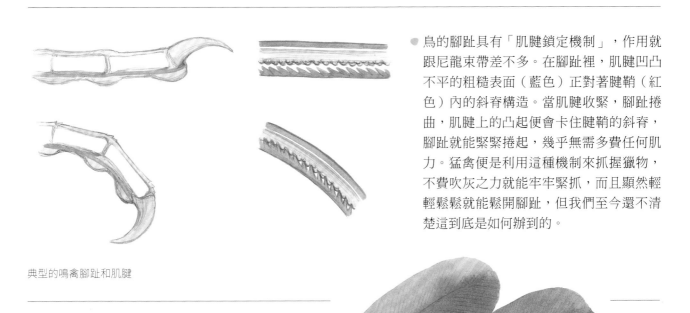

● 鳥的腳趾具有「肌腱鎖定機制」，作用就跟尼龍束帶差不多。在腳趾裡，肌腱凹凸不平的粗糙表面（藍色）正對著腱鞘（紅色）內的斜脊構造。當肌腱收緊，腳趾捲曲，肌腱上的凸起便會卡住腱鞘的斜脊，腳趾就能緊緊捲起，幾乎無需多費任何肌力。猛禽便是利用這種機制來抓握獵物，不費吹灰之力就能牢牢緊抓，而且顯然輕輕鬆鬆就能鬆開腳趾，但我們至今還不清楚這到底是如何辦到的。

典型的鳴禽腳趾和肌腱

● 美洲的鳥類並沒有綠色色素[1]，鶯雀、霸鶲、森鶯等鳥類身上的綠色調大部分是由黃色跟灰色色素組成。右圖的三根羽毛分別展示兩種色素以及混合後的顏色。至於更濃烈的綠色則是黃色色素及藍色結構色所合成（見第85頁上），或是單獨由結構色所呈現（見第77頁中）。

中間這根羽毛結合了灰色和黃色色素，
看起來帶有綠色調。

1. 譯註：目前已知具有綠色色素的鳥類，是分布於非洲的幾種蕉鵑（turaco）。

# WRENS
## 鷦鷯

鷦鷯是出了名的歌手，
歌聲豐富多變，
而且相當嘹亮。

引吭高歌的卡羅萊納鷦鷯

棲息於陰暗灌木叢的鷦鷯，會在糾結的藤蔓和連根翻起的樹頭中悄悄移動，並在裂隙尋找昆蟲和其他無脊椎動物。很多種鷦鷯都會習慣性翹起尾巴，興奮時也會快速彈動尾巴或上下彈跳，這可能包含了兩種訊號，一是迫近（見第135頁中），二是警戒（見第95頁上）。這些動作跟姿勢都是鷦鷯的特徵，賞鳥者一眼就能認出某隻鳥是鷦鷯而非其他小型鳴禽。

鶯鷦鷯的一些典型動作

鶯鷦鷯凶狠地叫囂著。

正如王霸鶲會攻擊猛禽（見第96頁），小型鳴禽也會騷擾捕食者，這就是所謂的「群聚滋擾」：最開始會有一隻鳥針對捕食者發出滋擾鳴叫，吸引其他小鳥前來，隨即形成包含許多鳥種的小「幫派」，聚在一起高聲鳴叫，比較大膽的甚至還會衝上前去猛啄捕食者的背部。群聚滋擾有兩項效益：一是干擾捕食者，用噪音和群聚湧動來惹惱對方；二是向周遭可能會被當成獵物的小動物示警。大部分的捕食者都是靠奇襲捕獲獵物，萬一行蹤洩露，就喪失先機了。鳴禽最猛烈的群聚滋擾戰術大多只會在繁殖期間跟巢位周遭使出，秋冬時節雖然也會逼近猛禽或貓並不斷叫囂，但並不會真的發動攻擊。有種賞鳥技巧叫做「pishing」，就是由賞鳥者發出「pshh-pshh-pshh」的聲音，其實就是在模仿鷦鷯或山雀的滋擾聲，常常能成功騙出躲在附近的小鳥。

## 為什麼我們很少發現鳥的屍體？

野鳥大多不是壽終正寢，許多健康的鳥兒是死於意外或遭捕食者殺害，若因年邁或疾病而行動遲緩，就更容易死於非命了。鳥通常不會剛好死在可能被我們發現的地面，即便真的死去然後掉落在地上，屍體通常很快就會被清除者吃掉。那些會被人類發現的死鳥，死因絕大部分都跟人有關。飛行時撞到玻璃窗而昏死、被跑到戶外的家貓咬死，或是被車撞到後死在路邊，這些都不罕見。

死去的卡羅萊納鷦鷯

# KINGLETS
## 戴菊

三隻金冠戴菊在布滿冬雪的雲杉上活動。

這種嬌小的鳥能在高緯地帶度過寒冬，
但得吃掉大量食物，以人類的體型來
說，相當於每天至少吃下27個大披薩。
英文「eat like a bird」是指吃得很少、
食量很小，你「食量跟鳥一樣」嗎？

鳥類的循環系統跟人類並無明顯不同，心臟一樣有四個腔室，將血液從心臟送出後帶著細胞所需的燃料經由動脈及靜脈流經全身，並帶走廢棄物排出體外。兩者循環系統的差別在於比例：鳥類的心臟相對較大，約占體重的 2%，而人類心臟只占體重的 0.5% 不到，以比例而言只有鳥類的四分之一。此外，鳥類的心跳速率也比人類快得多，像金冠戴菊這麼小的鳥，靜止心率每分鐘超過 600 下（每秒 10 下），大約是人類的 10 倍，如果是在活動期間，心率更可加倍到每分鐘超過 1,200 下。

金冠戴菊的心臟尺寸及位置圖

正在睡覺的金冠戴菊

小型鳥類每晚睡覺時，體重都會下降一成。這些體重之所以喪失，有一半是因為排泄，另一半是因為體內的脂肪燃燒以及水分蒸發。想像一個體重 45 公斤的人，過了一夜就少了 4.5 公斤，然後隔天就補回來！鳥類這種夜間體重減輕的情況並不會因為氣溫而有太大變化，在溫暖的夜裡甚至可能會減輕更多，因為蒸發量也變多。在寒冷的夜裡，鳥類可以進入蟄伏狀態（見第 77 頁下），並蜷縮在羽毛裡，就像套著大睡袋。酷寒天候下，健康的鳥兒會蟄伏更久，從而減少日間的活動量，等到日上三竿才開始活動，然後下午早早就休息。牠們藉由這種節省精力以等待天候變暖的能力撐過寒冬，最多能夠喪失三成的體重而不會受到嚴重傷害。在這種情況下，野鳥餵食器可以成為重要資源，讓鳥兒迅速便利地補充能量。

鮭魚跟戴菊有什麼關係呢？世間萬物都有連結。鮭魚逆流而上的遷徙行為就像一條輸送帶，把營養鹽從大海往上帶進森林裡。許多鮭魚會成為捕食者及清除者的食物，部分遺骸就這麼散落在鄰近森林裡，成了土壤的養分。研究顯示，在有鮭魚出沒的小溪旁，雲杉的生長速度快了三倍。更高的植物生長量代表更多的昆蟲數量，也意味著金冠戴菊這類食蟲性鳥類的數量會更多。上述的鮭魚故事很動人，但這類營養輸送的例子其實無時無刻都在我們周遭發生。

在鮭魚殘骸附近捕食小昆蟲的金冠戴菊

# AMERICAN ROBIN

## 旅鶇

早期的北美殖民者之所以稱這種鳥為「robin」，
是因為那紅色的胸部很像歐洲老家的歐亞鴝（European Robin）。
不過這兩種鳥分屬不同科，親緣關係並不相近。

正要把蚯蚓從土裡拉出來的旅鶇

**我以為旅鶇是春天的徵兆，但竟有一群旅鶇在隆冬造訪我家庭院。**

旅鶇在冬天靠果實維生，而且如同太平鳥（見第 138 頁），度冬範圍主要取決於食物。由於郊區擴張、人類廣泛種植外來果樹，加上近年入侵的莓果類植物（如南蛇藤跟藥鼠李）大肆蔓延，旅鶇得以在更北的地方找到足夠的食物（氣候暖化也幫了一把）。其實旅鶇從外來入侵物種及人類的土地開發中獲利至少已有兩個世紀之久，牠們最喜愛的夏日食物是從歐洲引入北美並在草坪上大量繁衍的幾種蚯蚓，而冬季的主要食物（果實）則更容易在人工樹籬及人類創造出來的邊緣棲地[1]上找到。

● 一隻正在獵食的旅鶇衝過空地——先往前奔跑或跳躍，然後挺直站立幾秒，而且常會把頭側向一邊，看起來像是在聆聽蚯蚓。事實上，牠們是在查看青草跟土壤裡有無動靜，頭歪向一邊，是為了讓眼睛對準地面（見第 57 頁上）。當跡象顯示蚯蚓就在地面附近時，旅鶇會猛然往前衝，嘴喙刺進土裡抓住蚯蚓。雙方短暫拔河之後（幾乎都是旅鶇勝出），旅鶇將蚯蚓拉出來，要嘛整隻吞下，要嘛帶回巢中餵鳥寶寶。

正在吃鹽膚木屬植物果實的旅鶇

● 跟旅鶇有點像的雜色鶇在北美西部的潮溼常綠林中相當普遍，但很少朝東漫遊到大西洋岸。乍看像旅鶇，不過胸前的黑色橫帶以及翅膀的紋路都非常獨特。雜色鶇多半在森林中尋找昆蟲跟莓果，偶爾才會冒險到開闊的草地覓食。

雜色鶇

1. 譯註：某種棲地類型跟另一種棲地類型交會的地帶。

# The Nesting Cycle of a Robin

## 旅鶇的繁殖育雛過程

公母鳥一完成配對、選好巢位，母鳥就開始築巢（公鳥可能會幫忙帶些巢材給母鳥）。先用粗枝打底，接著以泥漿黏合草葉，最後鋪設細草作為內襯，前後花四到七天便可大功告成。

### 有隻鳥在我家前門旁邊築巢，我該怎麼做呢？

盡可能給鳥兒多點隱私，盡量少用那扇門，如果必須經過，請放輕腳步、降低音量。可以的話，請懸掛一些東西來避免營巢中的鳥兒直接看到你的動作，以減少干擾。切勿移動鳥巢（如果動到，親鳥很可能會棄巢），在繁殖育雛的早期，即便是一點風吹草動都可能導致親鳥棄巢離去。幾天之後，親鳥會把更多的時間及精力放在後代身上，也會更加習慣你的出現。整個繁殖過程大約只需要四週，從旁觀察的話很引人入勝。

巢築好三到四天後，母鳥開始下蛋，每天一顆，直到下完全部的三到六顆。每顆重量約占母鳥體重的 8%。旅鶇的蛋殼是漂亮的青藍色。

母鳥包辦孵蛋的全部工作，在產下第二或第三顆蛋時就開始孵蛋（胚胎也會開始發育）。母鳥腹部那片裸露無羽、稱為「孵卵斑」的皮膚此時會長出更多血管，讓熱量更有效地轉移到每顆蛋上面。母鳥在白天有四分之三的時間會坐巢，晚上則是徹夜孵蛋。差不多每隔一個小時站起來翻動每顆蛋，然後飛出去花 15 分鐘左右覓食、喝水、理羽等等。

破殼後大約過 12 到 14 天，幼雛就有發育良好的飛羽和健壯的雙腳，也已經準備好離巢進行生平第一次的飛行，但還是得依賴親鳥繼續餵食 12 到 14 天。

許多旅鶇在第一窩幼鳥離巢後大約 7 天便會開始繁殖第二窩。通常不會重複使用原有的巢，而是由母鳥另築新巢（見第 95 頁中）。母鳥築第二窩新巢時，公鳥會繼續照顧前一窩幼鳥。第二窩的蛋通常比較少，而且如果夏天溫度太高，就會繁殖失敗。

等到大約 7 日齡時，雛鳥長出一身羽衣，能更長時間保持體溫，母鳥就能加入公鳥覓食的行列了。這個階段的雛鳥長得很快，每隻雛鳥每天都要吃下和自己體重相當的食物，這意味著親鳥每 5 到 10 分鐘就得把食物帶回巢中。親鳥帶食物回巢時，通常會站在巢的同一側，而雛鳥則會為了靠近那個位置而互相競爭。

孵育 12 到 14 天後，雛鳥在數小時內會陸續破殼而出。母鳥會把空蛋殼帶走，丟棄在遠離巢位的地方（見第 133 頁下），有時則會吞下，這可能是為了獲取蛋殼的鈣質（見第 109 頁中）。剛孵出的雛鳥幾乎全身裸露，既看不見也站不起來，但是只要有鳥巢搖晃或親鳥呼叫這類刺激，自然而然就會抬起頭來乞食。母鳥在雛鳥孵化後的頭幾天會花非常多時間照顧牠們，替牠們保暖，而在這段期間，帶食物回巢給雛鳥的工作主要由公鳥負責。

在所有旅鶇的鳥巢中，大約只有三分之一能有一隻以上的幼鳥成功離巢，而這些離巢幼鳥中，只有四分之一能夠活到當年的 11 月 1 日（見第 169 頁下）。

黃褐森鶇

黃褐森鶇在夏天會待在自己的一塊小地盤裡，
冬天則在另一塊小地盤度過，
兩地的距離可以相差三千兩百多公里。

幾千年來，人類一直很喜愛悅耳的鳥鳴，尤其是鶇的歌
聲。在北美洲的眾多種鶇裡，隱士夜鶇的鳴聲更是備受
讚揚。最近有項針對隱士夜鶇鳴唱歌曲的研究發現，牠
們唱出的音高在數學上會呈現簡單的比率關係，而且跟
人類創作的音樂一樣，都遵循相同的泛音列[1]。泛音列
並非人類文化的產物，而是物理學的事實，所以其他
會發聲的動物也會利用泛音列，就沒那麼讓人驚訝了。
但這確實表明音樂的基本法則乃是根植於大自然，而且
具有非常基本甚至是與生俱來的吸引力。

引吭高歌的隱士夜鶇

鳴管

鳥類以「鳴管」發聲。鳴管
和人類的喉頭不同，是由兩
個部分組成，而且位於呼吸道
深處，正好就在兩側支氣管跟氣
囊交會形成氣管的地方。鳴管有兩組
複雜的小肌肉各自獨立控制流經兩側的
氣流，因此鳥兒可以同時發出兩種聲音。
許多種鳴禽的鳴管兩側構造略有差異，可以
在一側發出高音，並在另一側發出低音，兩者經常
配合得天衣無縫，讓人分不出聲音其實是源自兩個地方。在其他情
況下，尤其是在鶇的鳴唱聲中，鳴管兩側會同時發出全然不同的聲
音，繼而創造出複雜多變的歌聲。事實上，鶇就能幫自己和聲。

左圖可見鶇的鳴管位置

鶇偏愛陰暗的下層植被，具備一雙大
眼這樣的演化適應。研究顯示，眼睛
尺寸跟在弱光環境下活動有關，大眼
睛的鳥兒也傾向早起、晚睡。這或許
是鶇的悠揚歌聲在鳥類晨昏合唱中顯
得如此突出的原因，牠們在其他鳥類
清晨鳴唱之前就會開始唱，到了傍晚
其他鳥兒唱完時，牠們還在唱。

隱士夜鶇

1. 譯註：物質發聲時會以多種頻率同時振動，而頻率之間呈
現整數倍率的數學關係，頻率分布的模式稱為「泛音列」。

一隻東美藍鶇公鳥
正在探查這地方能否用來築巢繁殖。

藍鶇的族群量在過去五十年來大幅
上升，很可能是受益於巢箱。

藍鶇
BLUEBIRDS

鳥類身上其實沒有藍色色素——所有的藍色都是羽毛的微結構所產生。如果你撿到藍色羽毛，會發現只有一面是藍的，而且光線穿透時，羽毛看起來會呈現單調的褐色。藍鶇的羽色跟蜂鳥的閃耀羽色都依循相同的物理原理，以藍鶇來說，就是相干的散射光會增強某些光的波長，同時抵消其他的波長（見第77頁中）。原理雖然相同，兩種鳥的羽毛結構卻截然不同：蜂鳥的羽毛有多層微平面結構來反射光線，而藍鶇的羽毛擁有海綿般的多孔層，充滿微小的氣袋和通

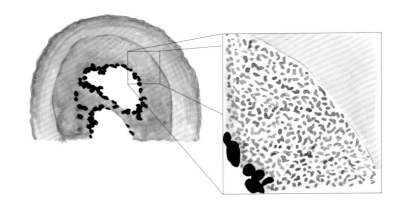

羽枝的實心表層（棕色）及具有微小空氣通道的海綿層（灰色）。較大的黑點是黑色素顆粒，能夠捕捉任何穿透海綿層的光線。

道。氣袋的大小都差不多，集合在一起就會產生樣式重複的結構，間距正好符合藍光的波長。從某個氣袋散射的藍色光波會跟其他氣袋散射的藍色光波「同相」；其他波長的光則會形成「異相」，大部分都看不到。氣袋均勻分布在整個海綿層中，對任何方向的光所造成的影響都是一樣的，因此藍鶇身上的藍色從各個角度看上去都差不多，而蜂鳥喉部的絢麗色彩則會隨角度而改變。

藍鶇跟許多鳥種一樣，都在洞穴裡築巢。牠們通常使用啄木鳥的舊洞，有時也會在腐朽的中空樹枝、建築物的空隙等地點築巢，因此仰賴大量的枯立木和啄木鳥來提供營巢地點。要是枯樹都被清掉，就像許多城市跟郊區的狀況，藍鶇就很難找到地方繁殖了。所幸藍鶇相當樂意利用人工鳥屋，北美各地也有成千上萬的人願意協助維護「藍鶇小徑」。所謂的藍鶇小徑，就是沿著鄉間道路設置巢箱供藍鶇使用。

如果你在地上發現破裂的蛋殼，蛋殼的形狀會透露之前發生了什麼事。正常孵化的鳥蛋，雛鳥會沿著最寬的那一圈啄開蛋殼，讓殼分成兩半，之後親鳥會從巢裡把蛋殼帶到遠處棄置。若你看到這種裂成兩半的蛋殼，表示附近很可能有小鳥成功孵化。蛋殼碎片若較小，破碎或壓碎，那就有可能是意外或捕食所致。只要有機會，許多鳥類或小型哺乳動物都會吃掉蛋殼裡的東西，只留下空殼。

破碎的蛋殼（右）意味著這顆蛋被吃了或遭逢意外，整齊裂成兩半的蛋殼（左）則代表成功孵化。

站在巢箱上的東美藍鶇公鳥

# NORTHERN MOCKINGBIRD

## 北美小嘲鶇

正在鳴唱的北美小嘲鶇

北美小嘲鶇能夠模仿 150 種以上的聲音，
不過並不是在嘲弄所模仿的物種，
只是在炫耀自己的發聲能力。

## 每次我走過院子都會被鳥攻擊！

為了保護自己的巢，很多鳥都會這麼
做，而小嘲鶇更是特別凶悍，會把人類
視為潛在的天敵，不過攻勢並不危險，
只是要讓你覺得很煩然後趕快離開。這
種攻擊在鳥蛋跟雛鳥還在巢裡那段相對
短暫的期間達到高峰，就多數鳴禽而
言，這個時期差不多會持續三到四週左
右。然而一對親鳥每個夏天可以生兩到
三窩，所以這種加強版的護巢行為可能
會有好幾波。北美小嘲鶇跟烏鴉一樣會
認人，真的干擾過繁殖育雛的人所受的
攻擊會比單純路過的人更猛烈。

發動攻擊的北美小嘲鶇

● 你或許曾注意過小嘲鶇站在草坪上，詭異地舉起翅膀，然
後有點不順暢地張開又收起。這是所謂的「閃動翅膀」，
是一種把隱藏的昆蟲給嚇出來的伎倆。閃動翅膀之所以能
嚇出小蟲，乃是得益於一種深層的本能行為，稱作迫近反
應。小孩在玩的「誰先眨眼誰就輸」，其實就是在測試人
類的迫近反應，而所有的動物包括昆蟲，對此都有相同反
應。北美小嘲鶇突然舉起翅膀，就是要讓昆蟲「眨眼」，
要是昆蟲因此移動，即便只是稍微動一下，也會暴露位置，
小嘲鶇就有捕食的機會了。

北美小嘲鶇閃動翅膀試圖驚嚇昆蟲。

● 小嘲鶇最為人所知的是會在夜裡鳴唱，而且
常常連續不斷地放聲高唱，因此是公認不受
歡迎的惡鄰。對其他鳥種的研究顯示，生活
於都市地區的鳥兒變得更常在夜裡鳴唱，這
至少在某種程度上是在回應白天的噪音。夜
裡比較安靜，因此鳥兒會利用這段時間不受
干擾地放送訊息（見第159頁上）。不過北
美小嘲鶇向來都是暗夜歌手，或許是為了避
免跟其他實力派唱將互相競爭。

暗夜鳴唱的北美小嘲鶇

# EUROPEAN STARLING
## 歐洲椋鳥

這種椋鳥是從歐洲引進北美洲，原本就相當適應與人共存，因此在二十世紀初期就擴散到整個北美大陸。

● 有個普遍的錯誤觀念認為鳥聞不到氣味，事實上，所有鳥類都有嗅覺，而且整體來說至少跟我們一樣靈敏。有些鳥類擁有超強嗅覺，比如信天翁能追蹤 19 公里外大海上的氣味。近年針對歐洲椋鳥等鳴禽的研究顯示，牠們可以利用味道來區分其他鳥類的年齡、性別及繁殖狀況，甚至能夠分辨自家人跟陌生人。

鳥類也能認出並避開肉食性哺乳動物的味道。也有研究發現，若有植物遭到昆蟲侵襲而釋放出氣味，會吸引覓食中的鳥兒前來。此外，雌蛾散發的費洛蒙也會吸引鳥類。

歐洲椋鳥會利用嗅覺去找芳香植物或氣味刺激的物品（比如菸蒂）來布置自己的巢，這有助於驅趕巢中的害蟲。

---

● 很多種鳥的嘴喙都會隨季節變色，歐洲椋鳥嘴喙的變化更是劇烈，會從夏季的黃色轉成冬季的黑色調。一般認為顏色變化是種社交信號，然而近期研究發現，黑色素能夠加強嘴喙的硬度。歐洲椋鳥跟許多種鳥類一樣，夏天多半吃些較軟的食物，比如昆蟲，到了冬天就改吃種子之類的堅硬食物，因此冬天顏色較深的嘴喙或許（起碼在某種程度上）是種讓嘴喙更強健的演化適應。此外，黑色素能強化羽毛（見第 47 頁中），而鳥蛋上的暗斑也可強化蛋殼、減少母鳥對於鈣這種稀缺物質的需求。

歐洲椋鳥在冬季（左）及夏季（右）的羽色

## 為什麼鳥兒要洗澡？

除了「有助於清除羽毛上的汙垢」這個顯而易見的理由，人們還提出鳥類沐浴的幾個可能原因。研究證據顯示，沐浴最重要的功能在於幫助羽毛回復該有的形狀。羽毛跟人類的毛髮一樣，會因日常擠壓而彎折散亂（想一下你剛睡醒時的蓬頭亂髮），此時只要把羽毛弄溼再弄乾，就能恢復原狀。鳥兒總會在沐浴之後密集的理羽，把每根羽毛都放回適當的位置，其實就跟我們洗完澡後梳理頭髮一樣。先把羽毛弄溼再排整齊，乾掉後就會回到原有的形狀。有項實驗發現，如果不讓歐洲椋鳥洗澡，牠們對自己能否逃離捕食者會展現更多焦慮，那可能是因為牠們知道自己的飛羽並非處於最佳狀態。

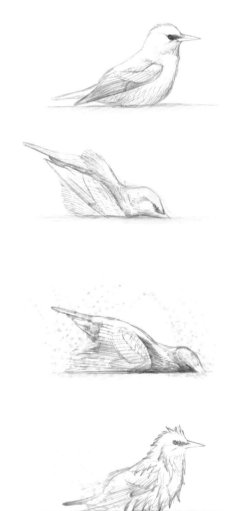

正在沐浴的歐洲椋鳥

# WAXWINGS
## 太平鳥

在吃漿果的黃腹太平鳥

太平鳥會在北美大陸上成群
結隊四處遊蕩尋找果實。

太平鳥在一年中的多數時間都以果實維生，擁有許多相關的演化適應。牠們的嘴相對較小，張開時卻異常寬闊，可以一口吞下大型果實。舌頭有向內的倒鉤狀構造，能夠幫忙把果實拉進喉中。此外，為了尋找大量果實，牠們會成群結隊四處漫遊。北美大多數的鳴禽都會在初夏築巢繁殖，因為那正是昆蟲幼蟲在新生的植物上大量孳生的時節，而太平鳥雖然也會餵雛鳥吃富含蛋白質的昆蟲大餐，卻把營巢時間延到夏末，如此幼雛便能在植物結實累累時離巢。

一口吞下整顆果子的黃腹太平鳥

類胡蘿蔔素化合物在果實跟種子上很常見，而鳥類的身體會利用這些類胡蘿蔔素長出紅、橙、黃色系的羽毛。類胡蘿蔔素有很多種，原本鳥類已經演化出「不管吃下哪種食物都能製造出正確羽色」的化學處理過程，但源自亞洲的入侵種忍冬含有一種不太一樣的類胡蘿蔔素，對北美的鳥種來說相當陌生，當牠們處理這種化學物質時，就會產生較深的橘色，而非典型的黃色。要是太平鳥在夏末長出新尾羽的期間吃下這種忍冬果實，羽毛的末端就會變成橘色而非原本該有的黃色，而且顏色會一直維持到來年再次換羽為止。幸好到目前為止，這似乎沒有給太平鳥帶來什麼困擾。

末端呈現橘色的黃腹太平鳥尾部，其中末端呈黃色的是新長出來的尾羽。

多數鳥類在整個繁殖季節都不會移動，而是待在某地生育下一代，不過有幾種鳥類可能較不會死守相同地點。黑絲鶲是太平鳥的遠親，在美國境內分布於西南部，主要以槲寄生的漿果為食。牠們最出名的是會在兩個棲地營巢繁殖：冬季待在海拔較低的沙漠環境，繁殖高峰期是四月；等到氣溫升高、槲寄生漿果變得稀少，便移居樹木茂密的河邊及山麓地帶，並在六、七月繁殖，只是這次投身繁殖的鳥數較少。近年研究顯示，這種現象發生在同一支族群裡：相同個體會先在沙漠地帶繁殖，過幾個月後換到林地，在全然不同的地方再次繁殖。更奇特的是，繁殖策略也會隨之而變：在沙漠時，配對的成鳥具有強烈的領域性，但在林地裡則會鬆散成群繁殖！

黑絲鶲公鳥

停棲於山月桂上的黑喉藍林鶯公鳥

# WOOD WARBLERS
## 森鶯（一）

跟多數鳥類一樣，每種森鶯都有各
自適合的特定棲地，也只能在那樣
的棲地環境成功築巢並繁殖後代。

● 鳥類擁有感知磁場的能力，目前科學家仍在努力釐清
這種能力的種種驚人細節。證據指出，鳴禽有兩
套不同的系統，分別用來偵測地球磁場的方
向和斜率（斜率會隨著緯度而改變，在赤
道時平行於地表，到了兩極則跟地表垂
直）。另外，鳥類也能感測到偏振光，
這是很重要的線索，讓鳥兒即便看不
到太陽也能得知太陽的位置。這些
感覺或許都跟鳥類的視覺有關，因
此，鳴禽可能一直都能「看到」某
種羅盤導航圖。這項資訊不但對於
長途遷徙的定位非常重要，對鳥兒
在小地區的導航也很有幫助。各位不
妨想像一下，當你在家中或超級市場裡走動時，眼前一直出現羅盤方位
讀數告訴你現正面向何方，差不多就是那種感覺。鳥類能利用這些資訊在自己的繁
殖領域內確定行進方向，協助記住食物的儲藏位置等等。

這幅完全出自藝術家想像的畫作，
能協助我們體會黑白森鶯可能看
到的天空：藍色帶代表偏振光，
紅色帶跟磁場方向一致，暗紅點
則顯示磁場的斜率。

● 纖羽是一種叢生於大多數羽毛基部周圍、微小纖細
的特化羽毛。其毛囊布滿神經末稍，顯然是作為感測器
之用，能夠協助鳥兒監控每根羽毛的運動，如同船帆上的氣流線[1]。
這麼一來，鳥兒就能知道哪根羽毛不在適當位置、哪兩根羽毛卡在一塊兒，
或有隻蒼蠅停在某根羽毛上面等等。飛行時，纖羽能讓鳥類感覺到作用在身軀及
雙翅上的力量，包括升力、阻力、亂流、上升氣流、下降氣流等，並利用這些資
訊不斷微調翅膀跟尾巴的位置，這是保持高效率飛行的必要條件。

生長在一般羽毛旁的纖羽

● 遷徙有許多危險面向，其一便是中途休整日。想像飛了一整夜後，黎明時分降落到陌生的地方，不但要找水
喝、找食物吃、找遮蔽處歇息，還要防範天敵來襲，這是多大的挑戰，尤其大部分土
地上又都已經覆蓋人造物跟草坪。所以小公園和花園對候鳥很有吸引力，特別是
在市區跟郊區。你可以在自家院子種一些原生喬木及灌木，創造對鳥類友善的
環境。原生植物對鳥類的最大好處在於，這些植物經過數千年演
化，能夠跟昆蟲等生物構成的生態系統共存。反觀外來植
物，不但跟當地生態系格格不入，能夠利用這些植物的昆
蟲更是稀少。舉例而言，在美國東部，原生種橡樹是五百
種以上蝶蛾幼蟲的寄主植物，而只有不到十種蝶蛾幼蟲會取
食外來的挪威楓，因此對食蟲性鳥類來說，原生種橡樹顯然更具吸引力。
此外，要是你希望庭院能夠提供食物給鳥兒，就別用殺蟲劑了，讓野鳥
來控制昆蟲的數量吧。

春天時，在橡樹上覓食的黑喉綠林鶯。

1. 譯註：附於船帆上的一條短細繩，能夠顯示空氣流經帆面的狀態。

# MORE WOOD WARBLERS
# 森鶯（二）

由上而下分別是白頰林鶯、黃眉林鶯以及
黑枕威森鶯。這三種鳥讓我們得以一窺森
鶯科鳥類的羽色多樣性，而黑色素是形成
如此差異的關鍵因素。

三種森鶯科鳥類

在北美洲，幾乎所有的森鶯都是遷徙距離很長的候鳥，其中的遷徙距離冠軍是白頰林鶯。有些白頰林鶯在阿拉斯加西北部繁殖，卻在巴西中部度冬，兩地相距超過一萬公里。秋天時，所有白頰林鶯都會聚集在加拿大新斯科細亞省到美國紐澤西州一帶，在此覓食、歇息，把自己養得肥肥胖胖，體重從遷徙前的 11 公克增加到 23 公克以上，多了一倍。體脂肪就是飛行時的燃料，讓白頰林鶯得以飛越大西洋抵達南美洲東北部的海岸，完成四千多公里大約 72 小時不間斷的飛行。飛抵陸地時，不但先前增加的體重會全數喪失，甚至會比增重前還輕。白頰林鶯在春天的北返路徑比較短，先飛越加勒比海經古巴再到佛羅里達州，然後沿著陸路飛回原本的繁殖地。

北美洲

—— 南遷路線
—— 北返路線
■ 度冬區
■ 繁殖區

南美洲

白頰林鶯的年度遷徙路線

鳥類平時的體溫就相當高，而且全身羽毛的保暖功能絕佳，在進行飛行之類的活動時，肌肉又會產生大量額外的熱能。問題來了，鳥類是如何降溫的呢？首先，牠們會讓羽毛更加平伏緊貼身體，同時露出羽毛較稀疏的部位（比如腿部上端和翅膀下側），藉此減少保暖效果。鳥類還會喘氣：張大嘴喙、擴張喉嚨，露出大量潮溼的表皮後，快速吸入空氣（可達正常呼吸速率的三倍）讓水分蒸發，降低喉部跟氣囊的表面溫度。理論上，牠們只在有機會補充蒸發掉的水分時才這麼做（見第 153 頁下）。

正在喘氣的普通黃喉地鶯母鳥

### 鳥兒為什麼要唱歌呢？

鳴唱是鳥類的宣傳方式，以此昭告自己的存在，並向配偶或競爭對手炫耀歌藝。許多鳥種會根據目標對象改變演出內容。舉例來說，某隻公鳥可能會用某類歌曲來打動母鳥，然後用另一類歌曲來威嚇競爭對手，沒有聽眾時，也會隨意「練習」唱歌。許多鳴唱表演也會包括視覺展示，像是閃現身上的鮮豔色彩，或是表演一些雜技動作。羽色鮮豔的喉部是許多鳥種的共同特徵，平時頭部的陰影會擋住這顏色，並不明顯，但鳥歌唱時會舉起嘴喙、展開喉部，此處的羽色就變得極為醒目了。

普通黃喉地鶯公鳥在安靜及鳴唱時的樣子

# TANAGERS
## 比蘭雀

換羽中的猩紅比蘭雀公鳥

這隻鳥正從鮮紅的夏羽換成帶綠色調的冬羽，這是
八月的典型狀態。繁殖、換羽和遷徙等等極耗精力
的活動通常不會同時進行，鳥類已演化出絕佳的時
間感和精確的時程表，確保這些活動都能順利完成。

● 當比蘭雀經過一片密密麻麻懸於半空中的細長樹枝時，眼前的世界是什麼樣貌呢？這隻鳥想也不想就在將近 25 公尺高的樹枝間跳躍，接著躍入空中抓飛蟲，或是飛到 15 公尺外的另一根樹枝上。鳥會怕高嗎？有些懼高症是出於天性，但能在後天適應。在崖邊散步恐怕不是什麼好主意，因此大部分動物，包括雛幼鳥在內，都會本能避開懸崖邊緣。鳥兒一旦會飛，懸崖就不怎麼危險了，要在崖邊保持平衡可是易如反掌，甚至踏出懸崖也不成問題 —— 牠們知道只要張開翅膀就能回到原處。成鳥對於「摔落」可能造成的後果必然有某種程度的認識，同時也確信自己不會掉下去。

停棲於林冠層上方的
黃腹比蘭雀

● 理羽是鳥類主要的日常雜務，耗去牠們相當多時間。牠們一天通常有 10% 的時間在理羽，有時會超過 20%。鳥類嘴喙上的某些細部構造是在演化過程中特別保留下來的，能在理羽時派上用場，某些鳥類甚至還有專門用來照護羽毛的爪子。理羽的主要目的是清除寄生蟲，以及清潔、整理羽毛。鳥類的尾巴基部有個稱作尾脂腺的腺體，會分泌用來保養羽毛的油脂。牠們通常用嘴喙沾一點尾脂腺的油脂，然後仔細保養身體、翅膀及尾部的每根羽毛，從根部到末端都不放過。這樣可以順直羽毛、讓所有羽枝復位，同時將油脂塗布在羽毛上。理羽通常以這些動作作結：身體前傾，聳起全身羽毛，像濕透的狗狗一樣甩動，讓灰塵碎屑跟絨羽飄走。

典型的理羽動作

● 很多鳥都會吃果實，大多數果實也已經適應被鳥吃掉後再散播到遠方。鳥很喜愛富含營養的外層果肉，能輕易一口吞下豌豆大小甚至更大的果實。入肚後，果肉會被消化掉，堅硬的種子則在數小時內完整吐出或排泄掉，鳥類透過這種方式便可將種子散播到四面八方。研究發現，有鳥類帶著具發芽能力的種子從歐洲啟程遷徙，飛越海洋抵達數百公里外的加那利群島上。

正在吃接骨木果的猩紅比蘭雀

# CARDINALS
## 紅雀

紅嘴紅雀公鳥帶食物給母鳥

多種鳥類的公鳥求偶時都會提供
食物給母鳥,可能是以此表明自
己有能力養活後代。

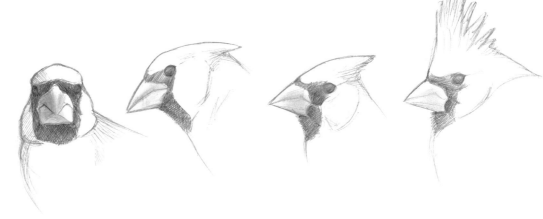

● 紅嘴紅雀頭部的尖冠全由羽毛構成，你可在本頁看到牠們光禿時的頭型。那個冠其實是好幾根從頭頂長出來的長羽，能隨意豎起或放倒。當冠羽伏貼於頭頂時，會在後腦杓形成一個突出的小角；當冠羽豎起時，便形成高聳參差的三角形。頭上有冠羽的鳥類會以此來傳達訊息，通常在興奮或鬥志高昂時豎起，在放鬆或順從時放下。

紅嘴紅雀把頭冠放下跟豎起的樣子

● 紅嘴紅雀幼鳥離巢時嘴是黑褐色，毫不鮮豔。幾星期之後，嘴喙的暗色會逐漸消褪，變為成鳥那種鮮豔橘紅色。幼鳥的羽毛往往相對容易磨損，這是為了盡早離巢，所以羽衣長得很快，犧牲了耐用度。不過幼鳥羽衣會在幾週內換成類似成鳥的羽衣，為即將到來的嚴冬做好準備。

剛離巢沒幾天的紅雀幼鳥

● 鳥類換羽時通常會循序漸進，雖然看起來有些邋遢，至少全身還是覆蓋著羽毛。有時候，紅雀頭部的羽毛會一次全部掉光，露出耳孔跟深灰色皮膚。羽毛很快就會長出來，只要天氣不是太冷或太溼，短時間內當個禿頭倒也沒啥風險。這種情況主要發生在北美東部幾種郊區鳥類身上。有隻圈養的冠藍鴉曾經連續八年都以這種方式更換頭部的羽毛，顯示這應該是正常的換羽策略，但我們還不清楚為何只會發生在某些個體身上。

頭部羽毛全部掉光的紅嘴紅雀公鳥

● 黃嘴紅雀是紅嘴紅雀的近親，在美國境內分布於亞利桑那州到德州南方的灌叢沙漠地帶。

黃嘴紅雀

● 鳥類對於日照時間的長短非常敏感，而晝長的變化會觸發激素變化。紅嘴紅雀的公鳥會從冬至過後的第一個晴天開始站在樹頂或電線等顯眼處引吭高歌，即便當時依然氣溫冷冽、冰天雪地。早年人們看到這種現象，都會被這鮮紅的鳥兒鼓舞，因為他們知道紅雀歌唱意味著白天將越來越長，也就是春天不遠了。人們認為這種鳥的歌聲聽起來像是在說「cheerily cheerily cheer, cheer, cheer」（歡呼喝采），這樣的描述正反映出上述的樂觀期待。

正在鳴唱的紅嘴紅雀公鳥

# GROSBEAKS
# 白斑翅雀

紅胸白斑翅雀的母鳥跟剛離巢的幼鳥

候鳥之所以飛到北方繁殖，是因為北方的夏季有豐富的食物，而且較不需要競爭領域，這些優點跟遷徙的風險相比顯然利大於弊。

鳥類能極其精準地感知身體的位置和姿勢，很多動作都是因此才得以辦到，比如在小樹枝上保持平衡（見第 121 頁上）、單腳站立（見第 35 頁下），以及解決錯綜複雜的飛行難題（見第 83 頁上）等等。人類難以領會這種能力的原因之一是：鳥除了在頭部有一個動作感測器（在內耳，跟我們的差不多），骨盆還有一個！這表示他們可以分別感知兩個部位的運動。舉例來說，如果因為棲枝搖晃導致身體上下晃動，他們可以在保持頭部固定的同時抵消這個晃動。又比如說，當他們轉動頭部快速掃視或理羽時，並不會因此而失去平衡 —— 他們知道自己只有頭在動，身體還是保持不動。

藉由骨盆內另一個平衡感測器，這隻黑頭白斑翅雀便能在樹枝上保持平衡。

白斑翅雀這一類的鳥擁有大嘴喙，適合對付又大又硬的種子，但要咬開堅硬的種子，真正關鍵在於強壯的顎部肌肉。更大更壯的肌肉得要搭配更寬更壯的顎部，也需要較大較堅固的嘴喙來承受這些肌肉產生的額外咬合力。因此，這張大嘴喙其實是因應強大的顎肌而演化出來的適應。這些鳥在餵食器上喜歡找葵瓜子來吃，那對多數鳥類來說都太硬了，咬不開。在野外，他們的食物有兩成是果實，超過一半是昆蟲，只有三成是種子。目前還不清楚他們的大嘴喙在何時何地會派上用場，但顯然在一年之中的某個時間點，他們會因為能夠咬開堅硬的種子而得利。

紅胸白斑翅雀的粗厚嘴喙及寬廣顎部

鳥類有第三片眼瞼，稱作「瞬膜」，這是一片透明或半透明的薄膜，能夠由前往後覆過眼球，在保護眼球的同時仍維持部分視覺。我們很少在現實生活中看到鳥的瞬膜，因為它滑動的速度非常快，而且通常只在鳥類進行某些高速動作時才閉起來。鳥類可能常常在飛行時閉上瞬膜，以防範迎面而來的昆蟲、灰塵、樹枝等危險。霸鶲跟一些鳴禽在空中捕捉飛蟲時、啄木鳥用嘴敲擊木頭時，都會閉上瞬膜。右圖這隻紅胸白斑翅雀咬開種子時，瞬膜也閉上了。白斑翅雀是用嘴喙兩側的邊緣咬開種子：先沿著喙緣縱向擺放種子，壓住咬開後，用舌頭處理外殼跟果仁，最後將外殼碎片從嘴喙的側邊往外推落，僅留果仁在嘴裡。

瞬膜閉上一大半的紅胸白斑翅雀

**白斑翅雀**

非遷徙性鳥種的公鳥跟母鳥通常外表相似，也都會分擔「家務事」。不過以彩鵐這類遷徙性鳥種來說，公鳥會承擔較多的領域防衛工作，羽色也比較鮮豔，母鳥則主要負責營巢育雛，樸素單調的羽色對此較為有利。

左上是白腹彩鵐公鳥，
右上是靛藍彩鵐公鳥，
下方是靛藍彩鵐母鳥。

鳥類的呼吸系統不僅跟我們大不相同，效率也高多了。人類的肺臟具有彈性，每次呼吸時都會隨之收縮擴張，但鳥類的肺臟並沒有彈性，空氣只持續沿著單一方向由後往前流動。鳥兒體內的空氣流動跟儲存是由氣囊系統管理，而呼吸則由胸廓的肌肉控制。鳥的肺臟由於是固定不動的，用來交換氣體的旁支氣管壁有時甚至比我們的肺泡壁還要薄。這也能讓交纏的微小支氣管跟血管得以組成逆流交換系統（見第15頁上），所以輸送到血液的氧氣量遠比人類的肺臟還多。科學家認為這種呼吸系統是二億多年前在恐龍身上演化出來的，當時地球大氣的氧氣含量只有現在的一半，如今鳥類也因而受益。鳥類基本上不會喘不過氣，要是你看到一隻鳥用盡全力之後在喘氣，那是體溫太高所致（見第143頁中）。實驗顯示，蜂鳥在氧氣含量相當於標高一萬三千多公尺的地方還是能夠飛行，那可是1.5座聖母峰的高度呢！

鳥類的呼吸系統：氣囊占了鳥類身體的大部分，有些氣囊還延伸到較大型的骨頭內（此圖未畫出）。

麗色彩鵐是世上色彩數一數二繽紛的鳥種，在美國境內分布於南卡羅萊納州到德州。雄成鳥擁有絢麗絕美的多彩羽色，但雌成鳥跟未成鳥全身都是非常樸素的橄欖綠。麗色彩鵐在美國東南部大西洋地帶的繁殖族群量正在減少，原因之一是這種鳥在古巴是很受歡迎的寵物鳥，在當地度冬時會遭誘捕。誘捕麗色彩鵐是違法的，但很少被法辦。

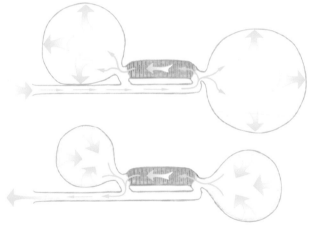

上圖是大幅簡化的鳥類呼吸系統示意圖，藍色是氣囊，紫色是肺臟。氣囊擴張時吸入空氣（上），收縮時呼出空氣（下），新鮮空氣經過肺臟時永遠都是從後往前（此圖為右到左）移動。

麗色彩鵐公鳥

鳥類的胸廓擴張時，會將空氣吸入體內，過程如下：後氣囊擴張，把外界的新鮮空氣吸進來，前氣囊擴張，把空氣經由肺臟往前帶。胸廓收縮時，將空氣排出體外：前氣囊把「用過的」空氣完全排出去，同時後氣囊裡的新鮮空氣也會被擠向前通過肺臟。我們還不清楚空氣為何遵循某些特定路徑流動（例如吸氣時空氣為何先流經氣囊再進入肺臟，而非由體外直接流入）。並無證據顯示鳥類的呼吸道有閥門在控制氣流，而空氣之所以僅以單一方向流動，顯然只是呼吸道的連接角度所致。

為了在沙漠中生存，鳥類會改變行為及
社交網絡，以減少活動量，尤其是在一
天中最熱的時候。

躲在斑駁陰影處的峽谷地雀鵐

左邊是正在行走的普通擬八哥，右邊是跳躍中的棕脇唧鵐。

為什麼有些鳥用走的，但有些鳥用跳的呢？我們還不清楚原因。一般來說，較大型的鳥種幾乎都用走的，而較小型的鳥多半用跳的（比如烏鴉用走的，而藍鴉跟唧鵐是用跳的）。行走可能有個好處，就是可以做出像雞一樣的點頭動作，這樣視線較能一直定在周遭環境上（見第75頁上）。跳一步的距離等於走好幾步，或許對小鳥而言是

較有效率的行進方式，不過對較重的鳥來說可能太費力，或是對身體的衝擊過大。事實上，這兩種行進方式的區別並不明確，最近有個研究檢視了幾種鳥的錄影畫面，發現牠們全都會以各種速度來步行／跑步和跳躍，並且經常使用多種混合行走和跳躍的步法。

---

唧鵐會一種「雙腳並扒」的招式，目的是將樹葉及其他雜物碎屑踢到後面，翻出藏在下面的食物（見第7頁中）。過程是先垂直往上跳，當身體還在空中時，雙腳前伸，隨即往後扒過地面，把碎屑給掃飛出去，落地後以典型的站姿停一會兒，仔細查看雙腳四周有沒有什麼東西被翻出來。牠們還能利用扒地這個動作將身體往上推，因此可以連續雙腳並扒好幾次，不斷上下彈跳，將落葉掃飛到後方，然後停下來查看剛翻出的地面。

棕脇唧鵐進行雙腳並扒的連續動作分解圖

---

鳥類需要喝水嗎？要，鳥類需要水分。牠們喜歡喝很多水（尤其天氣炎熱時），但必要時也可以幾乎滴水不沾。在一項實驗中，研究人員提供家朱雀無限暢飲的水源，環境溫度是舒適的攝氏20度，結果牠們每天平均可以喝下體重22%的水（以45公斤的人來說，相當於喝掉11公升的水！）。當氣溫來到攝氏39度時，鳥兒的飲水量會加倍，差不多到體重的一半。鳥類不會流汗，而是靠著喘氣以及從喉部蒸發水分來降溫（見第143頁中）。鳥類雖然在有水喝時會喝很多，但通常只要有吃果子或昆蟲等含有水分的食物，即便不喝水也能活得很好。鳥類也跟人類一樣，必要時會減少活動並待在陰涼處以減少對水分的需求。

棕脇唧鵐跟大多數鳥類一樣，都是先彎低身體然後以嘴喙舀水來喝。

# JUNCOS
## 燈草鵐

暗眼燈草鵐的三個亞種

這三隻是同一種鳥，只是因為分布在不同地區而有地理變異，我們稱此為亞種。這裡畫出的三個亞種分別為烏灰燈草鵐（上，主要分布於北美東部及北部）、奧勒岡燈草鵐（中，分布於美西），以及灰頭燈草鵐（下，分布於洛磯山脈南部）。

## 都十二月了，為什麼沒幾隻鳥來我的餵食器覓食？

最可能的答案是，牠們能夠找到足夠的天然食物，不需要
野鳥餵食器提供的東西。即便你提供無限量的高品質食
物，對野鳥而言，要吃到可能還是得
付出一些代價或冒一點風險，比
如要先經過一片開闊地帶
（見第115頁上）。
整天在雜草叢生的灌
木叢覓食，鳥兒可能
更自在，既能藏身，也
能找到各式各樣的天然果實跟
種子，有時甚至還有昆蟲跟蝸
牛。一旦冬天來臨，天然食物變
少，野鳥餵食器便會成為許多小
鳥的最佳選擇，此時你應該就能看到
夠多鳥兒不辭辛勞造訪你的餵食器了。

暗眼燈草鵐

## 野鳥餵食器會成為捕食者的得來速嗎？

不會。研究顯示，發生在餵食器旁的捕食行為要比自然環
境來得少，或許是因為有更多小鳥守望相助，一有動靜就
會鳴叫示警。不過餵食器確實會在夏季間接增加鳥巢受襲
的風險：若烏鴉、擬八哥、牛鸝、花栗鼠等物種在冬天有
餵食器的食物可吃，族群量便會增加，入春就會去找尋並
攻擊其他鳥巢。有些研究發現，在有餵食器的住宅區內，
紅雀跟旅鶇這類小鳥幾乎都無法成功繁殖。

## 餵食器會讓鳥兒變成懶惰鬼嗎？

不會。研究指出，即便是好幾代都跟餵食器共存的鳥類，

起碼也有一半的食物來自野外。牠們只會把人類提供的飼
料當成補充品，就算移除餵食器，也完全不會造成什麼不
良影響。餵食器能在天然食物難以取得的寒冬（比如冰雪
暴來襲時）幫助野鳥度過難關，此外對牠們的生存幾乎沒
什麼影響。

## 餵食器會讓鳥兒留在當地不遷徙嗎？

不會。遷徙與否取決於許多因素，包括日期、天氣、鳥類
本身的體能以及能量儲備等等。要說真有什麼影響，餵食
器能讓鳥兒更快為長途飛行「加滿油箱」，甚至還可能促
使鳥兒提早動身。

● 多數鳴禽整個夏季都會成對留在自己的領域，養育一到兩窩幼雛，然後
　各自飛往度冬地。以燈草鵐來說，母鳥南遷
　的距離比公鳥更遠，當年出生的幼鳥也比
　老鳥遠。在牠們度冬區的南緣地帶，你
　會發現雌性未成鳥占了大宗，而越靠
　近繁殖區就有越
　高的比例是雄
　成鳥。但許多
　鳴禽沒有這類年
　齡或性別之分，而且每
　隻鳥每年都會回同樣的一
　小片領域度冬，對於繁殖領域
　也同樣忠誠。

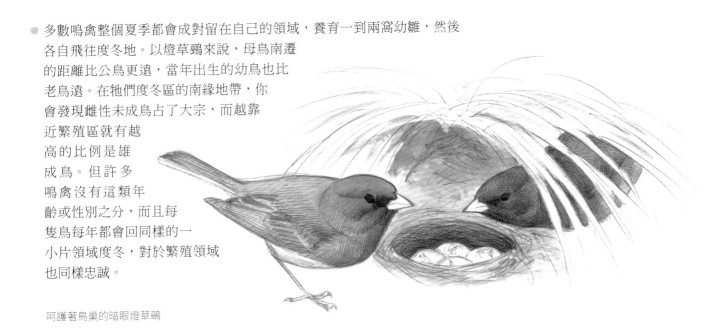

呵護著鳥巢的暗眼燈草鵐

# SPARROWS
# 雀鵐（一）

在夜裡啟程遷徙的白冠帶鵐

遷徙需要大量的資訊。鳥類在決定
展開數百公里的夜間飛行之前，會
先衡量眾多因素。

● 我們對於鳥類學習鳴唱的了解，大部分來自白冠帶鵐的相關研究。幼鳥天生就更可能學習同種鳥類的鳴唱，並忽略其他鳥種的歌聲，而且在三個月大之前就能熟記聽過的歌曲型式。牠們很快就會開始練習鳴唱，逐漸發展對聲音的控制並改善自己的曲調，直到能持續重現幾個月大時所記得的歌曲型式。之後，牠們會不斷唱這首歌，終生都不會有太大的改變。

鳴唱中的白冠帶鵐

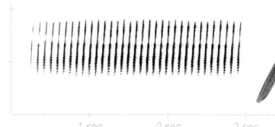

1 sec　　　2 sec　　　3 sec

鳴唱中的栗頂雀鵐及其典型歌曲的頻譜圖

● 栗頂雀鵐公鳥的歌聲聽起來像是單純的顫音：以相同的音高快速重複發出一個音。對我們而言，這些聲音聽起來都很類似，但對鳥兒來說差別可大了。鳥類大腦處理聲音資訊的速度至少是我們的兩倍，為了聽清楚鳥兒聽到什麼，我們應該以一半或更慢的速度播放鳥鳴錄音。在上述例子裡，單純的顫音其實是由一連串快速模糊的上揚音所構成，這種聲樂表演得靠鳴管（由兩個部分組成）內的肌肉進行嚴格的控制及同步化（見第131頁中），也必須跟呼吸、嘴喙位置以及身體動作互相協調，才能唱出如此精確一致的歌聲。有項研究發現，雀鵐可以從低到高唱出相當廣的音，或是唱出快速重複的音，但無法在同一首歌曲中將兩者發揮到極致。我們可以把鳥類的鳴唱想成某種舞蹈或體操動作，也就是一連串精心編排的跳躍，而裁判（未來的配偶及競爭對手）會緊盯著選手跳起的高度跟速度，同時也會仔細觀察動作是否精確且一致。

### 鳥為什麼要下蛋呢？

蛋對鳥類來說是巨額的投資。從蛋黃（卵細胞）變成蛋的「增長過程」很緩慢，卵巢的濾泡釋放出蛋黃（如果有受精就是受精卵）後，還要再花24小時才能生出蛋來。產卵的過程從輸卵管開始，輸卵管會先分泌蛋白包覆蛋黃（大約花4小時），接著在輸卵管的子宮部形成蛋殼（15小時），最後將色彩添加到蛋殼上（5小時）。整顆蛋的重量介於母鳥體重的2%到12%之間，較小型與早熟性鳥種的蛋則相對較大。產卵的好處是母鳥可以在短時間內生下許多顆蛋，並放在巢內，蛋裡的胚胎在巢中發育成長時，母鳥的活動能力也不受影響。若母鳥得隨身帶著4、5個發育中的胚胎，之後再直接生下幼雛，這段期間肯定就無法飛行了。

栗頂雀鵐母鳥及其體內一顆完全成形的蛋

# MORE SPARROWS

## 雀鵐（二）

春天時，鳥類的領域性會變得很強，有時也會將
自己的倒影當成非趕走不可的挑戰者。這種徒勞
無功的驅趕會在幾週內因激素消退而結束。

攻擊窗戶玻璃倒影的歌帶鵐

人類在改變地景的同時，也改變了聲景。如今，這個工業化世界到處都充斥著低頻噪音。聲音是鳥類相當重要的溝通手段，任何多餘的噪音都會造成重大影響。研究調查發現，許多棲息在道路、工業區和其他噪音環境下的鳥類族群都變少了，這有相當大的程度要歸咎於噪音污染。有些鳥種（比如叫聲低沉的哀鴿）乾脆就不在吵雜的地方築巢繁殖。生活在噪音污染區的鳥類，鳴唱時會唱出更高音的歌聲，以與低頻的背景噪音區隔。目前還不清楚鳥類發出更高的音，究竟是為了能在噪音環境中達到更好的溝通目的，或者單純只是想在吵雜的環境中唱得更大聲。

正在鳴唱的歌帶鵐

野鳥每天都得在兩種風險中二選一：餓肚子或是被捕食。牠們得吃東西才能活下去，但覓食過程中又不能被吃掉，而且每天都要吃夠多的食物才能度過漫漫長夜。覓食就包含搜尋，通常在野外進行，而且進食還會增加體重，進而減緩行動速度。所以，對於任何可能的食物來源，鳥類無時無刻都在評估風險及利益。實驗顯示，當鳥類知道捕食者在周圍時，會延後至當天較晚的時間才覓食。這麼一來，牠們整個下午都能輕盈又靈活，等到進食增重後剛好就到睡覺時間了。

在日落時分覓食的歌帶鵐

歌帶鵐的分布範圍相當廣，從北美東邊的大西洋岸到西邊的太平洋岸，南至墨西哥，北抵阿拉斯加。不同地區的歌帶鵐在體型、外型及羽色上有極大的變異。這些變異大部分都遵循一些普遍的模式，其他廣泛分布的鳥種也是如此。比方說，分布於潮溼氣候區（比如北美的太平洋西北地區）的鳥兒，羽色通常比乾燥氣候區的鳥來得暗。有個顯而易見的好處是，深沉的羽色更能融入周遭環境。附加的優點是黑色素能幫助羽毛抵禦細菌，而細菌在潮溼地區更容易滋生。另一項整體趨勢是，生活在炎熱地帶的鳥兒具有相對較大的嘴喙跟雙腳，由於這些沒有羽毛保暖的部位能讓更多體熱逸散出去，所以有助於調節體溫。相反地，在寒冷氣候中，較小的腳跟嘴可以減少體熱散失。

左邊的歌帶鵐來自又乾又熱的美國亞利桑那州，右邊的則來自涼爽潮溼的加拿大卑詩省。

# OLD WORLD SPARROWS
## 麻雀

在馬匹腳下覓食的家麻雀

家麻雀是世界上最
成功、適應性最強
的鳥類之一。

家麻雀非常適應人類環境，根據基因研究的結果，這可以追溯到大約一萬年前人類在中東地區開始進入農業社會的時代。當時的人類種出了大量顆粒較大且堅硬的穀物，家麻雀也隨之演化出略大的嘴喙，這樣就能攝取這些穀物。農業活動擴散到全世界後，原本就已適應人類的家麻雀也隨之擴散，並且持續演化適應。在二十世紀之前，馬車跟牲畜到處都是，這也提供了大量散落的穀物等食物。家麻雀在十九世紀中葉引進北美洲時，已經花了一萬年的時間適應人類，因此迅速在這片大陸的農場跟城市中擴散開來。然而，隨著農場跟牲畜從許多地區消失，家麻雀的數量在過去一百多年間也在持續減少。

左邊這隻是已經適應人類環境的家麻雀，可以看出嘴喙跟頭部都略大。

飛行中的家麻雀，這張圖描繪出構成外表輪廓的所有羽毛。

### 一隻鳥有幾根羽毛呢？

很少有人實際去算一隻鳥有幾根羽毛，但歷來的資訊已讓我們掌握大概。像家麻雀這種小型鳴禽，在夏天差不多有 1,800 根羽毛：

頭部大約 400 根
身體腹面 600 根
身體背面 300 根
翅膀共 400 根（兩邊各 200 根，其中大部份是位於翅膀前方的小片覆羽）
雙腿共 100 根
尾巴 12 根

棲息於寒冷氣候帶的鳴禽會在冬天長出較多羽毛——全身差不多有 2,400 根，身體多了大約 600 根小小的絨羽。烏鴉之類的大型陸鳥比小型鳥的羽毛要多一些，但多半只是擁有較大型的羽毛。游禽的羽毛可就多出不少了，尤其是在會碰到水的部位（見第 7 頁中）。

● 沙浴是某些鳥種的普遍行為，比如家麻雀。你或許曾在地面上看過小小的圓形淺凹，家麻雀通常就習慣在那裡進行沙浴。沙浴的動作跟典型的洗澡動作差不多，鳥兒會先蹲伏在沙子裡，然後搖動翅膀，把沙子撒到身上。我們還不清楚沙浴的原因，但有假說認為，沙子跟尾脂腺的油脂相互作用能帶給鳥兒某種好處。適量的尾脂可增加羽毛的防水性，也能保養羽毛，還能抑制細菌滋生；尾脂過多則會導致羽毛上的羽枝黏在一起，還提供了大餐給細菌跟寄生蟲。鳥類或許是用沙浴來控制油脂量或改變某些油脂的性質。

正在進行沙浴的家麻雀母鳥

# FINCHES
## 北美的朱雀

「家」朱雀名符其實，
是居家附近相當普遍的
鳥類，經常在窗台和懸
掛的植栽上築巢繁殖。

一對正在築巢的家朱雀

● 幾乎每種鳴禽飛行前進時都會呈現波浪狀軌跡，這稱為波浪狀飛行，也就是快速拍幾下翅膀後滑翔一小段，如此交替反覆的飛行模式。鳥兒滑翔時，翅膀會收攏緊靠身體，此時雖然能從身體跟尾巴獲得些許浮力，但因為重力的緣故，還是會往下掉。收攏翅膀能形成流線型的魚雷狀，從而減少阻力。飛行速度越快，這樣就越有效率。其實鳥兒大多處於滑翔／下墜的狀態，鼓翅的時間反而較少。根據計算，若是飛行速度較慢，「拍翅上升與滑翔下降交替」並非最有效率的行進方式，但還是有很多鳥類這麼飛，因此這種方式肯定有其他好處，只是我們還不清楚。或許間歇振翅較能掌握亂流，或許暫時停止振翅能讓鳥兒稍作休息並降低體溫，也或許只是因為這些鳥類無法以其他方式調整翅膀的位置。

左邊是紅色的一般型家朱雀公鳥，右邊是黃色型公鳥。

● 鳴禽身上所有的紅、橙、黃色，都是來自類胡蘿蔔色素，而這只能從食物中獲取。許多蔬菜水果中的紅色跟黃色，以及秋季樹葉轉橙變紅等現象，都是由這些化合物造成。鳥類吃下類胡蘿蔔素後，體內系統會將這些分子轉化成紅橙黃等一致的色調。類胡蘿蔔素對免疫系統也很重要，因此，長期以來人們都認為鮮豔的羽色是健康的有效信號：如果鳥兒生病，需要類胡蘿蔔素來抵抗疾病，就沒有多餘的類胡蘿蔔素可以形成鮮豔羽色。鳥兒羽色鮮豔，表示至少在羽毛生長期間相當健康。以家朱雀來說，公鳥的羽色從鮮紅到黃色都有，但我們還不清楚羽色變化跟健康的關係。黃色型公鳥出現的比例隨地區而異，美國西南部比較高，夏威夷也不少 —— 說不定羽色跟健康沒有太大的關係，而是跟在該地區能否獲取特定的類胡蘿蔔素以及鳥類如何處理這些化合物比較有關。

● 我們很少看到生病的鳥，因為即便是小病，對鳥來說也非常危險。生病會讓鳥兒變得遲緩且缺乏警覺性，因此更容易遭天敵捕殺。有時候，在野鳥餵食器上可以看到前來覓食的鳥類罹患結膜炎。這種極易傳染的眼疾會藉由近距離接觸而傳播，野鳥餵食器剛好就創造出這樣的環境。1990 年代中期，美國東部的野鳥爆發結膜炎大流行，被傳染的主要鳥種正是家朱雀。這種傳染病目前仍然存在，不過已經比較少見。若想減少鳥兒染病的風險，最好確保餵食器及周遭環境乾淨清潔。如果你在餵食器上發現任何鳥類罹患結膜炎，建議先收起所有餵食器，以漂白水清潔，並清除餵食器下方的飼料種子跟鳥糞。這些都是清理野鳥餵食器的好方法，即使沒發現任何疾病流傳，也應該經常這麼做。

得了結膜炎的家朱雀公鳥

# GOLDFINCHES
## 金翅雀

北美的幾種金翅雀幾乎一整年都成群飛行。證據顯示,某些個體會結成小群生活在一起長達數月甚至數年之久。

暗背金翅雀公鳥(下)及母鳥(上)

● 鳥都會換羽（見第 5 頁中及第 95 頁上）。很多鳥種一年只換一次，而且新舊看起來都差不多。北美金翅雀等鳥種則是一年換羽兩次，並隨著季節而大幅改變外表。從耗費的時間跟精力來看，長出一套全新羽衣的代價相當「昂貴」，所以北美金翅雀（跟很多鳥種一樣）

北美金翅雀公鳥，右邊是單調樸素的冬羽，左邊是鮮黃的夏羽。

會在夏末將所有的體羽跟飛羽都汰舊換新。這個季節的氣候通常溫和可期，而且食物充足，所以在這段介於繁殖跟遷徙的時期換羽，是再適當不過了。北美金翅雀會在夏末換上單調的棕色系羽毛，冬季就更能融入背景環境。六個月後，北美金翅雀在進入繁殖季之前的早春時節會再度換掉全身的體羽（不過這次基本上不換飛羽及尾羽），此時公鳥的羽色會為了求偶而煥然一新，變成耀眼的鮮黃搭配黑色。這種轉變是由體內的激素所控制，能讓同一個毛囊在不同季節長出天差地別的羽毛。

一束光線穿透北美金翅雀公鳥的數層體羽，並且分別從各層反射回去。

● 北美金翅雀公鳥身上的黃色之所以那麼明亮，除了鮮豔的黃色色素外，還有一個秘密因素。牠們的羽毛本身其實薄而清透，大部分的光線都能直接穿過，而單根羽毛並不足以反射出讓人驚艷的光線。北美金翅雀的羽毛前端（也就是露出來的部分）是鮮黃色、後端是純白色，羽毛排列的方式會讓黃色前端部分交疊，有些光線於是從每根羽毛前端的黃色表面反射出去，其他穿透過去的光線則會被底部的純白羽毛反射回去。因此，北美金翅雀的羽毛基本上就成了自帶背光的黃色半透明薄膜。

● 從加拿大到阿拉斯加的寒帶針葉林裡，有幾種小型雀的生命週期跟某些特定樹種的種子產量密不可分。這些樹可以連續幾年只產出極少量的種子，藉此減少以此為食的鳥類數量，然後在某一年猛然產出大量種子，多到鳥沒辦法全部吃光。許多種針葉樹大約是每七年產一次種子。普通朱頂雀跟樺樹的關係就相當密切，這種樹每隔幾年就會生產出極大量的種子，讓更多朱頂雀得以度過寒冬，也能養育更多幼雛，進而使得族群量大增，等到來年（那時樺樹就沒什麼種子了），大批朱頂雀就得往南移動尋找食物。這種難以預測的移動現象又稱「爆發式南遷」，每當這種現象發生時，賞鳥者總是引領期盼！

正在吃樺樹種子的普通朱頂雀

# BOBOLINKS AND MEADOWLARKS

## 刺歌雀與草地鷚

正在鳴唱的刺歌雀公鳥

這些鳥兒的鳴唱是北美夏季牧草地
上相當具有代表性的聲音。

刺歌雀公鳥會以邊飛邊唱歌的方式展示自己，而母鳥顯然偏愛鳴唱聲延續較久的公鳥。飛行之類的運動通常需要規律持續的呼吸，但鳴唱則需要複雜的呼吸控制。此外，刺歌雀的歌聲特別長，整首曲子可以超過十秒鐘，包含上百個樂句。如果我們邊跑步邊唱歌，最後肯定會氣喘吁吁，那麼這些鳥兒是如何在兩種活動之間取得平衡呢？首先，牠們肺部的效率比人類高出許多（見第151頁下右）。當我們的肺部吸滿空氣時，氧氣會迅速進入身體，接著我們可以藉由呼出空氣而唱出聲音，但這段期間我們無法獲得更多氧氣，要等到再度吸入新鮮空氣。鳥類能把新鮮空氣儲存在氣囊裡，當呼出這些空氣唱出歌聲時，也會把新鮮的氧氣送進肺部。邊飛邊唱實在很了不起，但獲得足夠的氧氣對鳥類來說只是小事一件。

邊飛邊鳴唱的刺歌雀公鳥

鳥類跟農耕的關係向來錯綜複雜。農夫責怪鳥類損害收成，也感謝牠們控制蟲害——鳥類每年在全世界可以吃掉五億噸昆蟲。小型家庭農場能夠為鳥類提供許多絕佳棲地，比如樹籬、雜草叢生的邊緣地帶和牧草地等等。美國東部大多數地區一直到二十世紀初期都還是農地，像東草地鷚跟刺歌雀這類鳥種的數量在農田相當多，牠們會在開闊的青草地跟牧草地繁殖，而每個農場都有這樣的環境。然而，隨著農業

在牧草地上高歌的草地鷚

活動在許多地區逐年衰退，加上農耕方式工業化，這類棲地目前多半已經消失。即便還有牧草地，基本上也只會成為陷阱：牧草在一季之中會收割多次，而兩次收割相隔不夠久，鳥兒根本沒辦法完成繁殖育雛。

對草地鷚的眼睛來說，比地平線稍高的方向是看得最清楚的，這點相當特殊。由於牠們大部分時間都待在開闊的地面，因此這可能是一種演化適應，讓牠們能夠注意到來自上方的危險。牠們也能往正前方看，所以可以看到自己的喙尖（多數鳥類都辦不到），但這也造成牠們頭部後方有更大片的盲區，所以得頻繁地轉頭查看周遭環境。草地鷚在覓食時有這麼一招：先把閉著的嘴喙刺入纏結的草堆中，然後用力張開嘴。當嘴打開時，眼睛會自動微微往前往下轉動，這樣牠們就能從張開的上下喙之間看到草叢縫隙，進而抓到眼前的獵物。

這隻東草地鷚頭部兩側的灰線代表嘴喙打開跟闔上時的視線方向。

# ORIOLES
## 擬鸝

一對待在巢邊的橙腹擬鸝

擬鸝這類鳥大部
分是熱帶美洲的
留鳥，但有幾種
會往北遷徙到北
美洲繁殖。近年
研究認為，許多
熱帶的擬鸝是從
具遷徙性的祖先
演化而來的。

鳥蛋形狀隨鳥種而變，從近乎正圓到較長的形狀都有。非正圓的蛋有些是對稱的（兩端均勻延伸成橢圓形），有些則否（一端特別尖）。人們曾提出多種說法解釋蛋的形狀為何如此多變，近年有項研究大量比較了 1,400 種鳥蛋標本，竟發現蛋的形狀跟飛行習性有驚人的關係：飛行時間較長或飛行能力較佳的鳥種，蛋通常比較不圓。這項發現顯示鳥蛋形狀的演化至少在某種程度上回應了飛行的需求，不過原因仍未明。一種可能是某些鳥演化出輕巧流線的身軀，提高了飛行效率，但圓形的蛋就不再適合牠們的體腔了。長形蛋的容量跟圓形蛋一樣多，形狀卻更狹窄，對飛行時間較長的鳥種來說，這可能正符合需求。

相較於橙腹擬鸝，歌帶鵐較少飛行，蛋（左）也比橙腹擬鸝的蛋（右）來的圓。

## 橙腹擬鸝族群年齡結構動態圖

下圖呈現橙腹擬鸝族群在一年多內各年齡層的存活狀況及動態（其他鳴禽也大致如此）。圖中 30 隻成鳥形成的繁殖族群（藍色）共生下 100 顆蛋，從中孵出的子代只有 15 隻能在隔年春天回到繁殖地，跟前一年倖存下來的 15 隻成鳥再組成 30 隻的繁殖族群，然後生下 100 顆蛋。

產下100顆蛋

60隻雛鳥存活至離巢

20隻幼鳥平安抵達度冬地

15隻鳥返回繁殖地

秋季遷徙

第一個冬天

春季遷徙

15隻滿一歲的個體
只有一半能活到來年繼續參與繁殖

15隻滿一歲的個體

8隻滿兩歲的個體

2隻滿四歲的個體
1隻滿五歲的個體

8隻滿兩歲的個體

4隻滿三歲的個體

4隻滿三歲的個體

| 5月 | **6月** | 7月 | 8月 | 9月 | 10月 | 11月 | 12月 | 1月 | **2月** | 3月 | 4月 | 5月 | **6月** | 7月 | 8月 | 9月 | 10月 | 11月 |

第一年　　　　　　　　　　　　　　　　　　　第二年

橙腹擬鸝的族群年齡結構動態圖

重點：

· 秋季遷徙時，幼鳥的數量比成鳥多。

· 每年的繁殖族群中，有一半是首次參與繁殖的個體。

· 整個系統極為脆弱。如果某一年都沒有幼雛誕生，族群量就會減半，而且只要有一點風吹草動，比例就會跟著變動，進而影響族群增長或消減。

### 鳥兒能活多久呢？

大部分都活不過一年。以鳴禽來說，如果能活到生命中的第一個繁殖季，往後通常每年有五成的存活率。在生死各半的機率下，大約每一千隻鳴禽只有一隻能活到 10 歲，每三萬三千隻才有一隻可以到 15 歲，但這可能已經超出壽命上限了。根據繫放紀錄，目前已知最長壽的橙腹擬鸝活了 12 年，而北美活最久的鳴禽是一隻旅鶇，將近 14 年。較大型的鳥通常活得比較久，比方說白頭海鵰可以活到 38 歲。海鳥的壽命也特別長，有隻黑背信天翁至少已經 70 歲，而且到 2021 年本書中文版出版時仍然在世！跟體型差不多的哺乳動物相比，這些鳥類的壽命實在非常長，尤其鳥類還是新陳代謝相當快的動物。

### 鳥類會從一而終嗎？

就鳴禽而言，答案是：「會，不過……。」以一對橙腹擬鸝來說，如果都能活過冬天，那這兩隻鳥基本上都會設法回到同一片繁殖領域，認出彼此，然後一起再次築巢繁殖。然而公鳥跟母鳥各有 50% 的機率活不到隔年，因此雙方再續前緣的機率只剩 25%。所以沒錯，他們通常是會從一而終，但多數情況下只能維持一個繁殖季。

# COWBIRDS
## 牛鸝

褐頭牛鸝採用的繁殖策略稱作「托卵寄生」。牠們把自己的蛋下在其他鳥種的巢裡,不知情的養父母會代勞所有孵卵育雛的工作。

普通黃喉地鶯公鳥餵養
褐頭牛鸝幼鳥

兩隻公鳥正在追求一隻
褐頭牛鸝母鳥（左）

● 牛鸝不築巢、不育雛，領域範圍也沒有非常明確。母鳥可能同時被好幾隻公鳥追求，野外常可見到多隻公鳥尾隨著一隻飛行中的母鳥，每隻都想引起母鳥的注意。在某些牛鸝族群中，母鳥會跟一隻公鳥產生強烈的配對關係，整個繁殖季都待在一塊兒，但其他族群則沒有這麼明顯的配對關係。母鳥會在自己的領域尋找其他鳥種的鳥巢以便日後下蛋寄生，還會監控這些看中的巢，好決定前去產卵的最佳時機。牠在每個適合的巢中都只下一顆蛋，不過整個繁殖季可以生下數十顆蛋。牛鸝通常在早上產卵，大部分求偶行為也都發生在這個時段，下午則是休息時間。

● 牛鸝母鳥並不是把蛋生了就離開不管，而會監視後續孵蛋育雛的進度，要是發現牠的蛋被宿主移除，往往會毀掉宿主所有的蛋作為報復。這樣一來，就能阻止那些鳥兒繁殖，從而延緩「反制牛鸝寄生」的行動擴散出去。而且若宿主之後重新築巢，牛鸝就有機會再次下蛋。相關研究認為，牛鸝母鳥會在領域內待到自己的雛鳥孵出來，而且牛鸝雛鳥在六天大時就懂得回應母鳥典型的連續重複嗒嗒聲。牛鸝雛鳥得避免對養父母產生銘印（見第 3 頁中），因此母鳥的嗒嗒叫或許是某種本能密碼，幫助雛鳥離巢之後認明自己是哪一種鳥。

巢邊的褐頭牛鸝母鳥

● 牛鸝蛋孵化所需的天數比其他鳥種來得少，所以只要在宿主開始孵蛋之前偷偷把蛋加進去，就能夠比宿主的蛋還早孵出來。牛鸝雛鳥會將尚未孵化的蛋全都推出巢外，或是靠著較大較壯的體型獨占食物，讓其他雛鳥分不到。牛鸝母鳥若發現某個巢已經開始孵蛋，可能會移除巢中所有的蛋，這或許是為了讓宿主重新生一窩，這樣才能在裡頭偷偷下一顆。

有顆褐頭牛鸝的蛋（較大且斑點較多較密的那顆）寄生在普通黃喉地鶯的巢中。

# GRACKLES
## 擬八哥

擬八哥跟很多鳥類一樣都受惠於人類的農耕
活動。有了廢棄穀物之類的剩糧,擬八哥的
食物來源變多,族群量也就跟著增加了。

普通擬八哥公鳥的展示動作

● 包括擬八哥跟黑鸝在內的許多鳥種都會結成大群一起移動、棲息，相較之下，山雀、森鶯等鳥種就比較偏好單獨行動或是形成鬆散的小群。這樣的成群結隊（見第 49 頁上）有部分取決於鳥類攝取的食物種類，這一點跟集體繁殖很相似。例如擬八哥愛吃穀物，這類食物要到農地上尋找，而到這些地方覓食有其風險，不過一旦找到，整群鳥都能吃飽。山雀、森鶯等鳥種想找的食物就分布得又廣又稀疏，也不希望旁邊有其他鳥近到跟自己搶同一隻蟲子吃。總之，要是你得四處尋找集中於某處的食物，而且找到之後就能穩定進食，成群結隊就是項優勢（因為有許多雙眼睛一起注意著天敵並發出警告），但如果食物來源稀缺且分散，結群就沒有好處了。

一大群普通擬八哥

● 你或許曾見過某隻鳥乍看像是某種常見鳥，可是羽衣上有白色斑塊，有的甚至整隻都是白色或淺棕色，這些都相當罕見。上述狀況都是程度不一的白化現象，是缺乏黑色素所造成。每一種鳥都可能會發生白化現象，原因很多：基因突變、疾病、營養不良，甚至受傷也會造成白化。有些白化只是暫時的，下次換羽時就會長出顏色正常的羽毛，有的卻終生如此。真正且完全的白化是基因突變所引起，導致鳥完全無法製造黑色素，因此全身的羽毛都是白色，皮膚及眼睛則是粉紅色。黑色素的作用不僅在於賦予顏色，對視覺及其他身體機能也非常重要，因此這種全身毫無黑色素、完全白化的鳥兒很難活很久。

三種不同白化程度的普通擬八哥

● 有黑有白的鳥糞是怎麼回事呢？蛋白質在代謝過程中會產生大量氮化合物，毒性相當高（比如氨），必須從體內排除。哺乳動物會把這些氮化合物轉換成毒性較低的尿素，用大量的水稀釋後儲存在膀胱，最後以尿液的形式排出體外。然而鳥類因為飛行的需求，沒辦法飲用那麼多水分或是攜帶那麼多重量，於是將氮轉換成白色的沉澱物，即尿酸。因此鳥糞裡的白色部分就是尿酸，而黑色部分是經由腸道排出的未消化物質。

兩坨鳥糞

# BLACKBIRDS
## 黑鸝

紅翅黑鸝公鳥高聲鳴唱展示

路邊的排水渠道裡只要有
一小片香蒲或柳樹，紅翅
黑鸝就能在裡頭築巢繁殖。

● 紅翅黑鸝公鳥肩上的紅色是種信號，可以隨需求
而展示或隱藏。當紅翅黑鸝處於放鬆狀態，無需
對著配偶或競爭對手大肆炫耀時，翅膀會收攏緊
靠身體，此時背部跟胸部的黑色羽毛會包覆並幾
乎完全遮蓋肩部那塊紅色；黑色體羽一移開，肩
上的紅色就會露出來。公鳥的整套鳴唱展示包括
伸展雙翅、聳起肩膀的羽毛使這塊紅色部位
更大更顯眼，以及放聲高歌，好讓同類注
意到牠的賣力演出。

紅翅黑鸝翅膀上的紅色露出來（右）和被黑色體羽遮住（左）時的樣子

● 當你在理想的光線下近距離觀察一根羽毛時，有時會看到羽毛上有幾條模糊的橫紋，
這是羽毛的明暗細微差異所造成。這些稱作「生長斑」的橫紋跟樹木的年輪很像，不過並非代表一年——
每組明暗組合都代表 24 小時的生長週期，深色條紋是在白天生長，淺色則是在夜間。羽毛的生長速率介於
一天 1-7 公釐之間，取決於鳥種以及個體的健康及營養狀況，但一般而言一天只會長 2-3 公釐。圖中這根紅
翅黑鸝的尾羽大概長了 20 天。較小型的鳥種，比如鷦鷯，只需不到 10 天就能長出身上最大片的羽毛。鸛
和鵜鶘等鳥類的羽毛較大，但每天同樣只長幾公釐，這代表一根飛羽可能要花個 100 天甚至更久才能長好。

紅翅黑鸝的尾羽雖然全黑，
但依稀可看出生長斑。

● 北美地區每年都有幾百萬人餵野鳥，耗用的鳥飼料高達上億噸，這些鳥飼料都是栽種生長出來的。農民的挑
戰在於，既要種出原本就對鳥類有吸引力的作物，又得防止收穫之前就被鳥兒吃光。對此，作物育種專家培
育出植株較矮的向日葵（這樣就沒那麼多葉子讓
鳥藏身），而且花朵朝地面綻放（較不顯眼且較難
取食）。遠離溼地的農田比較不容易受到黑鸝的侵
襲，此外農民也會使用許多方法嚇跑鳥群。當大部分
的作物成熟後，農民會噴灑落葉劑讓作物死亡並加速向
日葵花乾燥，接著便可一次全部採收。

飛過一大片向日葵田的紅翅黑鸝，葵瓜子是許多種鳥類愛吃的食物。

# Birds in this book
# 書中的鳥類

## 加拿大雁 Canada Goose　2

有著帥氣白頰跟洪亮鳴聲的加拿大雁,是北美各地池塘和田野間的常見鳥類,人們對其叫聲也非常熟悉。但在幾十年前,想看加拿大雁成群過境可不容易,有幸看到的人都可以擺桌慶賀一番了。二十世紀初期,牠們的數量因為狩獵和干擾而急遽減少,美國東部都看不到繁殖族群,大多數地區也只能見到牠們自北方的加拿大繁殖地往返過境。然而過去半個世紀以來,牠們的數量大幅增加,目前在許多地區甚至被視為有害動物。

## 雪雁 Snow Goose　4

雪雁是種遷徙距離很遠的候鳥,在北極荒原地帶繁殖,並在美國南部幾個地方以驚人的數量聚集度冬。典型的遷徙涉及整個族群的季節性移動,由於某些地區只在一年之中的部分時期提供豐富資源,這樣移動就能利用到這些地區的優勢。有些鳥類在遷徙時會嚴格照表操課(見猩紅比蘭雀,第 186 頁),但雁群較不一板一眼,一年之中只要條件許可,隨時都能啟程。牠們能夠長時間不落地飛行,也能暫時中斷遷徙,甚至當發現食物時還會掉頭飛回去大吃一頓。充足的食物跟溫和的氣候能讓雁群飛到更北邊,但要是碰上食物逐漸短缺、暴風雪或嚴寒氣候,牠們就會立刻退到南方。這種見機行事的遷徙策略,一方面讓牠們有機會利用嶄新和臨時的食物來源,也能即時反應天候條件的變化。隨著氣候日益暖化,許多雁群的度冬區就因這種遷徙策略而在短短幾十年內大幅北移。

## 疣鼻天鵝 Mute Swan　6

天鵝有著一身雪白羽衣,修長的脖子,以及貴族般的神態舉止,因此幾個世紀以來一直受到人們的喜愛。北美的疣鼻天鵝原產於英國跟歐陸,過去在那些地區,天鵝跟王室經常有所關聯,而且早在十二世紀就被養來作為大型莊園池塘上的觀賞重點。自十九世紀中葉,疣鼻天鵝陸陸續續被人從歐洲帶到美國並放養在公園裡,經過多年的繁衍擴散,現在從新英格蘭地區到五大湖區的遮蔽水域都已相當普遍。除了外來

的疣鼻天鵝,北美洲另有兩種原生的天鵝:小天鵝及黑嘴天鵝。生物學家相當擔心外來的疣鼻天鵝會影響原生種雁鴨的生存,因為這種天鵝的領域性很強,要是某一對疣鼻天鵝在池塘裡住了下來,便會趕走其他種類的雁鴨,也會吃掉大量水生植物,因此原生物種有可能在競爭食物時搶不過牠們。

## 疣鼻棲鴨 Muscovy Duck（上）
## 和綠頭鴨 Mallard（下）　8

人類馴化的鳥種並不多,其中兩種鴨子對人類極為重要:綠頭鴨(馴化於東南亞)以及疣鼻棲鴨(馴化於中美洲)。這兩種鴨子的品種及雜交組合不勝枚舉,遍布世界各地,農家跟公園都能看到牠們的身影,這裡只是畫出其中兩類而已。其他人類馴化的鳥種還包括:分別馴化自歐洲跟亞洲的兩種鵝、墨西哥的火雞、非洲的珠雞、歐洲的鴿子,當然了,還有來自東南亞的家雞。

## 綠頭鴨 Mallard　10

綠頭鴨是北美洲分布最廣、最為人熟知的野鴨,整個北美大陸的池塘跟草澤溼地都能發現成群的綠頭鴨。綠頭鴨早已被人類馴化,因此在市區公園跟農家都能看到許多馴化品種。像鴨子這類水禽對於水棲生活已具有許多演化上的適應,因為食物通常都在水中,所以覓食是牠們面臨的最大挑戰。綠頭鴨這一類鴨子並不會潛到水下,而是在水面以「倒栽蔥」的姿勢覓食。這些「浮水鴨」只需在游泳時往前斜壓,將頭頸部直接伸長到水面下,就有機會獲取所需的食物。不過,這種覓食方式只有在食物伸「頸」可及而且固定不動時才能奏效,因此這類鴨子都在淺水域覓食,主要吃植物。

## 美洲鴛鴦 Wood Duck　14

美洲鴛鴦的公鳥是羽色極為華麗的鳥類,這是數百萬年演化以及雌性選擇的產物。由於雁鴨屬於早熟性鳥類(見加拿大雁,第 3 頁上),因此母鴨能夠獨自完成築巢及育雛的全部過程,這表示母鴨可以只憑公鴨的優點——華麗羽色及複雜展示行為(外觀及舞蹈動作)——來擇偶。如此一來,就像植物育種者會挑選特定的花卉特徵一樣,母鴨只要藉由擇偶便能驅動這些性狀演化。這種演化的邏輯是,如果母鴨選擇了出色性感的配偶,後代長得同樣出色性感的機率便會增加,也就更有機會找到配偶,於是基因可以傳播到最多的後代身上。這個過程會自我延續,因為雄性後代會繼承父親的外表,而雌性後代也會繼承母親的偏好。經過數百萬代的生息繁衍,母鴨不斷選擇在鴨群中脫穎而出的公鴨,這樣的過程便可能造就出美洲鴛鴦這般極其美麗的鳥類。

### 斑頭海番鴨 Surf Scoters 16

北美洲有二十多種「潛水鴨」，斑頭海番鴨是其中一種，在北方高緯度地區的淡水湖泊繁殖，冬天則在海面上度過。不同於浮水鴨類（見綠頭鴨，第 177 頁），海番鴨會在深水區覓食，並潛到水底尋找蚌蛤和其他甲殼類。由於鳥類沒有牙齒，因此找到蚌蛤之後會整顆吞下去，再藉由強而有力的肌胃連殼一起壓碎成足以通過消化道的小碎片。蚌殼碎片可以像砂礫一樣幫助研磨食物，所以海番鴨不需要額外吞下碎石充當肌胃裡的研磨面，這點跟雁或其他鳥類不同（見第 5 頁下）。

### 美洲瓣蹼雞 American Coot 18

瓣蹼雞的體型還有游泳的樣子都跟鴨子差不多，但兩者在分類上差很多。事實上，瓣蹼雞跟生活在草澤的各種秧雞都屬於秧雞科，是鶴的遠親（見第 36 頁）。瓣蹼雞跟鴨子外表的差別在於腳是「瓣蹼足」而非「蹼足」，嘴型也不一樣。還有，瓣蹼雞尖銳的咯咯聲和帶鼻音的悲鳴聲跟鴨子常發出的呱呱叫和哨聲非常不同。兩者繁殖習性也大異其趣：瓣蹼雞親鳥會提供食物給幼雛，但鴨子不會。

### 普通潛鳥 Common Loon 20

一聲聲森冷的悲鳴，外加柔亮但素樸的外表，讓普通潛鳥成為北國荒野大地及純淨湖泊的象徵，不但深具魅力且倍受喜愛。一對繁殖的普通潛鳥需要一座至少五百公尺寬的湖泊，湖水得清澈透明（牠們靠視覺捕魚），還要有夠多的小魚（體型約 8 至 15 公分長），因為成鳥每天要吃下相當於體重 20% 的魚。酸雨、污染、藻華[1] 和土壤侵蝕的淤泥，全都可能讓湖泊變得不適合潛鳥繁殖。潛鳥也可能吞下棄置的釣魚鉛墜而造成鉛中毒，這是目前普通潛鳥因人類而導致死亡的最大因素，不過牠們似乎能夠克服以上種種挑戰，目前族群量尚稱平穩或是正在上升。

### 黑頸鸊鷉 Eared Grebe 22

鸊鷉是游禽，體型通常比鴨子小。儘管看起來跟潛鳥、鸕鷀等游禽頗為相似，但近年的 DNA 研究卻發現，牠們的近親竟是紅鸛！黑頸鸊鷉是美國西部相當常見的小型鸊鷉，在秋季會數十萬隻聚集在幾處鹹水湖享用豐年蝦大餐，猶他州的大鹽湖跟加州的莫諾湖是其中兩大聚集地。在晴朗寒冷的早晨，黑頸鸊鷉會背向太陽、豎起背面的羽毛，讓羽毛下的黑色皮膚曝曬在溫暖的陽光下。

1. 譯註：水質優養化造成藻類大量滋生的現象。

### 大西洋海鸚 Atlantic Puffin 24

海鸚屬於海雀科，是一群相當適應海洋生活的鳥類，只有在繁殖季才會前往小島或海邊的峭壁上集體繁殖。海雀科海鳥棲息在世上最寒冷的幾處海域，而且整個冬季都在海上度過，這段期間從不上岸。海雀科只分布於北半球，可說是北半球的企鵝，不過兩者的相似性乃是由於趨同演化所致：在嚴寒的大海中覓食並不容易，海雀跟企鵝各自獨立演化出類似的解決之道進而克服這項挑戰。

### 雙冠鸕鷀
### Double-crested Cormorant 26

以魚為食的鸕鷀，在世界各地較大的水域都算常見。據說普通鸕鷀是世界上最有效率的海洋捕食者，單位努力漁獲量比任何動物都要來得多。鸕鷀跟人類的關係由來已久，在亞洲有項延續數世紀的傳統，便是利用圈養的鸕鷀來協助捕魚。近幾十年來，由於美國跟加拿大的雙冠鸕鷀數量不斷增加，竟導致漁民跟鸕鷀產生衝突。

### 褐鵜鶘 Brown Pelican 28

全世界有八種鵜鶘，在北美洲能看到其中兩種，包括分布於沿海地帶的褐鵜鶘，以及主要分布於淡水水域及美西地區的美洲白鵜鶘。特大的體型以及獨特的大嘴，相當容易認出。這兩種鵜鶘的體型在北美洲的鳥種中皆是數一數二。美洲白鵜鶘的體重是蜂鳥的兩千倍以上，相當於人類跟藍鯨的差距。

### 大藍鷺 Great Blue Heron 30

大藍鷺遠看頗為優雅，但靠近一看，那匕首般的大嘴可是致命的獵殺利器。牠們雖然主要以魚類為食，但只要是出現在攻擊範圍內的小動物，不管是蛙類、螯蝦、老鼠，甚至是小鳥，也都能放上菜單。大藍鷺大約有 120 公分高，是大部分美國人平常所能見到的鳥類中身材最高的。牠們常在水邊歇息或耐心站立，然後直直盯著某處看。如果受到干擾，大藍鷺會拔地飛起，同時以不悅的低聲呱叫，緩慢而用力地振翅，起飛後拍個幾下便把脖子縮到肩膀之間，揚長而去。

### 雪鷺 Snowy Egret 32

英文的「egret」跟「heron」都是指鷺鷥，大部分的「egret」是白色的，泛稱白鷺或白鷺鷥。有些白鷺具有非常發達的蕾絲狀飾羽，這些精緻的羽毛在十九世紀晚期曾是仕女帽上最為風行的時尚，為此羽毛獵人每年都會破壞許多鷺鷥巢並獵殺數十萬隻白鷺鷥，將羽毛運送到歐美各大都市販售。到了1900年，許多種鷺鷥的族群量已經岌岌可危，社會大眾開始對於僅僅為了流行需求就大肆屠殺鷺鷥表達了強烈抗議，不僅促使美國民間成立首批奧杜邦學會，也讓政府通過最早的野鳥保護法案，並設立野生動物保護區系統。有了相關保育措施，許多鷺鷥的族群很快就恢復了。

### 粉紅琵鷺 Roseate Spoonbill　34

粉紅琵鷺是北美地區非常引人注目的鳥種，在美國境內分布於佛羅里達州以及德州到喬治亞州的海岸地帶，你遠遠就能從粉紅羽色及湯匙狀的嘴喙認出這種鳥。琵鷺覓食的時候，會在混濁的水中左右擺動微微張開的嘴喙，讓水從上下喙之間流過，要是察覺水中有蝦或魚之類的小型獵物，就能一口咬起吞下。䴉跟琵鷺是同一科的鳥類，不過䴉的嘴型下彎，跟琵鷺不同。

### 沙丘鶴 Sandhill Cranes　36

全世界有15種鶴，但只有三種鶴的族群量被認為安全無虞，其中之一就是遍布北美大部分地區且數量正在增加的沙丘鶴。北美另一種原生的鶴是美洲鶴，向來都不常見也不普遍，數量在1941年更只剩下20隻左右，大部分都在加拿大北部跟德州之間遷徙，而加拿大境內的繁殖地直到1954年才被發現。從那時候開始，一代代生物學家持續投入協助，美洲鶴的數量才慢慢回升，至今野外已經有數百隻了。

### 雙領鴴 Killdeer　38

附近如果有雙領鴴定居，你一定會先聽到牠們從空中不斷重複發出的刺耳叫聲：「kill-deer」，這也是雙領鴴英文名稱的由來。發出鳴叫聲的是向配偶及競爭對手宣示領域的雄鳥，其領域通常是碎石空地，比如停車場的角落、碎石子路，甚至鋪著碎石的屋頂等等，都能成為營巢地。由於雙領鴴是在開闊的地面繁殖，因此保護鳥蛋跟幼雛免於天敵攻擊是相當大的挑戰，牠們演化出一系列令人印象深刻的求生技巧和策略，藉此維護自己和鳥蛋的安全。

### 長嘴杓鷸 Long-billed Curlew　40

長嘴杓鷸不但是世界上體型數一數二大的鷸，而且以身體比例來說，嘴喙長度也在鳥類中名列前茅。人們可能會認為超長嘴喙是用來深入泥巴或洞穴探尋藏身其中的獵物，

但其實牠們通常不會這麼做。這種鳥在美國西部的乾燥短草原上繁殖，以嘴尖在草叢裡覓食，主要食物是蝗蟲等昆蟲。有些個體會沿著海岸的水域度冬，並以嘴喙戳入泥地尋找海生蠕蟲、招潮蟹等獵物，但有許多長嘴杓鷸是在墨西哥北部的乾草原度冬，在那兒同樣以蝗蟲為食。

### 三趾濱鷸 Sanderling　42

三趾濱鷸在美國東西兩岸潮來潮往的灘地上很常見，是最適應沙質海灘的小型鷸，也是人們最常在沙灘上遇到的鷸。牠們演化出一種覓食策略，就是沿著海灘尋找被海浪翻出來的食物：當海浪來襲打上沙灘時，會攪動沙子表面，三趾濱鷸也會為了躲避浪花而暫時奔向高處。等浪退去，牠們立刻尾隨衝下，找尋因海水沖刷、沙子移動而露出來的無脊椎動物，並停下來用嘴戳，然後把獵物抓出來吃掉。等到幾秒鐘後，下一波浪打來時，牠們又會再次被逼著奔回高處。除了三趾濱鷸之外，還有好幾種濱鷸，但大部分都待在泥灘地上，在泥灘覓食就不需要那麼緊張慌亂了。

### 美洲山鷸 American Woodcock　44

美洲山鷸是種非常特殊的鷸，通常棲息在樹林中，以嗅覺在土堆裡獵食無脊椎動物。與多數的鷸不同，牠們喜歡獨來獨往，行蹤隱密，要想見到牠們，最可靠的方法就是在春天時去野外聽聽公鳥的求偶展示聲。太陽剛落下，美洲山鷸公鳥就會離開林子前往附近的草地，向盯著自己瞧的母鳥炫耀一番。公鳥先是在地面上發出帶鼻音的嗶嗶聲，然後展開一段令人印象深刻的展示飛行：首先飛升到空中，在暮光襯托下，先盤繞再快速下墜，整個過程中都會「唱著」一種複雜、高音的鳴聲。事實上，那些聲音幾乎全都是由氣流高速通過狹窄的外側飛羽所發出的。

### 環嘴鷗 Ring-billed Gull　46

鷗或許是世上最多才多藝的鳥類了，在鳥類的鐵人三項競賽中，不管是游泳、跑步還是飛翔，都是奪冠熱門。有的鳥可能游最快，有的跑最快，有的飛最快，但在三方面都能像鷗一樣出色的可說絕無僅有，這樣的通才全能也讓鷗得以充分利用各種覓食機會。環嘴鷗是中型鷗，廣泛分布於整個北美大陸的水域周遭，也常在餐廳外以及購物中心的停車場徘徊，隨時等著撿拾人類掉落的食物吃。除了環嘴鷗，北美還有好幾種鷗，較常出沒於海岸地帶。

## 普通燕鷗 Common Tern　48

燕鷗跟鷗是近親，但是燕鷗的雙翼修長、嘴喙長而尖，飛行姿態優美飄逸，比鷗優雅太多了。多數種類的燕鷗只吃小魚，覓食時先在空中懸停，然後俯衝入水用嘴抓魚。大部分的燕鷗都會集體繁殖，且遷徙距離很長，在冬季會前往遙遠的南方尋找喜愛的食物。

## 紅尾鵟 Red-tailed Hawk　50

如果你身在北美，看到大型猛禽停棲在路旁或田野邊緣，那八成是紅尾鵟。紅尾鵟是鵟屬的一員，鵟屬猛禽是一群翅膀長而寬、體型相對較大的鷹類。紅尾鵟在開闊樹林和人類在市郊開闢出來的小片野地相當常見，主要以松鼠和小型囓齒類為食。有一對紅尾鵟甚至就在紐約曼哈頓的中央公園定居，這件事可出名了。紅尾鵟的嘯聲絕對能勾起你的回憶，因為這是電影、電視劇中荒涼的美國西部場景經常搭配的背景音，可惜畫面上帶出的通常是白頭海鵰或紅頭美洲鷲。

## 庫氏鷹 Cooper's Hawk　54

庫氏鷹是雀鷹屬的成員，專門獵殺小型鳥類為食。尾羽長，翅膀相對短而有力，是優秀的飛行大師，可以輕鬆穿越雜亂的樹枝和周圍的障礙。只要有雀鷹屬猛禽出現，小鳥就會發出警戒聲並驚恐地躲藏起來。野鳥餵食器的鳥群有時會突然一哄而散，通常就是附近來了一隻鷹。親眼目睹小鳥被鷹抓到可能會讓人怵目驚心，但請記住，捕食者在生態系裡扮演的角色相當重要。一項近期的研究發現，光是「捕食者可能會出現」這件事就會讓小型鳥種改變行為，待在離掩蔽處更近的地方。如此一來，在這些鳥避而不去的區域，獵物（比如昆蟲和種子等）就爭取到一線生機。因此，捕食者不但控制了獵物的族群量，也改變倖存者的行為，這一切都會對整個生態群落產生深遠的影響。

## 白頭海鵰 Bald Eagle　56

在 1970 年代，由於 DDT 的毒害，美國國鳥白頭海鵰的數量大減而瀕臨滅絕。幸好，在保育措施的推動下，目前白頭海鵰不但數量大增且分布廣泛。雖然全美各州都有可能看見白頭海鵰，他們仍然面臨許多威脅，包括鉛中毒。儘管白頭海鵰的嘴喙看起來很嚇人，但那從來不是用來攻擊或防禦的武器，爪子才是，嘴喙只是拿來撕開食物的工具。白頭海鵰基本上是清除者，會到處撿食容易取得的獵物（比如死魚），並在冬季時成群聚集在水壩等開放水域。若是你人在北美，可以問問當地的自然中心或寵物鳥用品店，或許附近就有很棒的海鵰觀察點。

## 紅頭美洲鷲 Turkey Vulture　58

紅頭美洲鷲跟兩種近親黑美洲鷲、加州神鷲都是大自然的清道夫，會在空中巡邏尋找動物屍體，一旦找到便會降落進食。美洲鷲具有多種演化特徵來適應這樣的生活型態：能夠乘著上升氣流及熱氣流飛行，幾乎毫不費力就能在空中停留數小時；優異的嗅覺能從空中尋找食物來源；光禿的頭部方便清理。另外，他們擁有特殊的腸道菌群，這些細菌對大部分動物來說都是有毒的。在美國，美洲鷲常被稱作「buzzard」，但在英國這個單字是指鵟這類猛禽。

## 美洲隼 American Kestrel　60

美洲隼是世界上體型數一數二小的隼屬猛禽，雖然跟遊隼是近親，但主要以蝗蟲跟老鼠為食。美洲隼在過去數量相當多，常在穀倉裡繁殖，但最近幾十年來數量下降，那暴躁的「killy killy killy」聲已經不再為人所熟悉。如今在野外還是偶爾能看到美洲隼，他們常停在電線或路邊的圍欄上，或是在田野上空懸停準備捕捉蝗蟲和老鼠，只是很少人能經常看到他們。我們還不清楚族群減少的原因，但有可能跟農耕地這種棲地環境縮減有關，或是人類在農田跟草皮上使用太多殺蟲劑，也有可能是因為巨大的枯立木越來越罕見，致使其築巢空間隨之減少。

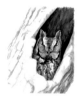

## 美洲鵰鴞 Great Horned Owl　62

不管你住在美國什麼地方，方圓幾里之內都有機會找到美洲鵰鴞。這種貓頭鷹已經證明自己具有強大的適應力，可以充分利用郊區大量的小型哺乳動物維生，基本上就是在紅尾鵟白天狩獵的地方上夜班。美洲鵰鴞是非常具有機會主義傾向的獵手。平均來說，他們的食物有九成是哺乳動物，但有些個體的獵物卻高達九成是鳥類，主要是雁鴨、棲息在開闊地區的中型鳥類和雛鳥（包括猛禽），甚至是比較小型的貓頭鷹。

## 東美鳴角鴞 Eastern Screech-Owl　64

東美鳴角鴞與非常相似的西美鳴角鴞在整個北美大陸的林地邊緣都很常見。大部分的貓頭鷹都在夜間活動，會找個隱蔽處休息一整天，而且常常每天都停棲在同一個地方，這也讓他們對於日間棲息時的干擾特別敏感。鳴角鴞身上的隱蔽色以及耳羽簇有助於偽裝，通常能讓他們融入背景環境，但有時候其他小鳥或松鼠還是會發現棲息中的貓頭鷹，這時貓頭鷹不免會受到小鳥的群聚滋擾（見第 123 頁下左）。如果你發現正在休息的貓頭鷹，請千萬不要干擾牠，觀察時記得保持距離並切勿久待。貓頭鷹羽毛具有軟綿綿的表面跟柔軟的邊緣，不像一般的羽毛那麼防水，所以貓頭鷹在雨中往往會淋濕。這或許是很多貓頭鷹以樹洞或濃密植被作為白天棲息點的原因。

### 火雞 Wild Turkey　66

北美洲的所有鳥類中，就數這種鳥跟人類的歷史關係最為複雜。火雞不但象徵新大陸上充滿自然氣息的廣袤森林，在全世界也是數一數二廣泛的家禽。1621 年，清教徒移民從英格蘭帶著馴養的火雞來到美洲時寫道：麻州境內「有大量的野生火雞」，但是到了 1672 年，僅僅過了 50 年，情況變成「野生火雞難得一見」，等到 1850 年時，不僅麻州，連整個美東大部分地區都已經完全看不到野生火雞了。多虧野生動物管理當局長期努力經營、森林復育，以及狩獵活動減少，一百多年後，火雞終於漸漸重返野地，族群量在二十世紀末期回升，如今甚至在美國郊區的庭院中也很常見。

### 大草原松雞
### Greater Prairie-Chicken　68

松雞是看起來有點像雞的雉科鳥類，幾千年來都是獵人的最愛。在野外，好幾種松雞現在已經非常罕見，有些甚至滅絕了。北美的石楠松雞（一般認為是大草原松雞的亞種）已經絕種，他們原分布於美國波士頓至華府之間的大西洋岸，那也是第一批歐洲人在北美建立殖民地的地區。到了 1830 年代，石楠松雞就已幾乎消失殆盡了，最後一個族群棲息在麻州的瑪莎葡萄園島（Martha's Vineyard），不過 1932 年之後就再也沒有人看過石楠松雞。

### 珠頸翎鶉 California Quail　70

美洲鶉跟雞、松雞、雉雞都有親緣關係，但不同於後三者屬於雉科，美洲鶉自成一科。好幾種美洲鶉在美國西南部的德州到加州境內都很常見，經常出沒在灌叢區的邊緣地帶，成小群在地面覓食（附帶一提，一群美洲鶉的英文量詞是 covey）。美國東部只有一種美洲鶉，即北美齒鶉，而且跟 50 年前相比已經沒那麼常見了。

### 野鴿 Rock Pigeon　72

野鴿無疑是北美洲最常見的鳥類，但並非北美的原生鳥種。幾千年前野鴿在中東地區由原鴿馴化而來，現在已經完全適應都市生活，數量繁多，全世界各大都市對他們都又愛又恨。在野外，野鴿棲息繁殖於懸崖峭壁，因此適應人工建物（比如大樓或橋樑）上的突出物對他們來說並不難。

### 哀鴿 Mourning Dove　74

哀鴿跟野鴿的親緣很接近，都是鳩鴿科的成員。跟旅鴿一樣，哀鴿也是北美分布極為廣泛的野鳥，從加拿大卑詩省到美國亞利桑那州再到緬因州，幾乎每家每戶的後院都有他們的身影。哀怨叫聲常常被誤認為是貓頭鷹在叫。哀鴿之所以如此普遍常見，原因之一在於幾乎整年都能繁殖，即便在北方寒冷氣候下亦然。在美國北方各州，大部分鳥種的繁殖季都不到兩個月，但是哀鴿可以超過六個月（從三月到十月），在南方甚至能夠延續更久。

### 棕煌蜂鳥 Rufous Hummingbird　76

北美西部常見的蜂鳥有好幾種（包括棕煌蜂鳥），但是到了東部，基本上就只有紅喉北蜂鳥是常見種。蜂鳥跟花朵是一同演化的，那些靠蜂鳥授粉的花卉往往是多年生植物，花呈管狀或圓筒狀，色紅而沒有強烈氣味。蜂鳥雖然能夠聞到氣味，但是以視覺來尋找花朵，也記得那些植物的位置，每年都會回去覓食。狹窄的管狀花冠可確保只有蜂鳥才能接觸到花蜜，此外，花朵也會調整花蜜的含量，好吸引蜂鳥多次前來，這樣就能增加授粉的機會。

### 藍喉寶石蜂鳥 Blue-throated Mountain-Gem 及
### 星煌蜂鳥 Calliope Hummingbird　78

星煌蜂鳥分布於北美西部山區，而藍喉寶石蜂鳥等多種蜂鳥的分布北界則落在正好跨過美墨邊界的美國西南部境內。蜂鳥是極端的鳥類，擁有鳥類世界中相較於身體而言最長的嘴喙與最短的雙腳，而且不能走也不能跳，一切移動只能靠飛行。這裡畫的是墨西哥以北體型最大與最小的蜂鳥，而南美洲還有更大型的蜂鳥（最大的是巨蜂鳥，體重跟歌帶鵐差不多），另外也有幾種更小的（最小的是古巴的紅頭吸蜜蜂鳥）。體型較小的蜂鳥（包括棕煌蜂鳥）每秒可以拍打翅膀超過 70 下，加起來每個小時振翅超過 25 萬次，只要飛個四小時就會超過百萬次。所以，一隻蜂鳥在一年之間拍動翅膀的次數就超過了五億次！

### 大走鵑 Greater Roadrunner　80

走鵑是美國西南沙漠地帶深具代表性的鳥種，雖然屬於杜鵑科，但大部分時間都待在地面，逼不得已時才飛行。他們的食性很廣，抓到什麼就吃什麼，從甲蟲、蜥蜴到蛇跟鳥，來者不拒。在現實生活裡，他們跟經典卡通（威利狼與嗶嗶鳥）塑造的形象恰恰相反，並不會跟郊狼起衝突。

## 胸帶魚狗 Belted Kingfisher　82

全世界的翠鳥科鳥類有一百多種，但美洲只有六種而已。這類鳥的中文多半叫翠鳥，有些叫翡翠或魚狗，但英文都叫「kingfisher」，這個字源自於英格蘭，那裡只有一種普通翠鳥，跟西半球的六種都以魚類為主食。其他翠鳥分布於亞洲、澳洲及非洲，主要棲息在森林及灌木叢生的地區，多半不吃魚，而是吃昆蟲跟其他小動物。眾所周知的笑翠鳥也是翠鳥科的一員。

## 和尚鸚哥 Monk Parakeet　84

和尚鸚哥原本分布於南美洲的溫帶地區，成為美國的外來種之後，即便在波士頓和芝加哥那麼北邊的地方也能生存。世界上有許多種鸚鵡都面臨滅絕的威脅，因為人們會去尋找鸚鵡巢，將巢中幼雛抓到市場上賣給人當寵物，對鸚鵡族群造成毀滅性的破壞。美國有很多種寵物鸚鵡從圈養的環境溜走，有些後來在南方城市的戶外倖存下來。諷刺又悲哀的是，逸出的紅冠亞馬遜鸚哥在美國南方的野外族群量居然比墨西哥原分布區的數量還要多。美國本土只有一種原生鸚鵡，那就是現已滅絕的卡羅萊納鸚鵡。

## 絨啄木 Downy Woodpecker
## 和毛背啄木 Hairy Woodpecker　86

美國跟加拿大各地的林子裡幾乎都能看到這兩種常見的啄木鳥，兩者皆常造訪餵食器，每每考驗鳥友的辨識能力。這兩種啄木鳥的外表之所以那麼像，可能是因為絨啄木在演化過程中逐漸形成毛背啄木的羽色。近期有研究也支持上述論點：科學家發現，體型較小的鳥種（在這個例子裡就是絨啄木）如果被其他鳥類誤認為較大型的鳥種（毛背啄木），前者其實是有好處的。也就是說，絨啄木是藉著看起來像毛背啄木來欺騙其他鳥兒，並在啄序[2]中獲得較高的位階。

## 黃腹吸汁啄木
## Yellow-bellied Sapsucker　88

真的有「黃腹吸汁啄木」這種鳥！全世界有四種吸汁啄木鳥，全都分布在北美洲。吸汁啄木鳥的名稱來自於一種特殊習性：在樹上啄出一排一排的淺洞，之後不斷回來飲用樹木流出的汁液，或捕食被樹汁吸引而來的昆蟲。牠們會啄出兩種樹汁孔，一種是較淺的長方形孔，另一種是較深較小的圓形孔，這些孔洞能讓啄木鳥充分利用不同深淺的樹木組織層，因為不同層在不同季節輸送的樹汁會有不同的營養成分。由於該區的其他鳥類跟動物也能前往這些樹汁孔享用樹汁，生態學家稱吸汁啄木鳥為「關鍵物種」或「基石物種」，如同拱頂的拱心石（或稱拱頂石），若是將吸汁啄木鳥從

生態群落移除，就會造成整個系統崩潰。

## 北美黑啄木 Pileated Woodpecker　90

這種跟烏鴉差不多大的啄木鳥，族群數量隨著美國許多州的大片森林復育有成而快速增加。話雖如此，牠們的密度還是不高，即便在最優質的棲地環境裡，每 2.6 平方公里也只有 6 對，因此賞鳥者每次看到這種鳥時總是相當興奮。北美黑啄木通常不會造訪野鳥餵食器，但有些個體或家族知道餵食器有板油餅[3]可以食用。北美洲現存的啄木鳥就數這一種體型最大，而且鮮紅的羽冠以及翅膀上的大片白色讓人一眼就能認出。在北美洲，只有象牙嘴啄木（目前認為已滅絕）的體型比牠們大。

## 北撲翅鴷 Northern Flicker　92

撲翅鴷是很不像啄木鳥的啄木鳥，常在草坪或院子裡四處跳躍，搜尋最愛的食物——螞蟻。就因為這種奇怪的習性跟醒目的紋路，很多人根本想不到撲翅鴷竟是啄木鳥。牠們在春夏之際相當嘈雜，會發出清脆響亮的 keew 聲，以及一長串的 wik-wik-wik-wik 聲。跟幾十年前相比，撲翅鴷現在已經沒那麼常見了，或許是因為繁殖所需的大型枯立木變少，螞蟻也減少，或是殺蟲劑用太多，但確切的原因我們還不清楚。撲翅鴷在大型枯立木上啄洞築巢，美洲隼等許多物種未來也能以這些洞為巢位。因此，撲翅鴷數量減少或許也會影響其他物種。

## 黑菲比霸鶲 Black Phoebe　94

大部分霸鶲都是森林、沼澤和濃密灌叢中不起眼的常見鳥類，不過有幾種卻偏好棲息在開闊處以及建築物周遭，包括菲比霸鶲。菲比霸鶲共有三種，都是小型的霸鶲，會在門廊和穀倉之類的人工建物上築巢繁殖。這三種菲比霸鶲在停棲時都有輕搖尾巴的習慣，也都會唱出柔和的「FEE-bee」哨音和其他變化，這也是「菲比」一名的由來。

## 西王霸鶲 Western Kingbird　96

王霸鶲是體型和膽量較大、羽色也較鮮豔的霸鶲，喜歡棲息在開闊地帶。牠們最有名的行為就是當領域跟巢區有入侵者闖入時，會毫不畏懼且帶有侵略性地加以防衛。相較於更大型的鳥類，王霸鶲飛行時動作較輕快靈巧，會從上方跟後方攻擊任何經過的猛禽，而且常飛去啄猛禽的後腦杓，如同圖中所示。王霸鶲會停棲在籬笆、電話線等曠野上顯眼之處，尋找大型飛蟲。

## 煙囪刺尾雨燕 Chimney Swift　98

煙囪刺尾雨燕發出的吱喳聲高亢尖銳，是春夏時節美國東部城鎮常聽到的聲音，但你怎樣就是看不到牠們停棲的身影。這些了不起的鳥兒整個白天都待在高空，夜裡則攀附在煙囪的內壁上。在煙囪問世之前，牠們在中空的大樹內棲息繁殖，甚至也會待在上方有樹枝保護的大樹幹上。然而這些雨燕究竟如何度冬仍是個謎。牠們一旦自九月啟程前往南美洲的度冬地，似乎就會一直待在空中，直到隔年四月回到原本繁殖的煙囪為止。近期研究指出，有幾種雨燕會在空中持續飛行達 10 個月之久。我們還不清楚牠們如何以及何時睡覺，但一項針對軍艦鳥的研究指出，軍艦鳥可以一次連續飛行數星期，在此期間，每天睡覺時間只有牠們能棲息時的 6%。煙囪刺尾雨燕跟其他鳥類一樣（見哀鴿，第 75 頁中），大腦可以一半入睡、一半警醒，但飛行中的軍艦鳥其實約有四分之一的睡眠時間是兩邊大腦同時入睡！

## 家燕 Barn Swallow　100

夏季的牧草地上，成群蚊蟲嗡嗡作響，燕子飛掠青草頂端，在田野上捕捉昆蟲。事實上，幾乎北美的每個穀倉都有燕子築巢，而且也很難找到不是築在建築物裡的家燕巢。自從穀倉在美國出現後，家燕馬上就適應了這種建築物，習慣在穀倉裡築巢繁殖，而人類跟穀倉在十九世紀如雨後春筍般快速遍布全美，或許是家燕的分布範圍得以大幅擴張的原因。

## 雙色樹燕 Tree Swallow　102

雙色樹燕跟其他燕子一樣，都是以飛行中捕捉到的昆蟲為主食，也就是說，空中要有大量的小昆蟲，且需要好天氣的配合。當空氣太冷或太潮溼時（比如寒冷的清晨或暴風雨期間），昆蟲無法飛行，此時燕子會大量成群停棲在蘆葦或灌叢內，以蟄伏的狀態來節省能量（見第 77 頁下左）。雖然牠們能夠好幾天不進食，但如果溼冷的天氣延續太久，也可能造成嚴峻的挑戰。

## 北美鴉 American Crow　104

整個北美大陸有好幾種烏鴉，智能在鳥類世界裡都名列前茅。「聰明才智」其實很難定義，也不容易對鳥類進行相關測試。不過，有個間接的方法可以測量智力，就是去看鳥類在不同環境下適應與繁衍的能力，也就是創新的能力。從這點來看，烏鴉跟渡鴉確實極具創新能力，也能理解交易的概念，而且懂得公平交易。在一項實驗中，研究者讓實驗操作人員跟渡鴉交易，有人採取「公平」的作法，以價值相等的物品去交易，其他人則「不公平」地用次級品。結果，這些鳥不但能夠記住不同的人會怎麼做，而且更樂意跟公平的人進行交易。

## 普通渡鴉 Common Raven　106

渡鴉跟烏鴉在分類上相當接近，智力相去不遠，也都有豐富的社交生活。鳥類是以嘴喙來保養羽毛，會經常理羽以確保羽毛清潔以及排列正確，但由於沒辦法用嘴去梳理自己頭部的羽毛，必須用腳，才能清掉羽毛上的碎屑並重新排好羽毛。有些鳥的爪子具有特化的梳狀結構，能更細緻地整理羽毛。渡鴉跟某些鳥都會互相理羽，這可能是維持頭部羽毛乾淨筆直的最佳方式了。

## 冠藍鴉 Blue Jay　108

這種色彩鮮豔醒目的鳥類在林地裡相當普遍，包括郊區以及市區公園，是美東地區野鳥餵食器上的常客。而在美西，同樣常見的是牠們的近親暗冠藍鴉。當保護色理論在 1900 年前後首次引發爭論時，冠藍鴉這種鳥就成了謎，人們很難想像，這麼艷麗的羽色怎麼會有助於隱藏行蹤呢？現在我們已經知道，羽色紋路的演化有許多原因，並不只是有利於偽裝。冠藍鴉頭部的圖案或許能夠破壞頭部輪廓，讓捕食者難以辨認，也搞不清楚牠們是在看哪邊，而翅膀跟尾巴的明亮白斑可能會讓捕食者在發動攻擊之前受到驚嚇而導致失敗。一項實驗發現，獵物的快速動作會使捕食者遲疑，如果再加上突然閃現的顏色，效果更加明顯。不安的冠藍鴉突然現出白斑並在瞬間飛走，可能會促使捕食者退縮，冠藍鴉因而得以逃離，得到一線生機。

## 加州灌叢鴉 California Scrub-Jay　110

美國西部跟南部有幾種親緣關係很接近的灌叢鴉，在野鳥餵食器上都是出了名的魯莽大膽，而且最喜歡吃餵食器裡的花生。跟其他藍鴉一樣，灌叢鴉似乎特別容易受到西尼羅病毒的感染，這種病毒在 1999 年傳入北美，之後就像其他入侵種一樣迅速擴散到整個北美大陸（見第 185 頁，歐洲椋鳥），不但對鳥類造成嚴重威脅，也是影響人類健康的重大問題。鳥類是西尼羅病毒的宿主，傳播者則是蚊子。一開始藍鴉跟很多鳥種的族群量都急遽下降，雖然有些鳥種的數量很快就恢復，但近期研究顯示，某些鳥種的數量還是在減少。

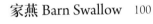

2. 譯註：即支配層級，此現象最早在雞群中發現；進食過程中高階者有優先權，低階者若違背便會遭啄咬，從而形成等第次序。

3. 譯註：板油一般指牛羊的硬脂肪，在美國的超市裡可以買到板油混合穀物、葵瓜子製成的板油餅，是專給野鳥吃的補充食物。

### 黑頂山雀 Black-capped Chickadees、高山山雀 Mountain Chickadees 及栗背山雀 Chestnut-backed Chickadees　112

　　山雀的好奇心強、膽子大，總愛呼朋引伴，不管在什麼地方，都是非常受歡迎且廣為人知的鳥類。山雀也是野鳥餵食器的忠實顧客，總是率先發現新設的餵食器。在北美，這幾種山雀的英文名字「chickadee」得自於鳴叫聲「chick-a-DEE-DEE-DEE」。那連珠炮罵人似的「dee-dee-dee」，是在宣告附近有捕食者，或是其他值得留意的事情。山雀跟很多鳥類一樣（但跟人不一樣），能夠看見紫外光。山雀公鳥跟母鳥在我們眼中都一樣，但在彼此眼中可是相當不同：山雀公鳥臉頰所反射的紫外線要比母鳥強多了。

### 橡木簇山雀 Oak Titmouse　114

　　簇山雀是山雀的近親，總共有五種，全都分布在北美洲，每一種的羽色都是灰色調，而且都有短羽冠。簇山雀的英文名 titmouse 結合了兩個中古英語單字：tit（小）和 mose（小鳥），是名副其實的「小小鳥」。早在 14 世紀，英格蘭就已使用「titmose」這個名字了。一兩百年後，這個字變成「titmouse」。又過了一兩百年，titmouse 簡化為「tit」。至今歐亞地區仍這麼稱呼山雀，比如 Blue Tit（藍山雀）。「chickadee」則是北美獨有的名稱，源自幾種山雀的獨特鳴叫聲。早期北美的歐洲移民也會用 titmouse 指稱山雀，比如奧杜邦在 1840 年的著作裡就是寫著「Black-capt Titmouse」（黑頂山雀）。

### 叢長尾山雀 Bushtit　116

　　在北美洲，叢長尾山雀是蜂鳥之外最小型的鳥類，比金冠戴菊還要小一些，五隻加在一起還不到 30 公克。在美國，牠們分布於西部幾個州的開闊灌叢及庭園，移動時幾乎總是成群結隊，數量可高達幾十隻，整群鳥不斷在灌叢跟樹木的葉片之間進進出出吱吱喳喳。儘管牠們乍看很像山雀，但兩者的親緣並不相近，叢長尾山雀的其他近親都分布於歐洲和亞洲。

### 白胸鳾 White-breasted Nuthatch 及紅胸鳾 Red-breasted Nuthatch　118

　　鳾跟啄木鳥一樣，絕大部分時間都抓著樹幹不放，不過兩者的相似處也僅止於此。鳾只用爪攀附在樹上，而且可以朝任何方向移動。牠們不會在木頭上啄洞覓食，而是在樹皮上慢慢找尋食物。造訪餵食器時，會迅速咬走種子，飛回原來棲息的樹上再進食。進食的時候，會先把種子塞進樹皮的縫

隙，再用嘴喙敲開，是貨真價實的「堅果（nut）破開者（hacker）」，英文名稱 nuthatch 顯然是由此而來。白胸鳾是留鳥，會終年捍衛自己的地盤，但紅胸鳾就不太一樣了，大部分在更北邊的地區繁殖，當北方森林裡雲杉跟松樹的種子數量減少時，紅胸鳾便會大舉南遷。

### 紅眼鶯雀 Red-eyed Vireo　120

　　鶯雀是小而不起眼的鳴禽，通常出沒於葉片濃密的植被中，因此相較於外表，大家往往更容易透過叫聲察覺牠們的存在。鶯雀跟鶯鴷並沒有親緣關係，但在加拿大南部跟美國度過夏季的紅眼鶯雀會南遷到南美洲的亞馬遜盆地度冬，所以都跟鶯鴷打過照面。

### 卡羅萊納鷦鷯 Carolina Wren　122

　　鷦鷯科鳥類主要分布在新熱帶區，其中僅有一種分布於舊大陸，而墨西哥以北的新大陸也只有幾種。由於大部分的鷦鷯都不遷徙，又以昆蟲為主食，因此分布範圍只限於溫暖的地區。鷦鷯有個非常明顯的特徵：嘹亮多變的歌聲。每隻卡羅萊納鷦鷯公鳥知曉多達 50 種樂句（歌曲片段），並在不同表演場合運用，讓配偶或對手留下深刻的印象。長嘴沼澤鷦鷯西部族群的公鳥甚至能唱出 220 部曲目呢！

### 金冠戴菊 Golden-crowned Kinglet　124

　　金冠戴菊是北美體型數一數二小的鳥類，比某些蜂鳥還小，體重跟五美分鎳幣差不多，但最北到加拿大境內也都能設法活下來。在白天，牠們大部分的時間（最高可達 85%）都在忙著覓食，入夜之後會找個遮蔽處，大約 10 隻擠在同一地點一起休息，而且會進入蟄伏狀態以節省能量。跟其他鳥類一樣，牠們的新陳代謝在冬季會加快，就像引擎加速運轉產生更多熱能，但是這樣也會消耗更多燃料。由於金冠戴菊是食蟲性鳥類，到了冬季就只能想盡辦法從樹皮跟樹枝搜尋蟲卵跟幼蟲。金冠戴菊在冬季每天可能至少需要八大卡熱量，聽起來好像不多，但如果要我們吃下相同比例的食物，那麼一個體重 45 公斤的人會需要六萬七千大卡，差不多等於每天要吃掉 12 公斤的花生或 27 個大披薩。英文說「eat like a bird」，是指吃得很少、食量很小，你覺得你是「小鳥胃」嗎？

### 旅鶇 American Robin　126

　　旅鶇在北美地區不但極為常見，也深受喜愛，無論是在加州的山麓地帶、內布拉斯加州的防風林，還是波士頓的郊區，都得其所哉。在美國，不管你家後院位於何處，只要

有草皮，就有機會看到旅鶇抓蚯蚓吃。據統計，一隻旅鶇一天之內吃掉的蚯蚓總長度可超過四公尺。早年的英國殖民者看到這種鳥的紅色胸部時，想起英國老家的一種庭院鳥——歐亞鴝，於是就以歐亞鴝的英文俗名「robin」來指稱旅鶇，但兩者在分類上分屬不同科，而且旅鶇的體型比歐亞鴝大多了。

### 黃褐森鶇 Wood Thrush　130

黃褐森鶇和幾種類似的鶇都跟旅鶇一樣屬於鶇科，不同的是，牠們主要棲息在密林裡，而且每一種都有奇特的歌聲。很多鳥會在夏天捍衛繁殖領域，這基本上有點像私人地盤，繁殖中的公母鳥會守護領域不受其他同類的侵犯。在理想的情況下，這片地盤可以供應成功築巢育雛的一切所需。牠們會依據自身需求盡可能地捍衛足夠的領域，因此在物產豐饒的地區，領域範圍會比較小，反之則較大。有幾種長程遷徙的候鳥（包括鶇）也會保護度冬領域，不過是各管各的，而不是夫妻共同防禦。無論冬天還是夏天，鳥兒的領域忠誠度都非常高，每年都會返回同一塊領域。黃褐森鶇可能終其一生都在同樣的夏季跟冬季領域度過，每年就這樣在這兩塊幾畝大、相隔二千四百公里的土地之間往返。

### 東美藍鶇 Eastern Bluebird　132

藍鶇的舉止斯文、羽色悅目，是非常討人喜愛的鳥類。牠們是鶇科的成員，跟旅鶇還有黃褐森鶇都是近親，不過除了羽色明顯不同外，還有以下差異：棲地選擇（偏好開闊的田野跟果園）、巢位（在洞裡築巢），以及社交網絡（移動時成五到十隻的小群）。牠們主要吃昆蟲跟果實，但近幾年來，有些藍鶇開始頻繁造訪野鳥餵食器，在那裡吃一些較軟的食物，比如板油餅、去殼葵瓜子跟麵包蟲。

### 北美小嘲鶇
Northern Mockingbird　134

小嘲鶇的英文是 mockingbird，意思是「為了消遣或嘲弄而模仿他者的小鳥」，名稱得自於鳴唱時會模仿其他鳥種的習性。當然牠們並不是在「消遣」或「嘲弄」其他鳥，模仿而來的鳴聲應該也沒有特殊意涵（雖然有證據顯示小嘲鶇知道牠們模仿的聲音來源是什麼），而只是利用多樣的聲音來炫耀自己的歌唱技巧。要想擴增曲目，複製聽過的聲音算是簡便的方法，而且也能讓其他小嘲鶇來評斷模仿的品質。平均而言，每隻小嘲鶇公鳥知道 150 種的聲音，也能在每次鳴唱時互相搭配。

### 歐洲椋鳥 European Starling　136

歐洲椋鳥原分布於歐亞大陸，1890 年引進紐約市後數量快速增加，1950 年代就擴散到太平洋岸，成為北美數量名列前茅的鳥類。由於數量越來越多，歐洲椋鳥漸漸侵占東美藍鶇與紅頭啄木等原生種的繁殖巢洞，導致原生種的數量下降。北美洲當地已將歐洲椋鳥列為入侵種，意思是擴散之後造成經濟損失或環境生態破壞的非原生物種。但歐洲椋鳥並不是壞蛋，牠們只是適應人類創造的環境並大肆繁衍擴張罷了（見第 161 頁上）。其實早在歐洲椋鳥抵達之前，就已經有其他入侵物種改變北美大陸的生態，比如美國原本有些地區沒有蚯蚓，外來種蚯蚓入侵之後影響了土壤的化學性質及結構，從而大幅改變了植物群落。美國人每天在後院跟路邊看到的植物大多是從其他地方引進的，像是蒲公英、藥鼠李、多數的忍冬、野葛、矢車菊等等，還有好幾百種昆蟲，包括白粉蝶（紋白蝶）以及蜂農飼養的蜜蜂。人類對生態的負面影響當然更大。自 1960 年代以來，歐洲椋鳥在美國的數量遽減，可能是農耕方式改變所導致，現在牠們造成的衝擊已經大幅降低了。

### 黃腹太平鳥 Cedar Waxwing　138

太平鳥的英文叫 waxwing（中文直譯是「蠟翅」），原因是牠們翅膀內側的飛羽末端有小紅點，早期博物學家看到後，聯想到用來彌封重要信函的紅蠟，故以此命名。其實那些紅點不是蠟，而是角蛋白（跟飛羽的其他部分是相同物質）所形成的扁平堅硬尖端再加上紅色色素。由於太平鳥的主食是果實，加上過著四處遊走的生活，所以一年之中的大半時間都會成小群活動，尤其整個冬季都在不斷移動尋找果實，找到之後就會在那兒待到果實吃光，然後再繼續遊盪尋找下一餐。在加拿大的薩克其萬省，研究人員曾為一些黃腹太平鳥做上記號再野放，後來分別在美國加州、路易斯安那州和伊利諾州發現蹤跡。還有一隻太平鳥曾經從安大略省飄蕩到奧勒岡州，另一隻則是從愛荷華州晃到卑詩省去。

### 黑喉藍林鶯
Black-throated Blue Warbler　140

有些鳥種在北美繁殖，然後到亞熱帶跟熱帶美洲度冬，在這些來自新熱帶區的夏候鳥裡頭，森鶯是數量最多、最醒目、最多樣化的一群。每年春天，北美的賞鳥者總是會引頸期盼森鶯的到來，尤其是在北美東半部，當這些候鳥同時大量抵達時（北美鳥人會用「fallout」這個字來形容，原意是「落塵」），一次就能看到 20 種以上色彩鮮豔繽紛的森鶯。大多數的森鶯只有不到 10 公克重，這也讓牠們的跨洲長途旅行顯得更加了不起。黑喉藍林鶯通常棲息在濃密潮溼的下層植被，通常由山月桂或杜鵑花屬植物所組成。大多數森鶯都只偏好少數特定類型的棲地，這讓牠們的族群岌岌可危，因為即便是些微的氣候轉變也會改變植物群落。

## 白頰林鶯 Blackpoll Warblers、黃眉林鶯 Townsend's Warblers 以及黑枕威森鶯 Hooded Warblers 142

北美洲的森鶯科鳥類有五十多種，羽色跟花紋可說變化多端，而這些多樣性的關鍵就在於黑色素。森鶯是出了名的好動外加羽色鮮明，已故鳥類學家法蘭克·查普曼（Frank Chapman）形容牠們是「小巧玲瓏、引人入勝的樹梢精靈」。對於森鶯，我們總把注意力放在由類胡蘿蔔素色素所形成的紅、橙、黃色，這些顏色可能是鳥兒健康狀況的指標（見第 163 頁中）。除了上述顏色之外，黑色羽毛也是多數森鶯外表的重要特徵。大片的深黑色形成強烈的視覺衝擊，而且在黑色的襯托之下，黃色跟橙色顯得格外鮮豔明亮。近年研究發現，較健康的鳥兒會長出較黑的羽毛，這並不是因為具有更多黑色素，而是羽毛本身的微結構使然。簡單講，更多的羽小枝以及更一致的羽毛結構能產生更黑的外觀，在此情況下，黑色素形成的紋路差異可能是鳥類健康狀況的重要信號。

## 猩紅比蘭雀 Scarlet Tanager 144

色彩鮮豔的比蘭雀主要棲息在森林的樹冠層，體型比森鶯大，嘴較粗厚，過去屬於唐納雀科（或稱裸鼻雀科），但目前分類則屬紅雀科，是紅嘴紅雀的親戚。猩紅比蘭雀這種遷徙距離很遠的鳥種，生活週期都遵循嚴格的時間表：春季北返之後馬上築巢繁殖，而在繁殖之後到秋季南遷的短短幾週內，必須換掉全身的羽毛。鳥類對於時序相當敏銳，跟時間的關係也很複雜。我們已經知道某些基因跟時間週期有關，此外，鳥類體內具有多種光感測器，會根據白天的長度來同步校準年度週期跟日週期，這些都能讓鳥兒準時啟動或結束遷徙，也讓牠們能夠根據日期和緯度來調整遷徙方向和速度。時間感對於鳴唱等日常活動來說，同樣至關重要。

## 紅嘴紅雀 Northern Cardinal 146

紅雀的英文名叫「cardinal」，這是因為其羽色跟羅馬天主教會樞機（cardinal）的大紅色禮服一樣，故得此名。在春夏繁殖季時，人們常可看到紅嘴紅雀的雄成鳥餵食雌成鳥，其實公鳥是在展示自己有能力找到足夠的食物與配偶分享。在北美上個世紀郊區都市化的過程裡，紅嘴紅雀獲益甚多，郊區的開闊草坪不但散生著灌木跟喬木，還有許多野鳥餵食器，牠們就是在這樣的地景環境中繁衍興盛。1950 年，紅嘴紅雀分布的北界只到伊利諾州南部和紐澤西州，但現在最北到加拿大南部，一年四季都能在野鳥餵食器發現這種醒目的訪客。

## 紅胸白斑翅雀 Rose-breasted Grosbeak 148

跟紅雀同科的紅胸白斑翅雀遷徙距離相當長，繁殖區幾乎遍布全美以及加拿大南部，度冬地則是在中美洲。鳥為什麼要遷徙呢？遷徙有許多不利的因素：危險、非常耗費能量，而且需要極端的演化適應才能辦到。甚至連大腦的尺寸都跟遷徙習性有關，因為大型的大腦會消耗巨大的能量，跟長途遷徙的需求相牴觸，因此候鳥的大腦平均來說偏小。不過，全世界約有 19% 的鳥種、難以計數的鳥兒每年都會遷徙，飛到競爭較少、食物豐盛的地方去繁殖。基本上，牠們就是為了獲得便宜的食宿而千里迢迢飛到遠方。完成這趟旅程並不容易，但這筆交易值得飛那麼遠的距離，而且旅程耗費的能量之後在北方的夏季都能補回來。

## 白腹彩鵐 Lazuli Bunting 和靛藍彩鵐 Indigo Bunting 150

分類上跟紅雀、白斑翅雀都屬同一科的彩鵐，外型很像小型的雀，喜歡棲息在樹籬跟長滿灌木的邊緣地帶。彩鵐具有非常明顯的雌雄二型性，意思是說公鳥跟母鳥的外表大不相同。近年研究指出，這種現象跟遷徙有關。在具有遷徙性的鳥種裡，超過四分之三具有雌雄二型性，留棲性鳥種則是超過四分之三的種類沒有這個特徵。不遷徙的鳥在配對之後整年都會待在一小塊領域內，公母鳥通常會一起分擔護巢跟育雛的工作。至於會遷徙的族群，雌雄則扮演不同角色：公鳥會先抵達繁殖區並建立領域，母鳥晚幾天到達後便開始挑選配偶。最具吸引力的公鳥更有機會且更快受到母鳥青睞，因此越漂亮的羽色便越能在演化的過程中保存下來。而當母鳥的責任從防禦地盤轉移到生兒育女時，單調樸素的羽色反倒是個優勢，因為能提供母鳥更好的偽裝，而且長出這種羽毛所需的能量較少，母鳥就能擁有較多的資源來滿足遷徙跟產卵的需求。

## 峽谷地雀鵐 Canyon Towhee 152

北美洲的不同地區有好幾種地雀鵐跟唧鵐（牠們都是體型比較大的雀鵐科鳥類），其中有兩種全身大致是褐色，經常出現在美國西南部和加州的郊區庭院。棲息在沙漠地區的鳥類經過演化之後，相當擅長保持涼爽跟保存水分，雖然幾乎沒水也能活下去，但多少還是需要一點水。在一天最炎熱的時段，這些鳥兒會大幅減少活動，並盡量待在陰影下休息，至於覓食跟找水喝這些活動主要在晨昏時刻進行。很多沙漠鳥類會維持長期的配對關係，然後整年都待在固定的領域，藉此減少耗神費力的展示活動，而且打鬥行為也相對罕見。此外，這些鳥兒有許多機制可以避免鳥蛋跟幼雛受到熱傷害，也發展出許多提供水分給幼雛的方法。儘管如此，在沙漠中生存仍然充滿挑戰。最近有項關於未來氣候狀態的研究指出，沙漠地區的氣溫如果持續升高，許多鳴禽（特別是較小型的鳥種）將無法在這種環境下存活。

### 暗眼燈草鵐 Dark-eyed Junco 154

冬天時，幾乎每個在加拿大南部跟美國的野鳥餵食器都有暗眼燈草鵐造訪，不過牠們的羽色可能會因為地區的不同而有相當大的差異。圖示的這三隻都是暗眼燈草鵐公鳥，卻展現出明顯的地區差異，這種因地區不同而呈現外表差異的族群就稱作亞種。烏灰燈草鵐（上）主要分布於洛磯山脈以東，奧勒岡燈草鵐（中）分布於美西，而灰頭燈草鵐（下）則是分布於洛磯山脈南部。演化是個持續進行的過程，因此分布在不同地區的同一種鳥，可能會因為不同的選擇壓力而產生分化（也就是演化出不同的特徵）。要是時間夠長、分化夠多，這些族群就會成為不同的物種。以暗眼燈草鵐這個例子來說，我們看到的這些差異全都是從上一次冰河期就開始演化了，那差不多是一萬五千年前。這些亞種的外表明顯不同，但叫聲、行為都相同，而且似乎也把彼此看成自己人，在各自分布區的交界處都能發現雜交個體（這點最為重要）。像這種我們能夠分辨，但鳥兒本身好像覺得沒什麼差別的地區性差異，就會被當成亞種（見第 159 頁下）。

### 白冠帶鵐 White-crowned Sparrow 156

白冠帶鵐是美西最為人熟知的雀鵐科鳥類，冬天時會成大群聚集在雜草叢生的地區。雀鵐的種類相當多，絕大多數的羽色都是褐色調加上縱紋，喜歡在地面或靠近地面的環境棲息活動。大部分小型鳴禽都是在夜間遷徙，旅程因而更令人歎為觀止，也更神祕。在晚上飛行遷徙的優點可能有：夜裡空氣較穩定；氣溫較低，意味著鳥兒呼吸時流失的水分較少；較少捕食者出沒；夜間用來幫助導航的星空比較明顯；白天可以留著用來進食補充能量。日落之後鳥兒便會啟程，爬升飛上高空後再連續飛行好幾個小時，但鳥類到底是如何決定要在哪個晚上飛行？這問題說來複雜，整體而言，白天的長度變化會觸發鳥類的激素分泌，導致生理變化，進而增進鳥類想要遷徙的衝動和能力。即便是人類豢養的個體，在春秋過境期也會表現出想要遷徙的焦躁，包括坐立不安、夜裡跳上跳下等躁動行為。每天晚上，鳥兒都會檢查自己的身體狀況、脂肪儲備量、當前氣溫及溫度變化趨勢、風向風速、氣壓變化、天氣展望、日期、目前所在位置等等，將上述所有因子進行複雜的評估之後，才會決定是否啟程飛行。在目的地未知的情況下於夜間起飛是有風險的，但是在原地等候說不定風險更大（見第 23 頁上）。

### 歌帶鵐 Song Sparrow 158

這是庭院跟樹籬中相當常見的雀鵐，尤其在美國東部。很多人在春天跟初夏時會看到鳥兒攻擊窗戶，那隻鳥並不是隨便往玻璃飛過去，也不是想要飛進屋裡，而是要去攻擊自己在玻璃上的倒影。因為看到反射面（汽車後照鏡常常也是攻擊目標）所顯現的倒影，加上繁殖季分泌的激素導致攻擊性和領域性增加，牠們覺得自己的倒影八成是來踢館的對手，當然要上前捍衛地盤，並且堅持不懈（但終究徒勞無功）地驅逐入侵者。你可以（從外側）遮擋玻璃以消除倒影，但通常那隻鳥會飛到另一扇窗並繼續攻擊玻璃上的倒影。如果你只是不希望牠攻擊窗戶然後吵醒你，那麼遮蓋住一兩扇窗戶大概就夠了。隨著繁殖季節進入尾聲，鳥類的領域性逐漸降低之後，這種攻擊行為應該會在數星期內逐漸減少。

### 家麻雀 House Sparrow 160

家麻雀原產於歐亞，雖然英文名跟美洲原產的幾種雀鵐一樣都有 sparrow，但彼此的分類關係並不密切。家麻雀是世上最為成功的鳥種，除了南極大陸，每個洲的許多城市都有牠們的蹤跡。牠們跟烏鴉和歐洲椋鳥一樣具有超強的適應能力，能夠善用其他鳥兒無法利用的機會，大肆擴張分布範圍。家麻雀一年到頭都成小群生活，這或許是牠們如此成功的秘密——群體比單一個體更容易解決問題。許多動物都有這種現象，從人類到鳥類都是如此。當面臨到像是「難以獲取的食物來源」這種難題時，一群鳥可能會各自以略微不同的方法加以嘗試，如果有隻鳥解決了問題，其他成員就能學習那隻鳥的作法，進而每隻鳥都能吃到東西。一項研究發現，把 6 隻家麻雀分成一組，則解決問題的速度比 2 隻一組還快 7 倍，來自城市的家麻雀也比鄉下的家麻雀更能解決問題。儘管家麻雀是如此成功，近幾十年在全球的數量還是不斷下降，據推測跟小型農場及牲畜減少，還有交通工具從馬匹轉變成汽車有關。

### 家朱雀 House Finch 162

這些身上有縱紋的小型雀是餵食器上的常客，經常在居家周遭出沒，是名副其實的「家」朱雀。若是發現有小型雀在你家窗台、門廊下方或耶誕花環上築巢繁殖，別懷疑，就是家朱雀。家朱雀雄成鳥的頭胸部是鮮紅色，母鳥則是全身褐色帶縱斑，完全沒有紅色。在美國，家朱雀原本分布於西部，後來才在美東開疆拓土建立族群。據說在 1939 年時，紐約長島有間寵物店的老闆得知飼養原生鳥種是非法行為後，就把手上的幾隻家朱雀給放生了。家朱雀就從那幾隻開始繁衍，橫掃整個美東，後來跟原生於西部但往東擴張的族群會合，現在整個美國從東岸到西岸都有家朱雀的身影了。

## 暗背金翅雀 Lesser Goldfinch　164

許多人（恰如其分地）稱北美洲的金翅雀為「野金絲雀」，他們是羽色鮮黃、非常顯眼的鳥類。美國各地都有北美金翅雀的蹤影，暗背金翅雀則只分布在美西地區。所有金翅雀都是野鳥餵食器的常客，整群鳥常占滿餵食器的棲架，安靜地在那兒待個幾分鐘，埋頭啃食種子。大部分候鳥都是獨自遷徙，但金翅雀在非繁殖季會成群移動，而且有證據顯示這樣的群體會一起生活好幾年。歐洲有項針對黃雀（北美金翅雀和暗背金翅雀的近親）的繁殖研究發現，在多筆回收紀錄中，有些鳥兒在繫放一個月後又一起被捕獲，其中最久的超過三年，最遠的距離超過一千兩百公里。

## 刺歌雀 Bobolink　166

刺歌雀、草地鷚、黑鸝、擬鸝等全都是同一科的鳥類。他們棲息在開闊的草地和牧場上，歌聲讓人想起夏日的牧草地。這幾種鳥都要在干擾極少（比方說沒有人去遛狗）、大片開闊的高草田野才能築巢繁殖，但在許多地區，符合這些條件的田野變得很少，刺歌雀跟草地鷚的數量也跟著減少。幸好在北美大平原跟其他保有大片牧草地的地區，他們還是相當常見。離開繁殖地後，刺歌雀會成群遷徙到南美洲南部的草原度冬，遷徙距離在鳴禽之中可說是數一數二。

## 橙腹擬鸝 Baltimore Oriole　168

許多種擬鸝會往北飛到北美洲繁殖，不過大部分都是終年待在中南美洲的留鳥。遷徙習性的演化適應相當快速，即便是同一種鳥，遷徙跟留棲族群的變化也可能相當大。長期以來，人們都認為遷徙行為是比較近期才出現的特性，是原先居住在熱帶的留鳥祖先逐漸增加季節性北飛所造成。最近有項研究認為，遷徙行為曾隨著不同物種的演化而多次出現又消失。此外，許多目前分布在熱帶美洲的留棲性鳴禽，原本都是候鳥。若此，那表示原先在北美繁殖、在熱帶度冬的鳴禽中，有些鳥入春後不會一路飛回北方，而是留在熱帶或副熱帶地區繁殖。之後由於漸漸跟遷徙的族群產生隔離，留在熱帶的族群便逐漸演化成另一個物種。

## 褐頭牛鸝　Brown-headed Cowbird　170

褐頭牛鸝（與黑鸝同科）採用的繁殖策略稱作「托卵寄生」。他們把蛋下在其他鳥種的巢中，之後的孵蛋跟育雛工作就全交給不知情的養父母。養父母會一直照顧牛鸝寶寶，即便牛鸝寶寶體型都比自己大了，仍會繼續照顧。人們會忍不住批評牛鸝，他們有些行為看起來不但殘忍而且根本就是犯罪，但是我們必須小心防範，不要把人類的價值觀投射到自然界。牛鸝母鳥並非有意識地決定把蛋生在其他鳥種的巢裡，這只是演化出來的策略，母鳥會替自己的下一代尋求所有有利的條件。這是了不起的繁殖策略，而且對牛鸝來說也確實非常有效。

## 普通擬八哥 Common Grackle　172

在洛磯山脈以東的北美大陸，普通擬八哥是郊區跟鄉間極為尋常的鳥種，體型大而健壯，是有什麼吃什麼的機會主義者，甚至連其他小型鳴禽的蛋跟幼雛也會抓來吃。跟烏鴉及褐頭牛鸝等鳥種一樣，擬八哥會以玉米等穀類為食，因此人類的農業活動基本上是一大助力，讓族群數量得以增加，進而對周遭其他物種產生更大的衝擊。但這並非普通擬八哥的錯，也沒必要因此就貶損他們那帶有金屬光澤的光輝羽色。

## 紅翅黑鸝 Red-winged Blackbird　174

在美國，只要有水跟濃密的蘆葦或灌木叢，就能找到紅翅黑鸝。路邊的排水渠道裡有一小片香蒲或柳樹，就相當適合黑鸝繁殖。較為廣闊的草澤地會有數以百計的鳥巢比鄰而居。紅翅黑鸝的公鳥最早在二月的第一個溫暖日子就會回到繁殖領域並開始大聲宣示，即使在北方的新英格蘭地區也是如此。正所謂「春神來了怎知道？紅翅黑鸝來報到！」

# What to do if...
# 遇到這些狀況時，該怎麼辦呢？

## 鳥撞到窗戶 [1]

儘管你已經極力避免，但如果還是發現有小鳥撞到窗戶暈倒，請輕柔地把鳥撿起來，安置在紙盒或紙袋內，確保紙盒或紙袋蓋好或綁好，然後放在安靜、溫暖的地方，讓鳥在黑暗中休養。很多鳥在一小時內就會清醒。不要在屋內打開紙盒，連打開小縫看一下都不要（或參閱下文：鳥飛進房子裡）。

如果你聽到盒子或袋子裡有刮擦聲或拍翅聲，表示鳥或許可以野放了。這時請將容器帶到屋外再打開——希望那隻鳥可以立刻飛出去。如果沒有，就讓牠在暗處多待一會兒。不用急著給牠們食物或水，小鳥幾個小時不吃不喝並不會有太大問題。如果那隻鳥需要進一步的照顧，你應該尋求地方上專業野生動物救傷復健單位的協助 [2]。如果那隻鳥沒能撐過去，請參閱下文：發現小鳥死去。

## 鳥不斷飛去攻擊窗戶

這跟不小心撞上窗戶（見上文）是兩回事，通常不會對鳥造成傷害。小鳥有時候會把自己的倒影誤認為競爭對手，徒勞無功地不斷試圖驅離「入侵者」（見第 187 頁歌帶鵐）。

## 啄木鳥跑來啄你家的房子

首先，弄清楚那隻啄木鳥在做什麼（見第 87 頁右）。如果牠是在覓食，你可能要請專業人員來查看房子的牆壁是不是有蛀蟲之類的問題。如果牠是在敲擊或挖洞，這種行為應該會在幾週後逐漸減少，在此期間，你可以試著吊掛一些東西避免啄木鳥靠近，比如懸掛帆布防止牠接近木頭、綁反光緞帶或 CD 把牠嚇走，諸如此類。啄木鳥通常會去啄外牆採用自然色系的房子，在某些極端狀況下，把房子外牆漆成不同的顏色也是個解決方案。

## 鳥在你家門廊築巢

有幾種鳥類會在門廊或窗台之類的地方築巢，如果發現鳥巢，請盡量不要打擾，給牠們多點隱私，尤其在剛開始築巢的階段。然後把握機會觀察牠們完整的繁殖過程（見第 128 頁中）。

## 鳥飛進房子裡

闖入建築物的鳥會一直想要尋找出口，並且往有陽光的地方飛去，然後在窗邊撲打玻璃（或直接撞上去）。要是你在那房間裡，而且就站在鳥跟出口之間，牠可能會向你飛過去，不過請放心，那隻鳥只是想找地方離開，不是要攻擊你。

這時動作請盡量放慢、放輕，以免驚嚇到鳥。先關上門，把鳥留在原本的房內，不要讓牠亂飛到屋子的其他空間，接著打開房間所有的對外門窗，讓鳥比較容易找到出口。如果可以，打開上方的窗戶。要是有些窗戶不能開，請拉上窗簾或放下百葉窗，讓陽光只從打開的門窗透進來。

如果你直接靠近那隻鳥，牠可能會飛走，因此請你試著把牠往出口驅趕，但不要擋到牠的飛行路徑。你可以張開雙臂讓自己看起來更龐大，這樣能避免鳥兒從你身旁飛過，但就像前面所說的，動作不能慌張急躁，要慢慢來。如果鳥兒飛到窗戶邊撲打玻璃，而你又能抓到牠，請輕柔而確實地抓好，立刻帶到窗口放飛。

## 發現小鳥死去

會被人發現的死鳥，死因往往都與人類有關，比如撞到窗戶玻璃、被車撞死、被貓獵殺等等。你看到的死鳥通常不是病死的，但還是要小心處理，事後也要清洗雙手。

在美國境內，根據法規，若無相關許可而私自持有原生鳥類或其身體的任何一部分（如羽毛），基本上都違反法律。

1. 譯註：更多相關資訊可參閱「野鳥窗殺博物館」網站，或是臉書社團「野鳥撞玻璃回報」。
2. 譯註：臺灣地區的讀者如需相關協助，請洽詢臉書社團「台灣野生鳥類緊急救助平台」（需先加入社團，並請依照規定之格式發文）。

大多數情況下，你只需簡單處理屍體即可：埋起來或丟進垃圾桶。如果你知道有哪個單位（比如博物館或大專院校）想要收集鳥類屍體做標本進行研究，也可以這麼做[3]：先用紙巾或報紙小心包裹鳥屍，放進塑膠袋中密封，記得一定要附上紙條，註明你是在何時何地以及什麼情況下發現鳥屍，再放到冷凍庫，最後去洗手。

## 發現鳥寶寶

採取任何動作之前，先記住兩個重點：

● 首先，多數的鳥寶寶並不需要任何幫助，最好的幫助就是放著不管，這原則十次有九次都適用。幼雛通常不需要救援。（見第 105 頁中）
● 其次，在美國私自持有原生鳥類是違法的，而且原生鳥種並不適合當寵物。只有經過專業訓練並擁有合格證照的野生動物復健員才能照養傷病鳥類或失親幼雛。

---

### 狀況評估

如果鳥寶寶看起來像這樣：

這是已經長出飛羽的幼鳥，一般正是準備離巢的階段，幼鳥的雙親可能就在附近，最好不要靠近。如果你靠近這隻幼鳥時一直聽到尖銳的叫聲，或是看到成鳥在你身邊飛來飛去，可能都是親鳥在保護幼鳥。你最好離開現場，讓親鳥處理就好。不要在幼鳥附近放置食物或水，這不但沒有幫助，還可能引來捕食者。

只有下列幾種狀況，你的介入才對小鳥有幫助：

● **練飛中的幼鳥命懸一線**，像是即將被貓狗攻擊或汽車撞到等。如果你確定那隻鳥當下正處於危險之中，只要出聲把牠趕到安全的地方，或是輕輕撿起來移到安全的地方就好，比如灌木叢或樹枝等高處。

● **幼鳥明顯受了傷**（比方說是你的貓或狗咬來的）。假如是輕傷，而且這隻鳥還能站能跳，那麼讓牠跟親鳥待在野外可能是最好的作法。先把牠帶到戶外，然後在灌叢或矮樹找個相對較高且隱密的地方安放，親鳥會來找牠。如果是重傷，請聯絡在地野生動物救傷單位。

● **幼鳥迷路或失去親鳥照顧**。首先，你發現的通常不是失去雙親的小鳥，親鳥可能就在周遭，所以第一步是看看親鳥是不是還在附近。先找個地方待著（比如待在家裡），要確定親鳥不會因為你在那兒而不敢前來，然後觀察至少兩小時。記得要持續觀察。親鳥會偷偷摸摸接近幼鳥，而且帶食物給幼鳥多半只需幾秒鐘。要是觀察後確定那隻幼鳥確實是孤兒，請聯絡在地野生動物救傷單位。

如果鳥寶寶看起來比較像這樣：

這是落巢（從巢裡掉出來）的雛鳥，年紀非常小，無法站立。如果你能找到並搆得到鳥巢，可以直接把牠放回巢裡。要是找不到巢或是放不回去，可以做一個巢來暫代，然後盡可能放在原本那個巢的附近。拿個小盒子或碗狀物，裡頭鋪上紙巾，應該就可以。把雛鳥放進去後，從遠處觀察，看親鳥是否有回來。

要是以上的步驟你都做了，還是確定雛鳥需要你伸出援手，請讓牠保持溫暖乾燥，並聯絡在地野生動物救傷單位。

3. 譯註：臺灣地區的讀者如需更多相關資訊，請參閱「臺灣動物路死觀察網」，點選參與指南 >> 寄送。如需諮詢協助，請洽詢臉書社團「路殺社」。

# Becoming a birder
# 成為賞鳥者

賞鳥的入門訣竅無他，唯好奇心而已。傳統上認為，一本野鳥圖鑑跟一副望遠鏡是賞鳥的基本需求，而且等你越來越投入，這些東西會變得不可或缺。但是在二十一世紀的今天，網路上可以找到許多資訊以及實用的討論群組[1]，而且很多人現在是用數位相機開始賞鳥，而不是望遠鏡。

如果你想盡快增進賞鳥功力，就要成為積極投入的觀察者——畫素描、寫筆記、寫詩、拍照等，任何能讓你在賞鳥時看得更仔細、更久一點的活動都好。最好的方法是問自己問題：為什麼那隻鳥會做出那種行為呢？這種鳥的嘴型跟其他鳥相比，差別在哪裡？你注意到越多，學到的也會越多。

養成賞鳥的好習慣：將自己對鳥類行為的衝擊降到最低。貓頭鷹對於干擾特別敏感（見第 180 頁東美鳴角鴞），但不只貓頭鷹，我們應該盡量減少對所有鳥類的干擾。

## 鳥類辨識

成功辨識鳥種的關鍵之一在於注意鳥種的差異性跟相似性（見第 37 頁上）。要特別留意鳥的外型（尤其是鳥喙）、習性以及顏色，並記住哪些種類在分類上是近親。

瀏覽本書之後，你應該可以對鳥喙的各種形狀有個基本概念。想想鳥類的覓食習性，你很快就能察覺各種喙型的利用模式（見第 41 頁和第 149 頁）。

也要注意鳥類各方面的外型，比方說有沒有看到頭冠（見第 147 頁上），或是不同的翼型（見第 99 頁中）等等。

鳥類的習性是辨識物種的另一項有力線索。舉例而言，紅頭美洲鷲飛行時左傾右晃是重要特徵（見第 59 頁下），跟多數鳴禽的波浪狀飛行非常不一樣（見第 163 頁上），也跟燕子那種流暢優雅的飛行方式截然不同（見第 101 頁中）。鶇鶯的招牌動作是尾巴上翹（見第 123 頁上），而菲比霸鶲則是會習慣性地搖動尾巴（見第 95 頁上）。

想要辨識相似鳥種，羽色是其中一個非常簡單的方法。黃嘴紅雀跟紅嘴紅雀在分類上是非常相近的兩種鳥，但羽色卻有差別（見第 147 頁左下）。本書提到的三種山雀，差別主要在於羽色紋路（見第 112 頁）。雜色鶇跟旅鶇同屬鶇科，而且身上都有類似的橘紅跟灰色，不過許多羽色紋路的細節並不一樣（見第 127 頁下）。

有親緣關係的鳥種都有一些基本的相似之處。例如，所有的啄木鳥在爬樹時都會用堅硬的尾巴來支撐（見第 91 頁上）。鳾也很會爬樹，但就不會用尾巴支撐（見第 118 頁）。在某些情況下，沒有親緣關係的鳥種在面對同樣的挑戰時會演化出類似的解決之道。美洲旋木雀就演化出跟啄木鳥一樣的攀爬方式以及堅硬尾羽，但兩者並不是同一類的鳥（見第 89 頁下）。

1. 譯註：網際網路固然提供了大量資訊，但內容正確性參差不齊向來是一大問題。讀者若有賞鳥或鳥類知識的相關問題，除了本章前面幾個譯註所提及的網路社群外，也可加入臉書社團「鳥類聊天小站」發文討論。

# Acknowledgments
# 致謝

這本書有很多內容都仰仗日益增加的科學研究發表成果，這些研究人員致力於提升我們對鳥類以及大自然的認識，如果沒有他們的好奇與奉獻，我無法完成這本書。其中有些人名列資料來源的論文作者，另外還有成千上萬的研究人員同樣藉由相關研究增進我們現今的鳥類學知識，我謹在此對他們全體表達誠摯謝意。

感謝下列人士替我解答疑惑、提供參考資料、閱讀初稿等等，這本書能夠完成，這些人可說功不可沒：Kate Davis、Lorna Gibson、Jerry Liguori、Klara Nordern、Danny Price、Jeff Podos、Richard Prum、Peter Pyle、J. Michael Reed、Marj Rines、Margaret Rubega、Mary Stoddard、Luke Tyrrell 以及 Joan Walsh。

我要特別感謝下列這三位，在本書寫作計畫的各個階段，他們投入許多額外的時間幫忙搜尋、閱讀、重讀資料，並提供諮詢：Chris Elphick、Lindall Kidd 以及 Tooey Rogers。

感謝我的經紀人 Russell Galen 出色的工作表現，讓我可以專注在自己的工作。

感謝 Alfred A. Knopf 出版社的出版團隊，他們對這個進度緩慢的寫作計畫付出了無比耐心，然後熟練地將之組織成貨真價實的書籍。

感謝我太太 Joan，以及我的兒子 Evan 跟 Joel，讓我有剛好足夠的時間完成這件工作。

# Sources
# 資料來源

以下所列各篇短文的每一項資料來源，均屬特定的專業參考文獻。在本書的研究過程中，有些通論性的資料也很重要，它們不僅對多篇短文提供有用的資訊，也是進階閱讀的好起點：

Gill et al 2019. *Ornithology*. 4th ed. New York: W. H. Freeman.

Scanes, ed. 2014. *Sturkie's Avian Physiology*. 6th ed. Cambridge, MA: Academic Press.

Proctor and Lynch 1998. *Manual of Ornithology: Avian Structure and Function*. New Haven: Yale University Press.

Rodewald, ed. 2015. *The Birds of North America*. Cornell Laboratory of Ornithology, Ithaca, NY. https://birdsna.org

3 「雁跟雞、鴨、鵪一樣」：
Starck and Ricklefs 1998. "Patterns of Development: The Altricial Precocial Spectrum." In J. M. Starck and R. E. Ricklefs, eds., *Avian Growth and Development. Evolution Within the Altricial Precocial Spectrum*. New York: Oxford University Press.

3 「雛雁孵出之後」：
Lorenz 1952. *King Solomon's Ring*. New York: Methuen.
【中譯】《所羅門王的指環》，天下，2019。
Hess 1958. "Imprinting in animals." *Scientific American* 198: 81–90.

3 「加拿大雁的公母鳥外表相似」：
Caithamer et al 1993. "Field identification of age and sex of interior Canada geese." *Wildlife Society Bulletin* 21: 480–487.

5 「排成人字形飛行」：
Portugal et al 2014. "Upwash exploitation and downwash avoidance by flap phasing in ibis formation flight." *Nature* 505: 399–402.
Weimerskirch et al 2001. "Energy saving in flight formation." *Nature* 413: 697–698.

5 「羽毛會磨損」：
Howell 2010. *Molt in North American Birds*. New York: Houghton Mifflin Harcourt.
Gates et al 1993. "The annual molt cycle of Branta canadensis interior" in relation to nutrient reserve dynamics." *The Condor* 95: 680–693.
Tonra and Reudink 2018. "Expanding the traditional definition of molt-migration." *The Auk* 135: 1123–1132.

5 「鳥類沒有牙齒」：
Gionfriddo and Best 1999. "Grit use by birds." In V. Nolan, E. D. Ketterson, C. F. Thompson, eds., *Current Ornithology, Volume 15*. Boston: Springer.

7 「天鵝跟雁的細長脖子」：
Ammann 1937. "Number of contour feathers of Cygnus and Xanthocephalus." *The Auk* 54: 201–202.

9 「除了拿翅膀上的羽毛來做成筆」：
Hanson 2011. *Feathers*. New York: Basic Books.
【中譯】《羽的奇蹟》，左岸，2015。

11 「直接從水面起飛是個特殊挑戰」：
Queeny 1947. *Prairie Wings: Pen and Camera Flight Studies*. New York: Lippincott.

11 「所有鳥都有羽毛」：
Wang and Meyers 2016. "Light like a feather: a fibrous natural composite with a shape changing from round to square." *Advanced Science* 4: 1600360.

12 「母鴨會獨自在地面築巢」：
Bailey et al 2015. "Birds build camouflaged nests." *The Auk* 132: 11–15.

12 「在每一次的繁殖嘗試中」：
Kirby and Cowardin 1986. "Spring and summer survival of female Mal- lards from north central Minnesota." *Journal of Wildlife Management* 50: 38–43.
Arnold et al 2012. "Costs of reproduction in breeding female Mallards: predation risk during incubation drives annual mortality." *Avian Conservation and Ecology* 7(1): 1.

15 「鳥的身體包覆著良好的隔熱層」：
Midtgard 1981. "The rete tibiotarsale and arteriovenous association in the hind limb of birds: a comparative morphological study on counter-current heat exchange systems." *Acta Zoologica* 62: 67–87.
Midtgard 1989. "Circulatory adaptations to cold in birds." In C. Bech, R. E. Reinertsen, eds., *Physiology of Cold Adaptation in Birds*. NATO ASI Series (Series A: Life Sciences), vol. 173. Boston: Springer.
Kilgore and Schmidt-Nielsen 1975. "Heat loss from ducks' feet immersed in cold water." *The Condor* 77: 475–517.

15 「公鳥的外表可能得迎合母鳥的選擇」：
Prum 2017. *The Evolution of Beauty: How Darwin's Forgotten Theory of Mate Choice Shapes the Animal World—and Us*. New York: Doubleday.
【中譯】《美的演化》，馬可孛羅，2020。

15 「鳥類羽色紋路的複雜多變超乎想像」：
Chen et al 2015. "Development, regeneration, and evolution of feathers." *Annual Review of Animal Bioscience* 3: 169–195.

17 「人類仰賴腎臟」：
Bokenes and Mercer 1995. "Salt gland function in the common eider duck (Somateria mollissima)." *Journal of Comparative Physiology B* 165: 255–267.

17 「羽毛的防水性能」：
Rijke and Jesser 2011. "The water penetration and repellency of feathers revisited." *The Condor* 113: 245–254.
Srinivasan et al 2014. "Quantification of feather structure, wettability and resistance to liquid penetration." *Journal of the Royal Society Interface* 11.
Bormashenko et al 2007. "Why do pigeon feathers repel water? Hydrophobicity of pennae, Cassie-Baxter wetting hypothesis and Cassie-Wenzel capillary-induced wetting transition." *Journal of Colloid and Interface Science* 311: 212–216.

19 「鳥類的味覺相當發達」：
Rowland et al 2015. "Comparative Taste Biology with Special Focus on Birds and Reptiles." In R. L. Doty, ed., *Handbook of Olfaction and Gustation*, 3rd ed. New York: Wiley-Liss.
Clark et al 2014. "The Chemical Senses in Birds." In C. Scanes, ed., *Sturkie's Avian Physiology*. Cambridge: Academic Press.
Wang and Zhao 2015. "Birds generally carry a small repertoire of bitter taste receptor genes." *Genome Biology and Evolution* 7: 2705–2715. Skelhorn and Rowe 2010. "Birds learn to use distastefulness as a signal of toxicity." *Proceedings of the Royal Society B: Biological Sciences* 277.

21 「潛鳥孵化後幾小時就會游泳」：
Evers et al 2010. "Common Loon (Gavia immer). Version 2.0." In A. F. Poole, ed., *The Birds of North America*. Ithaca: Cornell Lab of Ornithology.

23 「在一年中的大部分時間裡」：
Roberts et al 2013. "Population fluctuations and distribution of staging Eared Grebes (Podiceps nigricollis) in North America." *Canadian Journal of Zoology* 91: 906–913.
Jehl et al 2003. "Optimizing Migration in a Reluctant and Inefficient Flier: The Eared Grebe." In P. Berthold, E. Gwinner, E. Sonnenschein, eds., *Avian Migration*. Springer Berlin / Heidelberg.

23「會潛水的鳥都有某些可以控制自身浮力的機制」：
Casler 1973. "The air-sac systems and buoyancy of the Anhinga and Double-Crested Cormorant." *The Auk* 90: 324–340.
Stephenson 1995. "Respiratory and plumage gas volumes in unrestrained diving ducks (*Aythya affinis*)." *Respiration Physiology* 100: 129–137.

23「黑頸鸊鷉雛鳥在破殼之前」：
Brua 1993. "Incubation behavior and embryonic vocalizations of Eared Grebes." Master's thesis, North Dakota State Univ., Fargo.

25「就許多方面來說」：
Croft et al 2016. "Contribution of Arctic seabird-colony ammonia to atmospheric particles and cloud-albedo radiative effect." *Nature Communications* 7: 13444.
Otero et al 2018. "Seabird colonies as important global drivers in the nitrogen and phosphorus cycles." *Nature Communications* 9: 246.

25「海鸚的彩色大嘴」：
Tattersall et al 2009. "Heat exchange from the Toucan bill reveals a controllable vascular thermal radiator." *Science* 24: 468–470.

25「海鴉是海鸚的近親」：
Croll et al 1992. "Foraging behavior and physiological adaptation for diving in Thick-Billed Murres." *Ecology* 73: 344–356.
Martin 2017. *The Sensory Ecology of Birds*. Oxford: Oxford University Press.
Regular et al 2011. "Fishing in the dark: a pursuit-diving seabird modifies foraging behaviour in response to nocturnal light levels." *PLOS One* 6: e26763.
Regular et al 2010. "Crepuscular foraging by a pursuit-diving seabird: tactics of common murres in response to the diel vertical migration of capelin." *Marine Ecology Progress Series* 415: 295–304.
Gremillet et al 2005. "Cormorants dive through the polar night." *Biology Letters* 1: 469–471.

27「常有人說鸕鷀的羽毛」：
Srinivasan et al 2014. "Quantification of feather structure, wettability and resistance to liquid penetration." *Journal of the Royal Society Interface* 11.
Gremillet et al 2005. "Unusual feather structure allows partial plum- age wettability in diving Great Cormorants *Phalacrocorax carbo*." *Journal of Avian Biology* 36: 57–63.
Ribak et al 2005. "Water retention in the plumage of diving Great Cormorants *Phalacrocorax carbo sinensis*." *Journal of Avian Biology* 36: 89–95.
Quintana et al 2007. "Dive depth and plumage air in wettable birds: the extraordinary case of the Imperial Cormorant." *Marine Ecology Progress Series* 334: 299–310.

27「我在水下看到的是一片模糊」：
Cronin 2012. "Visual optics: accommodation in a splash." *Current Biology* 22: R871–R873.
Martin 2017. *The Sensory Ecology of Birds*. Oxford: Oxford University Press.

31「大藍鷺是很有耐心的獵手」：
Katzir et al 1989. "Stationary underwater prey missed by reef herons, *Egretta gularis*: head position and light refraction at the moment of strike." *Journal of Comparative Physiology A* 165: 573–576.

33「折射」：
Lotem et al 1991. "Capture of submerged prey by little egrets, *Egretta garzetta garzetta*: strike depth, strike angle and the problem of light refraction." *Animal Behaviour* 42: 341–346.
Katzir and Intrator 1987. "Striking of underwater prey by a reef heron, *Egretta gularis schistacea*." *Journal of Comparative Physiology A* 160: 517–523.

33「羽毛的演化」：
Prum and Brush 2002. "The evolutionary origin and diversification of feathers." *The Quarterly Review of Biology* 77: 261–295.

33「為了更靠近魚」：
Lovell 1958. "Baiting of fish by a Green Heron." *Wilson Bulletin* 70: 280–281.
Gavin and Solomon 2009. "Active and passive bait-fishing by Black-Crowned

Night Herons." *The Wilson Journal of Ornithology* 121: 844–845.

35「為什麼鳥要單腳站立呢」：
Chang and Ting 2017. "Mechanical evidence that flamingos can sup- port their body on one leg with little active muscular force." *Biology Letters* 13: 20160948.

39「直接下在空地的蛋」：
Reneerkens et al 2005. "Switch to diester preen waxes may reduce avian nest predation by mammalian predators using olfactory cues." *Journal of Experimental Biology* 208: 4199–4202.
Kolattukudy et al 1987. "Diesters of 3-hydroxy fatty acids produced by the uropygial glands of female Mallards uniquely during the mating season." *Journal of Lipid Research* 28: 582–588.

41「這四種水鳥」：
Dumont et al 2011. "Morphological innovation, diversification and invasion of a new adaptive zone." *Proceedings of the Royal Society B: Biological Sciences* 279: 1734.

43「整群椋鳥在飛行時的轉向動作」：
Attanasi et al 2014. "Information transfer and behavioural inertia in starling flocks." *Nature Physics* 10: 691–696.
Attanasi et al 2015. "Emergence of collective changes in travel direction of starling flocks from individual birds' fluctuations." *Journal of the Royal Society Interface* 12.
Potts 1984. "The chorus-line hypothesis of manoeuvre coordination in avian flocks." *Nature* 309: 344–345.

43「鷸的喙尖」：
Piersma et al 1998. "A new pressure sensory mechanism for prey detection in birds: the use of principles of seabed dynamics?" *Proceedings of the Royal Society of London B: Biological Sciences* 265.

43「觀察一群在泥灘地覓食的鷸」：
Rubega and Obst 1993. "Surface-tension feeding in Phalaropes: discovery of a novel feeding mechanism." *The Auk* 110: 169–178.

45「為了打動配偶或震懾對手」：
van Casteren et al 2010. "Sonation in the male common snipe (*Capella gallinago gallinago L.*) is achieved by a flag-like fluttering of their tail feathers and consequent vortex shedding." *Journal of Experimental Biology* 213: 1602–1608.
Clark et al 2013. "Hummingbird feather sounds are produced by aero- elastic flutter, not vortex-induced vibration." *Journal of Experimental Biology* 216: 3395–3403.
Clark and Feo 2008. "The Anna's Hummingbird chirps with its tail: a new mechanism of sonation in birds." *Proceedings of the Royal Society B: Biological Sciences* 275: 955–962.

45「鳥類通常目光銳利」：
Martin 2007. "Visual fields and their functions in birds." *Journal of Ornithology* 148: 547–562.

47「在北美，鷗的名聲很差」：
Annett and Pierotti 1989. "Chick hatching as a trigger for dietary switches in Western Gulls." *Colonial Waterbirds* 12: 4–11.
Alonso et al 2015. "Temporal and age-related dietary variations in a large population of yellow-legged gulls *Larus michahellis*: implications for management and conservation." *European Journal of Wildlife Research* 61: 819–829.

47「如果你在海灘上發現一根鷗的羽毛」：
Butler and Johnson 2004. "Are melanized feather barbs stronger?" *Journal of Experimental Biology* 207: 285–293.
Bonser 1995. "Melanin and the abrasion resistance of feathers." *The Condor* 97: 590–591.

47「遇到暴風雨時鳥類該怎麼辦」：
Breuner et al 2013. "Environment, behavior and physiology: do birds use

barometric pressure to predict storms?" *Journal of Experimental Biology* 216: 1982–1990.

49「為什麼有些鳥會集體營巢呢」：
Rolland et al 1998. "The evolution of coloniality in birds in relation to food, habitat, predation, and life-history traits: a comparative analysis." *The American Naturalist* 151: 514–529.
Varela et al 2007. "Does predation select for or against avian coloniality? A comparative analysis." *Journal of Evolutionary Biology* 20: 1490–1503.

49「燕鷗非常適應飛行」：
Egevang et al 2010. "Tracking of Arctic terns *Sterna paradisaea* reveals longest animal migration." *Proceedings of the National Academy of Sciences* 107: 2078–2081.
Weimerskirch et al 2014. "Lifetime foraging patterns of the wandering albatross: life on the move!" *Journal of Experimental Marine Biology and Ecology* 450: 68–78.
Weimerskirch et al 2015. "Extreme variation in migration strategies between and within wandering albatross populations during their sabbatical year, and their fitness consequences." *Scientific Reports* 5: 8853.

51「鳥類的整體羽色變化多端」：
Amar et al 2013. "Plumage polymorphism in a newly colonized Black Sparrowhawk population: classification, temporal stability and inheritance patterns." *Journal of Zoology* 289: 60–67.
Tate and Amar 2017. "Morph specific foraging behavior by a polymorphic raptor under variable light conditions." *Scientific Reports* 7: 9161.
Tate et al 2016. "Differential foraging success across a light level spectrum explains the maintenance and spatial structure of colour morphs in a polymorphic bird." *Ecology Letters* 19: 679–686.
Tate et al 2016. "Pair complementarity influences reproductive output in the polymorphic Black Sparrowhawk *Accipiter melanoleucus*." *Journal of Avian Biology* 48: 387–398.

51「大多數鳥種的體型」：
Kruger 2005. "The evolution of reversed sexual size dimorphism in hawks, falcons and owls: a comparative study." *Evolutionary Ecology* 19: 467–486.

55「庫氏鷹跟紋腹鷹」：
Fisher 1893. "Hawks and owls as related to the farmer." *Yearbook of the USDA*: 215–232.

55「鳥類除了擁有敏銳的視力」：
Bostrom et al 2016. "Ultra-rapid vision in birds." *PLOS One* 11: e0151099.
Healy et al 2013. "Metabolic rate and body size are linked with perception of temporal information." *Animal Behaviour* 86: 685–696.

57「如果有人能夠看到很遠的東西」：
Ruggeri et al 2010. "Retinal structure of birds of prey revealed by ultra–high resolution spectral-domain optical coherence tomography." *Investigative Ophthalmology & Visual Science* 51: 5789-5795.
O'Rourke et al 2010. "Hawk eyes I: diurnal raptors differ in visual fields and degree of eye movement." *PLOS One* 5: e12802.

57「現在請你盯著這個句子的某個字看」：
Potier et al 2017. "Eye size, fovea, and foraging ecology in Accipitriform raptors." *Brain Behavior and Evolution* 90: 232-242.
Tucker 2000. "The deep fovea, sideways vision and spiral flight paths in raptors." *Journal of Experimental Biology* 203: 3745–3754.

57「鉛中毒是目前鵰跟許多鳥種所面臨的重大威脅」：
Haig et al 2014. "The persistent problem of lead poisoning in birds from ammunition and fishing tackle." *The Condor* 116: 408–428.
Yaw et al 2017. "Lead poisoning in Bald Eagles admitted to wildlife rehabilitation facilities in Iowa, 2004–2014." *Journal of Fish and Wildlife Management* 8: 465-473.
University of Minnesota Website: https://www.raptor.umn.edu/ our-research/ lead-poisoning

59「夜裡，美洲鷲會一大群棲息在樹上」：

Clark and Ohmart 1985. "Spread-winged posture of Turkey Vultures: single or multiple function?" *The Condor* 87: 350–355.

59「你可能聽人說過鳥類沒有嗅覺」：
Grigg et al 2017. "Anatomical evidence for scent guided foraging in the Turkey Vulture." *Scientific Reports* 7: 17408.
Smith and Paselk 1986. "Olfactory sensitivity of the Turkey Vulture (*Cathartes aura*) to three carrion-associated odorants." *The Auk* 103: 586–592.
Krause et al 2018. "Olfaction in the Zebra Finch (*Taeniopygia guttata*): what is known and further perspectives." *Advances in the Study of Behavior* 50: 37–85.

59「紅頭美洲鷲的飛行姿勢很有特色」：
Mallon et al 2016. "In-flight turbulence benefits soaring birds." *The Auk* 133: 79–85.
Sachs and Moelyadi 2010. "CFD-based determination of aerodynamic effects on birds with extremely large dihedral." *Journal of Bionic Engineering* 7: 95–101.
Klein Heerenbrink et al 2017. "Multi-cored vortices support function of slotted wing tips of birds in gliding and flapping flight." *Journal of the Royal Society Interface* 14.

61「美洲隼的頭部具有複雜的羽色紋路」：
Clay 1953. "Protective coloration in the American Sparrow Hawk." *Wilson Bulletin* 65: 129–134.
Cooper 1998. "Conditions favoring anticipatory and reactive displays deflecting predatory attack." *Behavioral Ecology* 9: 598–604.

61「遊隼是世界上飛最快的動物」：
Tucker 1998. "Gliding flight: speed and acceleration of ideal falcons during diving and pull out." *Journal of Experimental Biology* 201: 403–414.

61「鳥類在飛行時會利用許多技巧來節省能量」：
Williams et al 2018. "Social eavesdropping allows for a more risky gliding strategy by thermal-soaring birds." *Journal of the Royal Society Interface* 15.

63「美洲鵰鴞的英文名稱直譯」：
Perrone 1981. "Adaptive significance of ear tufts in owls." *The Condor* 83: 383–384.
Santillan et al 2008. "Ear tufts in Ferruginous Pygmy-Owl (*Glaucidium brasilianum*) as alarm response." *Journal of Raptor Research* 42: 153–154.
Catling 1972. "A behavioral attitude of Saw-Whet and Boreal Owls." *The Auk* 89: 194–196.
Holt et al 1990. "A description of 'tufts' and concealing posture in Northern Pygmy-Owls." *Journal of Raptor Research* 24: 59–63.

63「有個常見的迷思說貓頭鷹的頭」：
Krings et al 2017. "Barn Owls maximize head rotations by a combination of yawing and rolling in functionally diverse regions of the neck." *Journal of Anatomy* 231: 12–22.
de Kok-Mercado et al 2013. "Adaptations of the owl's cervical & cephalic arteries in relation to extreme neck rotation." *Science* 339: 514–515.

63「貓頭鷹不是夜行性的嗎」：
Penteriani and Delgado 2009. "The dusk chorus from an owl perspective: Eagle Owls vocalize when their white throat badge contrasts most." *PLOS One* 4: e4960.

65「貓頭鷹的聽覺非常敏銳」：
Knudsen and Konishi 1979. "Mechanisms of sound localization in the Barn Owl (*Tyto alba*). *Journal of Comparative Physiology* 133: 13–21.
Takahashi 2010. "How the owl tracks its prey—II." *Journal of Experimental Biology* 213: 3399–3408.

65「貓頭鷹的羽毛」：
Bachmann et al 2007. "Morphometric characterisation of wing feathers of the Barn Owl *Tyto alba pratincola* and the pigeon *Columba livia*." *Frontiers in Zoology* 4: 23.

65「即便擁有絕佳聽力」：

Payne 1971. "Acoustic location of prey by Barn Owls (*Tyto alba*)." *Journal of Experimental Biology* 54: 535–573.

Hausmann et al 2009. "In-flight corrections in free-flying Barn Owls (*Tyto alba*) during sound localization tasks." *Journal of Experimental Biology* 211: 2976–2988.

Fux and Eilam 2009. "The trigger for Barn Owl (*Tyto alba*) attack is the onset of stopping or progressing of prey." *Behavioural Processes* 81: 140–143.

69 「北美洲數量最多的鳥類是什麼呢」:
USDA data

71 「北美齒鶉的英文名叫」:
Phillips 1928. "Wild birds introduced or transplanted in North America." U.S. Department of Agriculture Technical Bulletin 61.

73 「Birdbrain、silly goose、dodo」:
Watanabe 2001. "Van Gogh, Chagall and pigeons: picture discrimination in pigeons and humans." *Animal Cognition* 4: 147–151.

Levenson et al 2015. "Pigeons (*Columba livia*) as trainable observers of pathology and radiology breast cancer images." *PLOS One* 10: e0141357.

Toda and Watanabe 2008. "Discrimination of moving video images of self by pigeons (*Columba livia*)." Animal Cognition 11: 699–705. Emery 2005. "Cognitive ornithology: the evolution of avian intelligence." *Philosophical Transactions of the Royal Society B Biological Sciences* 361: 23-43.

Prior et al 2008. "Mirror-induced behavior in the Magpie (*Pica pica*): evidence of self-recognition." *PLOS Biology* 6: e202.

73 「鴿子具有非凡的導航能力」:
Blechman 2007. *Pigeons: The Fascinating Saga of the World's Most Revered and Reviled Bird*, New York: Open Road and Grove/Atlantic.

Guilford and Biro 2014. "Route following and the pigeon's familiar area map." *Journal of Experimental Biology* 217: 169–179.

75 「很多鳥類在走路時」:
Friedman 1975. "Visual control of head movements during avian locomotion." *Nature* 255: 67–69.

Frost 1978. "The optokinetic basis of head-bobbing in the pigeon." *Journal of Experimental Biology* 74: 187–195.

75 「鳥類真的可以睜開一隻眼睛睡覺嗎」:
Mascetti 2016. "Unihemispheric sleep and asymmetrical sleep: behavioral, neurophysiological, and functional perspectives." *Nature and Science of Sleep* 8: 221–238.

75 「為什麼哀鴿起飛時翅膀會發出哨聲呢」:
Hingee and Magrath 2009. "Flights of fear: a mechanical wing whistle sounds the alarm in a flocking bird." *Proceedings of the Royal Society of London B: Biological Sciences* 276: 4173–4179.

Coleman 2008. "Mourning Dove (*Zenaida macroura*) wing-whistles may contain threat-related information for con- and hetero- specifics." *Naturwissenschaften* 95: 981–986.

Magrath et al 2007. "A mutual understanding? Interspecific responses by birds to each other's aerial alarm calls." *Behavioral Ecology* 18: 944–951.

77 「很多種鳥都有具金屬光澤的斑斕色彩」:
Doucet and Meadows 2009. "Iridescence: a functional perspective." *Journal of the Royal Society Interface* 6.

Meadows 2012. "The costs and consequences of iridescent coloration in Anna's Hummingbirds (*Calypte anna*)." PhD Dissertation, Arizona State University.

77 「蜂鳥喉部的絢麗色彩」:
Prum 2006. "Anatomy, Physics, and Evolution of Structural Colors." In Hill and McGraw, eds., *Bird Coloration Vol 1: Mechanisms and Measurements*. Cambridge: Harvard University Press.

Greenewalt et al 1960. "Iridescent colors of hummingbird feathers." *Journal of the Optical Society of America* 50: 1005–1013.

77. 「蜂鳥需要許多能量」:
Hiebert 1993. "Seasonal changes in body mass and use of torpor in a migratory

hummingbird." *The Auk* 110: 787–797.

Shankar et al 2019. "Hummingbirds budget energy flexibly in response to changing resources." *Functional Ecology* 33: 1904-1916.

Carpenter and Hixon 1988. "A new function for torpor: fat conservation in a wild migrant hummingbird." *The Condor* 90: 373–378.

78 「墨西哥以北體型最大跟最小的蜂鳥」:
Bertin 1982. "Floral biology, hummingbird pollination and fruit production of Trumpet Creeper (*Campsis radicans*, Bignoniaceae)." *American Journal of Botany* 69: 122–134.

79 「餵食蜂鳥其實很簡單」:
Williamson 2001. *A Field Guide to Hummingbirds of North America*. New York: Houghton Mifflin Harcourt.

79 「蜂鳥的翅膀」:
Sapir and Dudley 2012. "Backward flight in hummingbirds employs unique kinematic adjustments and entails low metabolic cost." *Journal of Experimental Biology* 215: 3603–3611.

Tobalske 2010. "Hovering and intermittent flight in birds." *Bioinspiration & Biomimetics* 5: 045004.

Warrick et al 2005. "Aerodynamics of the hovering hummingbird." *Nature* 435: 1094–1097.

79 「蜂鳥會將細長的舌頭」:
Rico-Guevara and Rubega 2011. "The hummingbird tongue is a fluid trap, not a capillary tube." *PNAS* 108: 9356–9360.

Rico-Guevara et al 2015. "Hummingbird tongues are elastic micropumps." *Proceedings of the Royal Society B: Biological Sciences* 282.

81 「一個多世紀以來」:
Li et al 2010. "Plumage color patterns of an extinct dinosaur." *Science* 327: 1369–1372.

Liu et al 2012. "Timing of the earliest known feathered dinosaurs and transitional pterosaurs older than the Jehol Biota." *Palaeogeography, Palaeoclimatology, Palaeoecology* 323–325: 1–12.

81 「六千六百萬年前」:
Longrich et al 2011. "Mass extinction of birds at the Cretaceous-Paleogene (K-Pg) boundary." *Proceedings of the National Academy of Sciences USA* 108: 15253–15257.

Field et al 2018. "Early evolution of modern birds structured by global forest collapse at the end-Cretaceous mass extinction." *Current Biology* 28: 1825–1831.

Claramunt and Cracraft 2015. "A new time tree reveals Earth history's imprint on the evolution of modern birds." *Science Advances* 1 (11): e1501005

83 「翠鳥（又稱翡翠、魚狗）會先『懸停』」:
Videler et al 1983. "Intermittent gliding in the hunting flight of the Kestrel, *Falco tinnunculus L.*" *Journal of Experimental Biology* 102: 1–12.

Frost 2009. "Bird head stabilization." *Current Biology* 19: PR315–R316.

Necker 2005. "The structure and development of avian lumbosacral specializations of the vertebral canal and the spinal cord with special reference to a possible function as a sense organ of equilibrium." *Anatomy and Embryology* (Berl) 210: 59–74.

85 「很多種鸚鵡身上都有鮮豔的綠色」:
Stradi et al 2001. "The chemical structure of the pigments in *Ara macao* plumage." *Comparative Biochemistry and Physiology Part B: Biochemistry and Molecular Biology* 130: 57–63.

McGraw and Nogare 2005. "Distribution of unique red feather pigments in parrots." *Biology Letters* 1: 38–43.

Burtt et al 2011. "Colourful parrot feathers resist bacterial degradation." *Biology Letters* 7: 214–216.

85 「鳥沒有手」:
Friedmann and Davis 1938. " 'Left-handedness' in parrots." *The Auk* 55: 478–480.

Brown and Magat 2011/a. "Cerebral lateralization determines hand preferences in Australian parrots." *Biology Letters* 7: 496-498.

Brown and Magat 2011/b. "The evolution of lateralized foot use in parrots: a phylogenetic approach." *Behavioral Ecology* 22: 1201–1208.

85「鳥類在處理食物時」：
Beckers et al 2004. "Vocal-tract filtering by lingual articulation in a parrot." *Current Biology* 14: 1592–1597.
Ohms et al 2012. "Vocal tract articulation revisited: the case of the monk parakeet." *Journal of Experimental Biology* 215: 85–92.

86「這兩種極為相像的」：
Weibel and Moore 2005. "Plumage convergence in *Picoides* woodpeckers based on a molecular phylogeny, with emphasis on convergence in Downy and Hairy Woodpeckers." *The Condor* 107: 797–809.
Miller et al 2017. "Fighting over food unites the birds of North America in a continental dominance hierarchy." *Behavioral Ecology* 28: 1454–1463.
Leighton et al 2018. "The hairy-downy game revisited: an empirical test of the interspecific social dominance mimicry hypothesis." *Animal Behaviour* 137: 141–148.
Rainey and Grether 2007. "Competitive mimicry: synthesis of a neglected class of mimetic relationships." *Ecology* 88: 2440–2448.
Prum and Samuelson 2012. "The hairy-downy game: a model of interspecific social dominance mimicry." *Journal of Theoretical Biology* 313: 42–60.

87「啄木鳥這三種截然不同的活動」：
https://www.allaboutbirds.org/can-woodpecker-deterrents-safeguard-my-house

87「為什麼啄木鳥不會腦震盪呢」：
Wang et al 2011. "Why do woodpeckers resist head impact injury: a biomechanical investigation." *PLOS One* 6: e26490.
Farah et al 2018. "Tau accumulations in the brains of woodpeckers." *PLOS One* 13: e0191526.
Gibson 2006. "Woodpecker pecking: how woodpeckers avoid brain injury." *Journal of Zoology* 270: 462–465.
May et al 1976. "Woodpeckers and head injury." *The Lancet* 307: 1347–1348.

89「在美國，橡實啄木」：
Koenig and Mumme 1987. *Population Ecology of the Cooperatively Breeding Acorn Woodpecker.* Princeton: Princeton University Press.
Koenig et al 2011. "Variable helper effects, ecological conditions, and the evolution of cooperative breeding in the Acorn Woodpecker." *The American Naturalist* 178: 145–158.

91「啄木鳥的舌頭能伸縮自如」：
Bock 1999. "Functional and evolutionary morphology of woodpeckers." *Ostrich: Journal of African Ornithology* 70: 23–31.
Jung et al 2016. "Structural analysis of the tongue and hyoid apparatus in a woodpecker." *Acta Biomaterialia* 37: 1–13.

95「很多沒有親緣關係的鳥種」：
Avellis 2011. "Tail pumping by the Black Phoebe." *The Wilson Journal of Ornithology* 123: 766–771.
Randler 2007. "Observational and experimental evidence for the function of tail flicking in Eurasian Moorhen *Gallinula chloropus*." *Ethology* 113: 629–639.

95「菲比霸鶲喜歡在」：
Rendell and Verbeek 1996. "Old nest material in nest boxes of Tree Swallows: effects on nest-site choice and nest building." *The Auk* 113: 319–328.
Davis et al 1994. "Eastern Bluebirds prefer boxes containing old nests." *Journal of Field Ornithology* 65: 250–253.
Pacejka and Thompson 1996. "Does removal of old nests from nestboxes by researchers affect mite populations in subsequent nests of house wrens?" *Journal of Field Ornithology* 67: 558–564.
Stanback and Dervan 2001. "Within-season nest-site fidelity in Eastern Bluebirds: disentangling effects of nest success and parasite avoidance." *The Auk* 118: 743.

95「跟多數鳥類一樣」：
Wang et al 2009. "Pellet casting by non-raptorial birds of Singapore." *Nature in Singapore* 2: 97–106.

Ford 2010. "Raptor gastroenterology." *Journal of Exotic Pet Medicine* 19: 140–150.
Duke et al 1976. "Meal to pellet intervals in 14 species of captive raptors." *Comparative Biochemistry and Physiology Part A: Physiology* 53: 1–6.

97「剪尾王霸鶲」：
Fitzpatrick 2008. "Tail length in birds in relation to tail shape, general flight ecology and sexual selection." *Journal of Evolutionary Biology* 12: 49–60.
Thomas 1996. "Why do birds have tails? The tail as a drag reducing flap, and trim control." *Journal of Theoretical Biology* 183: 247–253.
Evans and Thomas 1997. "Testing the functional significance of tail streamers." *Proceedings of the Royal Society B: Biological Sciences* 264: 211–217.

97「大多數鳥類都有絕佳視力」：
Tyrrell and Fernandez-Juricic 2016. "The eyes of flycatchers: a new and unique cell type confers exceptional motion detection ability." Presented at NAOC Conference, August 2016.

97「嘴鬚」：
Lederer 1972. "The role of avian rictal bristles." *Wilson Bulletin* 84: 193–197.

101「燕子一次能飛好幾小時」：
Hallmann et al 2017. "More than 75 percent decline over 27 years in total flying insect biomass in protected areas." *PLOS One* 12: e0185809.
Smith et al 2015. "Change points in the population trends of aerial-insectivorous birds in North America: synchronized in time across species and regions." *PLOS One* 10: e0130768.
Nebel et al 2010. "Declines of aerial insectivores in North America follow a geographic gradient." *Avian Conservation and Ecology* 5: 1.

101「為了飛行」：
Dumont 2010. "Bone density and the lightweight skeletons of birds." *Proceedings of the Royal Society B: Biological Sciences* 277: 2193–2198.

103「同一隻鳥每年都會重返」：
Winkler et al 2005. "The natal dispersal of Tree Swallows in a continuous mainland environment." *Journal of Animal Ecology* 74: 1080–1090.

103「所有鳴禽的寶寶」：
Bennett and Harvey 1985. "Brain size, development and metabolism in birds and mammals." *Journal of Zoology* 207: 491–509.
Chiappa et al 2018. "The degree of altriciality and performance in a cognitive task show correlated evolution." *PLOS One* 13: e0205128.

103「每根飛羽的細部構造」：
Lingham-Soliar 2017. "Microstructural tissue-engineering in the rachis and barbs of bird feathers." *Scientific Reports* 7: 45162.
Laurent et al 2014. "Nanomechanical properties of bird feather rachises: exploring naturally occurring fibre reinforced laminar composites." *Journal of the Royal Society Interface* 11.
Sullivan et al 2017. "Extreme lightweight structures: avian feathers and bones." *Materials Today* 20: 377–391.
Bachmann et al 2012. "Flexural stiffness of feather shafts: geometry rules over material properties." *Journal of Experimental Biology* 215: 405–415.

105「烏鴉寶寶」：
http://www.birds.cornell.edu/crows/babycrow.htm

105「烏鴉會認人臉」：
Cornell et al 2011. "Social learning spreads knowledge about dangerous humans among American Crows." *Proceedings of the Royal Society B: Biological Sciences* 279.

107「伊索寓言」：
Bird and Emery 2009. "Rooks use stones to raise the water level to reach a floating worm." *Current Biology* 19: 1410–1414.
Jelbert et al 2014. "Using the Aesop's fable paradigm to investigate causal understanding of water displacement by New Caledonian Crows." *PLOS One* 9: e92895.
Muller et al 2017. "Ravens remember the nature of a single reciprocal

interaction sequence over 2 days and even after a month." *Animal Behaviour* 129: 69–78.

107「許多生活在」：
Ward et al 2002. "The adaptive significance of dark plumage for birds in desert environments." *Ardea* 90: 311–323.
Ellis 1980. "Metabolism and solar radiation in dark and white herons in hot climates." *Physiological Zoology* 53: 358–372.

109「鳥叫聲可以相當洪亮」：
Muyshondt et al 2017. "Sound attenuation in the ear of domestic chickens (*Gallus gallus domesticus*) as a result of beak opening." *Royal Society Open Science* 4.

109「我們有時會看到藍鴉」：
Hames et al 2002. "Adverse effects of acid rain on the distribution of the Wood Thrush Hylocichla mustelina in North America." *Proceedings of the National Academy of Sciences* 99: 11235–11240.
Pahl et al 1997. "Songbirds do not create long-term stores of calcium in their legs prior to laying: results from high-resolution radiography." *Proceedings of the Royal Society B: Biological Sciences* 264: 1379.

109「人們經常將」：
Saranathan and Burtt 2007. "Sunlight on feathers inhibits feather-degrading bacteria." *The Wilson Journal of Ornithology* 119: 239–245.
Eisner and Aneshansley 2008. "Anting in Blue Jays: evidence in support of a food-preparatory function." *Chemoecology* 18: 197–203.
Potter and Hauser 1974. "Relationship of anting and sunbathing to molting in wild birds." *The Auk* 91: 537–563.
Koop et al 2012. "Does sunlight enhance the effectiveness of avian preening for ectoparasite control?" *Journal of Parasitology* 98.

111「很多藍鴉及灌叢鴉都吃橡實」：
Koenig and Heck 1988. "Ability of two species of oak woodland birds to subsist on acorns." *The Condor* 90: 705–708.
Koenig and Faeth 1998. "Effects of storage on tannin and protein content of cached acorns." *The Southwestern Naturalist* 43: 170–175.
Dixon et al 1997. "Effects of caching on acorn tannin levels and Blue Jay dietary performance." *The Condor* 99: 756–764.

111「灌叢鴉也是儲藏食物」：
Clayton et al 2007. "Social cognition by food-caching corvids. The western scrub-jay as a natural psychologist." *Philosophical Transactions of the Royal Society B: Biological Sciences* 362: 507–522.
Clayton and Dickinson 1999. "Memory for the content of caches by scrub jays (*Aphelocoma coerulescens*)." *Journal of Experimental Psychology: Animal Behavior Processes* 25: 82–91.

111「近年在加州有項研究」：
Socolar et al 2017. "Phenological shifts conserve thermal niches in North American birds and reshape expectations for climate-driven range shifts." *Proceedings of the National Academy of Sciences USA* 114: 12976–12981.
Cotton 2003. "Avian migration phenology and global climate change." *Proceedings of the National Academy of Sciences USA* 100: 12219–12222.
Mayor et al 2017. "Increasing phenological asynchrony between spring green-up and arrival of migratory birds." *Scientific Reports* 7: 1992.
Stephens et al 2016. "Consistent response of bird populations to climate change on two continents." *Science* 352: 84–87.
Moller et al 2008. "Populations of migratory bird species that did not show a phenological response to climate change are declining." *Proceedings of the National Academy of Sciences USA* 105: 16195–16200.

113「山雀是森林裡最閒不下來的傢伙」：
Krebs 1973. "Social learning and the significance of mixed-species flocks of chickadees (*Parus spp.*)." *Canadian Journal of Zoology* 51: 1275–1288.
Dolby and Grubb 1998. "Benefits to satellite members in mixed-species foraging groups: an experimental analysis." *Animal Behaviour* 56: 501–509.
Sridhar et al 2009. "Why do birds participate in mixed-species foraging flocks? A large-scale synthesis." *Animal Behaviour* 78: 337–347.

113「山雀雖然是野鳥餵食器的忠實訪客」：
Arnold et al 2007. "Parental prey selection affects risk-taking behaviour and spatial learning in avian offspring." *Proceedings of the Royal Society B: Biological Sciences* 274: 2563–2569.

113「生活在嚴冬地區的山雀」：
Brodin 2010. "The history of scatter hoarding studies." *Philosophical Transactions of the Royal Society B: Biological Sciences* 365: 869–881.
Clayton 1998. "Memory and the hippocampus in food-storing birds: a comparative approach." *Neuropharmacology* 37: 441–452.
Grodzinski and Clayton 2010. "Problems faced by food-caching corvids and the evolution of cognitive solutions." *Philosophical Transactions of The Royal Society B: Biological Sciences* 365: 977–987.
Roth et al 2012. "Variation in memory and the hippocampus across populations from different climates: a common garden approach." *Proceedings of the Royal Society B: Biological Sciences* 279: 402–410.

115「根據『最佳覓食理論』」：
Zwarts and Blomert 1992. "Why knot *Calidris canutus* take medium-sized *Macoma balthica* when six prey species are available." *Marine Ecology Progress Series* 83: 113–128.

115「鳴禽通常下四到五顆蛋」：
Ricklefs et al 2017. "The adaptive significance of variation in avian incubation periods." *The Auk* 134: 542–550.

117「隔熱是鳥巢的重要功能」：
Akresh et al 2017. "Effect of nest characteristics on thermal properties, clutch size, and reproductive performance for an open-cup nesting songbird." *Avian Biology Research* 10: 107–118.
Mainwaring et al 2014. "The design and function of birds' nests." *Ecology and Evolution* 4: 3909–3928.
Sloane 1996. "Incidence and origins of supernumeraries at Bushtit (*Psaltriparus minimus*) nests." *The Auk* 113: 757–770.

117「儘管叢長尾山雀體型嬌小」：
Addicott 1938. "Behavior of the Bush-tit in the breeding season." *The Condor* 40: 49–63.

121「長久以來一直有這樣的說法」：
Galton and Shepherd 2012. "Experimental analysis of perching in the European Starling (*Sturnus vulgaris*: Passeriformes; Passeres), and the automatic perching mechanism of birds." *Journal of Experimental Zoology Part A: Ecological Genetics and Physiology* 317: 205–215.

121「鳥的腳趾具有『肌腱鎖定機制』」：
Einoder and Richardson 2007. "The digital tendon locking mechanism of owls: variation in the structure and arrangement of the mechanism and functional implications." *Emu* 107: 223–230.

125「小型鳥類每晚睡覺時」：
Ketterson and Nolan 1978. "Overnight weight loss in Dark-eyed Juncos (*Junco hyemalis*)." *The Auk* 95: 755–758.

125「鮭魚跟戴菊有什麼關係呢」：
Helfield and Naiman 2001. "Effects of salmon-derived nitrogen on riparian forest growth and implications for stream productivity." *Ecology* 82: 2403–2409.
Post 2008. "Why fish need trees and trees need fish." *Alaska Fish & Wildlife News* November 2008.

129「許多旅鶇在第一窩幼鳥離巢後」：
Cooper et al 2006. "Geographical and seasonal gradients in hatching failure in Eastern Bluebirds Sialia sialis reinforce clutch size trends." *Ibis* 148: 221–230.

131「幾千年來」：
Doolittle et al 2014. "Overtone-based pitch selection in hermit thrush song: unexpected convergence with scale construction in human music." *Proceedings of the National Academy of Sciences USA* 111: 16616–16621.
Chiandetti and Vallortigara 2011. "Chicks like consonant music." *Psychological*

Science 22: 1270–1273.

131「鳥類以『鳴管』發聲」：
Goller and Larsen 1997. "A new mechanism of sound generation in songbirds." *Proceedings of the National Academy of Sciences USA* 94: 14787–14791.
Podos et al 2004. "Bird song: the interface of evolution and mechanism." *Annual Review of Ecolology, Evolution, and Systematics* 35: 55–87.

131「鶇偏愛陰暗的下層植被」：
Thomas et al 2002. "Eye size in birds and the timing of song at dawn." *Proceedings of the Royal Society B: Biological Sciences* 269: 831–837.

133「鳥類身上其實沒有藍色色素」：
Prum 2006. "Anatomy, Physics, and Evolution of Structural Colors." In Hill and McGraw, eds., *Bird Coloration Vol 1: Mechanisms and Measurements.* Cambridge: Harvard University Press.
Prum et al 2003. "Coherent scattering of ultraviolet light by avian feather barbs." *The Auk* 120: 163–170.
Prum et al 1998. "Coherent light scattering by blue feather barbs." *Nature* 396: 28–29.

135「每次我走過院子都會被鳥攻擊」：
Levey et al 2009. "Urban mockingbirds quickly learn to identify individual humans." *Proceedings of the National Academy of Sciences USA* 106: 8959–8962.

135「你或許曾注意過小嘲鶇站在草坪上」：
Mumme 2002. "Scare tactics in a neotropical warbler: white tail feathers enhance flush-pursuit foraging performance in the Slate-throated Redstart (*Myioborus miniatus*). *The Auk* 119: 1024–1036.
Mumme 2014. "White tail spots and tail-flicking behavior enhance foraging performance in the Hooded Warbler." *The Auk* 131: 141–149.
Jablonski and Strausfeld 2000. "Exploitation of an ancient escape circuit by an avian predator: prey sensitivity to model predator display in the field." *Brain, Behavior and Evolution* 56: 94–106.

135「小嘲鶇最為人所知的是」：
Fuller et al 2007. "Daytime noise predicts nocturnal singing in urban robins." *Biology Letters* 3: 368–370.
La 2012. "Diurnal and nocturnal birds vocalize at night: a review." *The Condor* 114: 245–257.
Gil et al 2015. "Birds living near airports advance their dawn chorus and reduce overlap with aircraft noise." *Behavioral Ecology* 26: 435–443.

136「這種椋鳥是從歐洲引進北美洲」：
Simberloff and Rejmanek 2010. "Invasiveness." *In Encyclopedia of Biological Invasions.* Berkeley: University of California Press.

137「為什麼鳥兒要洗澡」：
Slessers 1970. "Bathing behavior of land birds." *The Auk* 87: 91–99.
Brilot et al 2009. "Water bathing alters the speed-accuracy trade-off of escape flights in European Starlings." *Animal Behaviour* 78: 801–807.
Brilot and Bateson 2012. "Water bathing alters threat perception in starlings." *Biology Letters* 8: 379–381.
Van Rhijn 1977. "Processes in feathers caused by bathing in water." *Ardea* 65: 126–147.

137「有個普遍的錯誤觀念認為鳥聞不到」：
Amo et al 2012. "Sex recognition by odour and variation in the uropygial gland secretion in starlings." *Journal of Animal Ecology* 81: 605–613.
Hiltpold and Shriver 2018. "Birds bug on indirect plant defenses to locate insect prey." *Journal of Chemical Ecology* 44: 576–579.
Nevitt et al 2004. "Testing olfactory foraging strategies in an Antarctic seabird assemblage." *Journal of Experimental Biology* 207: 3537–3544.
Goldsmith and Goldsmith 1982. "Sense of smell in the Black-chinned Hummingbird." *The Condor* 84: 237–238.
Mihailova et al 2014. "Odour-based discrimination of subspecies, species and sexes in an avian species complex, the Crimson Rosella." *Animal Behaviour* 95: 155–164.

137「很多種鳥的嘴喙」：
Bonser and Witter 1993. "Indentation hardness of the bill keratin of the European Starling." *The Condor* 95: 736–738.
Bulla et al 2012. "Eggshell spotting does not predict male incubation but marks thinner areas of a shorebird's shells." *The Auk* 129: 26–35.

139「類胡蘿蔔素化合物」：
McGraw et al 2001. "The influence of carotenoid acquisition and utilization on the maintenance of species-typical plumage pigmentation in male American Goldfinches (*Carduelis tristis*) and Northern Cardinals (*Cardinalis cardinalis*). *Physiological and Biochemical Zoology: Ecological and Evolutionary Approaches* 74: 843–852.
Hudon and Brush 1989. "Probable dietary basis of a color variant of the Cedar Waxwing." *Journal of Field Ornithology* 60: 361–368.
Hudon and Mulvihill 2017. "Diet-induced plumage erythrism as a result of the spread of alien shrubs in North America." *North American Bird Bander* 42: 95–103.
Witmer 1996. "Consequences of an alien shrub on the plumage coloration and ecology of Cedar Waxwings." *The Auk* 113: 735–743.

139「多數鳥類在整個繁殖季節」：
Chu 1999. Ecology and breeding biology of Phainopeplas (*Phainopepla nitens*) in the desert and coastal woodlands of southern California. Ph.D. dissertation, University of California, Berkeley.
Robbins 2015. "Intra-summer movement and probable dual breeding of the Eastern Marsh Wren (*Cistothorus p. palustris*); a Cistothorus ancestral trait?" *The Wilson Journal of Ornithology* 127: 494–498.
Walsberg 1977. "Ecology and energetics of contrasting social systems in *Phainopepla nitens* (Aves: Ptilogonatidae)." *University of California Publications in Zoology* 108: 1–63.
Chu et al 2002. "Social and genetic monogamy in territorial and loosely colonial populations of Phainopepla (*Phainopepla nitens*). *The Auk* 119: 770–777.

141「鳥類擁有感知磁場的能力」：
Muheim et al 2016. "Polarized light modulates light-dependent magnetic compass orientation in birds." *Proceedings of the National Academy of Sciences* 113: 1654–1659.
Wiltschko et al 2009. "Directional orientation of birds by the magnetic field under different light conditions." *Journal of the Royal Society Interface* 7.
Heyers et al 2017. "The magnetic map sense and its use in fine-tuning the migration programme of birds." *Journal of Comparative Physiology* A 203: 491–497.
Phillips et al 2010. "A behavioral perspective on the biophysics of the light-dependent magnetic compass: a link between directional and spatial perception?" *Journal of Experimental Biology* 213: 3247–3255.
Mouritsen 2015. "Magnetoreception in Birds and Its Use for Long-Distance Migration." *In Sturkie's Avian Physiology*, 6th ed. Amsterdam: Elsevier.
Chernetsov et al 2017. "Migratory Eurasian Reed Warblers can use magnetic declination to solve the longitude problem." *Current Biology* 27: 2647–2651.

141「纖羽是一種叢生於大多數羽毛基部周圍」：
Necker 1985/a. "Receptors in the skin of the wing of pigeons and their possible role in bird flight." *Biona Report* 3. New York: Fischer.
Necker 1985/b. "Observations on the function of a slowly adapting mechanoreceptor associated with filoplumes in the feathered skin of pigeons." *Journal of Comparative Physiology* A 156: 391–394.
Brown and Fedde 1993. "Airflow sensors in the avian wing." *Journal of Experimental Biology* 179: 13–30.

141「遷徙有許多危險面向」：
Tallamy and Shropshire 2009. "Ranking lepidopteran use of native versus introduced plants." *Conservation Biology* 23: 941–947.
Tallamy 2009. *Bringing Nature Home: How You Can Sustain Wildlife with Native Plants.* Portland, OR: Timber Press.
Narango et al 2017. "Native plants improve breeding and foraging habitat for an insectivorous bird." *Biological Conservation* 213: 42–50.

143「在北美洲，幾乎所有的森鶯」：
DeLuca et al 2015. "Transoceanic migration by a 12 g songbird." *Biology Letters*

11: 20141045.

Holberton et al 2015. "Isotopic ( δ 2Hf) evidence of 'loop migration' and use of the Gulf of Maine Flyway by both western and eastern breeding populations of Blackpoll Warblers." *Journal of Field Ornithology* 86: 213–228.

143 「鳥類平時的體溫就相當高」：

Martineau and Larochelle 1988. "The cooling power of pigeon legs." *Journal of Experimental Biology* 136: 193–208.

145 「理羽是鳥類主要的日常雜務」：

Cotgreave and Clayton 1994. "Comparative analysis of time spent grooming by birds in relation to parasite load." *Behaviour* 131: 171–187.

Singh 2004. "Ecology and biology of cormorants *Phalacrocorax* spp. with special reference to *P. carbo* and *P. niger* in and around Aligarh." PhD thesis, Aligarh Muslim University, Aligarh, India.

Clayton et al 2005. "Adaptive significance of avian beak morphology for ectoparasite control." *Proceedings of the Royal Society B: Biological Sciences* 272: 811–817.

Moyer et al 2002. "Influence of bill shape on ectoparasite load in western scrub-jays." *The Condor* 104: 675–678.

145 「很多鳥都會吃果實」：

Viana et al 2016. "Overseas seed dispersal by migratory birds." *Proceedings of the Royal Society B: Biological Sciences* 283: 20152406.

Green and Sanchez 2006. "Passive internal dispersal of insect larvae by migratory birds." *Biology Letters* 2.

Kleyheeg and van Leeuwen 2015. "Regurgitation by waterfowl: an overlooked mechanism for long-distance dispersal of wetland plant seeds." *Aquatic Botany* 127: 1–5.

147 「鳥類換羽時通常會循序漸進」：

https://blog.lauraerickson.com/2017/06/of-bald-and-toupee-wearing-birds.html

149 「鳥類能極其精準地感知」：

Urbina-Melendez et al 2018. "A physical model suggests that hip-localized balance sense in birds improves state estimation in perching: implications for bipedal robots." *Frontiers in Robotics and AI* 5: 38.

Necker 2005. "The structure and development of avian lumbosacral specializations of the vertebral canal and the spinal cord with special reference to a possible function as a sense organ of equilibrium." *Anatomy and Embryology (Berl)* 210: 59–74.

Necker 1999. "Specializations in the lumbosacral spinal cord of birds: morphological and behavioural evidence for a sense of equilibrium." *European Journal of Morphology* 37: 211–214.

149 「白斑翅雀這一類的鳥擁有大嘴喙」：

Herrel et al 2005. "Evolution of bite force in Darwin's finches: a key role for head width." *Journal of Evolutionary Biology* 18: 669–675.

van der Meij and Bout 2008. "The relationship between shape of the skull and bite force in finches." *Journal of Experimental Biology* 211: 1668–1680.

151 「鳥類的呼吸系統」：

Maina 2017. "Pivotal debates and controversies on the structure and function of the avian respiratory system: setting the record straight." *Biological Reviews of the Cambridge Philosophical Society* 92: 1475–1504.

Lambertz et al 2018. "Bone histological correlates for air sacs and their implications for understanding the origin of the dinosaurian respiratory system." *Biology Letters* 14.

Projecto-Garcia et al 2013. "Repeated elevational transitions in hemoglobin function during the evolution of Andean hummingbirds." *Proceedings of the National Academy of Sciences USA* 110: 20669–20674.

151 「鳥類的胸廓擴張時」：

Brown et al 1997. "The avian respiratory system: a unique model for studies of respiratory toxicosis and for monitoring air quality." *Environmental Health Perspectives* 105: 188–200.

Harvey and Ben-Tal 2016. "Robust unidirectional airflow through avian lungs: new insights from a piecewise linear mathematical model." *PLOS Computational Biology* 12: e1004637.

Wang et al 1992. "An aerodynamic valve in the avian primary bronchus." *Journal of Experimental Zoology* 262: 441–445.

153 「為什麼有些鳥用走的」：

Andrada et al 2015. "Mixed gaits in small avian terrestrial locomotion." *Scientific Reports* 5: 13636.

153 「鳥類需要喝水嗎」：

Bartholomew and Cade 1956. "Water consumption of House Finches." *The Condor* 58: 406–412.

Weathers and Nagy 1980. "Simultaneous doubly labeled water (3hh180) and time-budget estimates of daily energy expenditure in Phainopepla nitens." *The Auk* 97: 861–867.

Nudds and Bryant 2000. "The Energetic Cost of Short Flights in Birds." *The Journal of Experimental Biology* 203: 1561–1572.

155 「都十二月了」：

Brittingham and Temple 1992. "Does winter bird feeding promote dependency?" *Journal of Field Ornithology* 63: 190–194

Brittingham and Temple 1988. "Impacts of supplemental feeding on survival rates of Black-capped Chickadees." *Ecology* 69: 581–589.

Teachout et al 2017. "A preliminary investigation on supplemental food and predation by birds." *BIOS* 88: 175–180.

Crates et al 2016. "Individual variation in winter supplementary food consumption and its consequences for reproduction in wild birds." *Journal of Avian Biology* 47: 678–689.

155 「餵食器會讓鳥兒留在當地不遷徙嗎」：

Malpass et al 2017. "Species-dependent effects of bird feeders on nest predators and nest survival of urban American Robins and Northern Cardinals." *The Condor* 119: 1–16.

157 「栗頂雀鵐公鳥的歌聲」：

Lahti et al 2011. "Tradeoff between accuracy and performance in bird song learning." *Ethology* 117: 802–811.

Byers et al 2010. "Female mate choice based upon male motor performance." *Animal Behaviour* 79: 771–778.

Konishi 1969. "Time resolution by single auditory neurones in birds." *Nature* 222: 566–567.

Dooling et al 2002. "Auditory temporal resolution in birds: discrimination of harmonic complexes." *The Journal of the Acoustical Society of America* 112: 748.

Lachlan et al 2014. "Typical versions of learned Swamp Sparrow song types are more effective signals than are less typical versions." *Proceedings of the Royal Society B: Biological Sciences* 281: 20140252.

157 「鳥為什麼要下蛋呢」：

Amadon 1943. "Bird weights and egg weights." *The Auk* 60: 221–234.

Huxley 1927. "On the relation between egg-weight and body-weight in birds." *Zoological Journal of the Linnaean Society* 36: 457–466.

159 「人類在改變地景的同時」：

McClure et al 2013. "An experimental investigation into the effects of traffic noise on distributions of birds: avoiding the phantom road." *Proceedings of the Royal Society B: Biological Sciences* 280: 20132290.

Francis et al 2009. "Noise pollution changes avian communities and species interactions." *Current Biology* 19: 1415–1419.

Ortega 2012. "Effects of noise pollution on birds: a brief review of our knowledge." *Ornithological Monographs* 74.

Guo et al 2016. "Low frequency dove coos vary across noise gradients in an urbanized environment." *Behavioural Processes* 129.

159 「野鳥每天都得在兩種風險中二選一」：

Lind 2004. "What determines probability of surviving predator attacks in bird migration?: the relative importance of vigilance and fuel load." *Journal of Theoretical Biology* 231: 223–227.

Bednekoff 1996. "Translating mass dependent flight performance into predation risk: an extension of Metcalfe & Ure." *Proceedings of the Royal Society B: Biological Sciences* 263: 887–889.

159 「歌帶鵐的分布範圍相當廣」：
Tattersall et al 2016. "The evolution of the avian bill as a thermoregulatory organ." *Biological Reviews* 92: 1630–1656.
Peele et al 2009. "Dark color of the Coastal Plain Swamp Sparrow (*Melospiza georgiana nigrescens*) may be an evolutionary response to occurrence and abundance of salt-tolerant feather-degrading bacilli in its plumage." *The Auk* 126: 531–535.
Danner and Greenberg 2014. "A critical season approach to Allen's rule: bill size declines with winter temperature in a cold temperate environment." *Journal of Biogeography* 42: 114–120.

160 「家麻雀是世界上最成功」：
Liker and Bokony 2009. "Larger groups are more successful in innovative problem solving in House Sparrows." *Proceedings of the National Academy of Sciences USA* 106: 7893–7898.
Sol et al 2002. "Behavioural flexibility and invasion success in birds." *Animal Behaviour* 64: 516.
Audet et al 2016. "The town bird and the country bird: problem solving and immunocompetence vary with urbanization." *Behavioral Ecology* 27: 637–644.

161 「家麻雀非常適應人類環境」：
Saetre et al 2012. "Single origin of human commensalism in the House Sparrow." *Journal of Evolutionary Biology* 25: 788–796.
Riyahi et al 2013. "Beak and skull shapes of human commensal and non-commensal House Sparrows *Passer domesticus*." *BMC Evolutionary Biology* 13: 200.
Ravinet et al 2018. "Signatures of human-commensalism in the House Sparrow genome." *Proceedings of the Royal Society B: Biological Sciences* 285: 20181246.

161 「一隻鳥有幾根羽毛呢」：
Wetmore 1936. "The number of contour feathers in passeriform and related birds." *The Auk* 53: 159–169.
Osvath et al 2017. "How feathered are birds? Environment predicts both the mass and density of body feathers." *Functional Ecology* 32.
Peacock 2016. How many feathers does a Canary have? Blog post at faansiepeacock.com

161 「沙浴是某些鳥種的普遍行為」：
Olsson and Keeling 2005. "Why in earth? Dustbathing behaviour in jungle and domestic fowl reviewed from a Tinbergian and animal welfare perspective." *Applied Animal Behaviour Science* 93: 259–282.

163 「幾乎每種鳴禽飛行前進時」：
Tobalske 2007. "Biomechanics of bird flight." *The Journal of Experimental Biology* 210: 3135–3146.
Tobalske 2010. "Hovering and intermittent flight in birds." *Bioinspiration & Biomimetics* 5: 045004.
Tobalske et al 1999. "Kinematics of flap-bounding flight in the Zebra Finch over a wide range of speeds." *Journal of Experimental Biology* 202: 1725–1739.
Rayner et al 2001. "Aerodynamics and energetics of intermittent flight in birds." *Integrative and Comparative Biology* 41: 188–204.

163 「鳴禽身上所有的紅、橙、黃色」：
Inouye et al 2001. "Carotenoid pigments in male House Finch plumage in relation to age, subspecies, and ornamental coloration." *The Auk* 118: 900–915.
McGraw and Hill 2000. "Carotenoid-based ornamentation and status signaling in the House Finch." *Behavioral Ecology* 11: 520–527.

163 「我們很少看到生病的鳥」：
https://feederwatch.org/learn/house–finch–eye–disease/

165 「鳥都會換羽」：
Saino et al 2014. "A trade-off between reproduction and feather growth in the Barn Swallow (*Hirundo rustica*)." *PLOS One* 9: e96428.

165 「北美金翅雀公鳥身上的黃色」：
Scott and MacFarland 2010. Bird Feathers: *A Guide to North American Species*. Mechanicsburg, PA: Stackpole.

165 「從加拿大到阿拉斯加的寒帶針葉林裡」：
Kennard 1976. "A biennial rhythm in the winter distribution of the Common Redpoll." *Bird-Banding* 47: 231–237.
Erskine and McManus 2003. "Supposed periodicity of Redpoll, *Carduelis* sp., visitations in Atlantic Canada." *Canadian Field-Naturalist* 117: 611–620.

167 「刺歌雀公鳥」：
Mather and Robertson 1992. "Honest advertisement in flight displays of Bobolinks (*Dolichonyx oryzivorus*)." *The Auk* 109: 869–873.
Oberweger and Goller 2001. "The metabolic cost of birdsong production." *Journal of Experimental Biology* 204: 3379–3388.

167 「鳥類跟農耕的關係」：
Askins et al 2007. "Conservation of grassland birds in North America: understanding ecological processes in different regions." *Ornithological Monographs* 64.
Nyffeler et al 2018. "Insectivorous birds consume an estimated 400–500 million tons of prey annually." *Naturwissenschaften* 105: 47.

167 「對草地鷚的眼睛來說」：
Tyrrell et al 2013. "Looking above the prairie: localized and upward acute vision in a native grassland bird." *Scientific Reports* 3: 3231.
Moore et al 2012. "Oblique color vision in an open-habitat bird: spectral sensitivity, photoreceptor distribution and behavioral implications." *Journal of Experimental Biology* 215: 3442–3452.
Martin 2017. "What drives bird vision? Bill control and predator detection overshadow flight." *Frontiers in Neuroscience* 11: 619.
Moore et al 2013. "Interspecific differences in the visual system and scanning behavior of three forest passerines that form heterospecific flocks." *Journal of Comparative Physiology A* 199: 263–277.
Moore et al 2017. "Does retinal configuration make the head and eyes of foveate birds move?" *Scientific Reports* 7: 38406.

169 「鳥蛋的形狀會隨鳥種而變」：
Stoddard et al 2017. "Avian egg shape: form, function, and evolution." *Science* 356: 1249–1254.

169 「鳥兒能活多久呢」：
Holmes and Ottinger 2003. "Birds as long-lived animal models for the study of aging." *Experimental Gerontology* 38: 1365–1375.
Faaborg et al 2010. "Recent advances in understanding migration systems of New World land birds." *Ecological Monographs* 80: 3–48.
https://www.pwrc.usgs.gov/BBL/longevity/Longevity_main.cfm

171 「牛鸝母鳥並不是把蛋生了就離開不管」：
Lynch et al 2017. "A neural basis for password-based species recognition in an avian brood parasite." *Journal of Experimental Biology* 220: 2345–2353.
Colombelli-Negrel et al 2012. "Embryonic learning of vocal passwords in Superb Fairy-Wrens reveals intruder cuckoo nestlings." *Current Biology* 22: 2155–2160.

173 「你或許曾見過某隻鳥」：
Grouw 2013. "What colour is that bird? The causes and recognition of common colour aberrations in birds." *British Birds* 106: 17–29.
http://learn.genetics.utah.edu/content/pigeons/dilute/

175 「當你在理想的光線下」：
Grubb 1989. "Ptilochronology: feather growth bars as indicators of nutritional status." *The Auk* 106: 314–320.
Wood 1950. "Growth bars in feathers." *The Auk* 67: 486–491.
Terrill 2018. "Feather growth rate increases with latitude in four species of widespread resident Neotropical birds." *The Auk* 135: 1055–1063.

180 「庫氏鷹」：
Suraci et al 2016. "Fear of large carnivores causes a trophic cascade." *Nature Communications* 7: 10698.

180 「紅頭美洲鷲」：

Roggenbuck et al 2014. "The microbiome of New World vultures." *Nature Communications* 5: 5498.

182「和尚鸚哥」：
Burgio et al 2017. "Lazarus ecology: recovering the distribution and migratory patterns of the extinct Carolina Parakeet." *Ecology and Evolution* 7: 5467–5475.

183「煙囪刺尾雨燕」：
Liechti et al 2013. "First evidence of a 200-day non-stop flight in a bird." *Nature Communications* 4: 2554.
Hedenstrom et al 2016. "Annual 10-month aerial life phase in the Common Swift Apus apus." *Current Biology* 26: 1–5.
Rattenborg et al 2016. "Evidence that birds sleep in mid-flight." *Nature Communications* 7: 12468.

183「冠藍鴉」：
Kingsland 1978. "Abbott Thayer and the Protective Coloration Debate." *Journal of the History of Biology* 11: 223–244.
Merilaita et al 2017. "How camouflage works." *Philosophical Transactions of The Royal Society B Biological Sciences* 372: 1724.
Holmes et al 2018. "Testing the feasibility of the startle-first route to deimatism." *Scientific Reports* 8: 10737.
Umbers et al 2017. "Deimatism: a neglected component of antipredator defence." *Biology Letters* 13: 20160936.

183「加州灌叢鴉」：
George et al 2015. "Persistent impacts of West Nile virus on North American bird populations." *Proceedings of the National Academy of Science* 112: 14290–14294
Chapin et al 2000. "Consequences of changing biodiversity." *Nature* 405: 234–242
Rahbek 2007. "The silence of the robins." *Nature* 447: 652–653
LaDeau et al 2007. "West Nile virus emergence and large-scale declines of North American bird populations". *Nature* 447: 710–713

185「黃腹太平鳥」：
Brewer et al 2006. *Canadian Atlas of Bird Banding. Volume 1: Doves, Cuckoos, and Hummingbirds Through Passerines, 1921–1995*, rev. ed. Ottawa: Canadian Wildlife Service.
Brugger et al 1994. "Migration patterns of Cedar Waxwings in the eastern United States." *Journal of Field Ornithology* 65: 381–387.

186「白頰林鶯」等：
D'Alba et al 2014. "Melanin-based color of plumage: role of condition and of feathers' microstructure." *Integrative and Comparative Biology* 54: 633–644.
Moreno-Rueda 2016. "Uropygial gland and bib colouration in the house sparrow." *PeerJ* 4: e2102.
Wiebe and Vitousek 2015. "Melanin plumage ornaments in both sexes of Northern Flicker are associated with body condition and predict reproductive output independent of age." *The Auk* 132: 507–517.
Galvan et al 2017. "Complex plumage patterns can be produced only with the contribution of melanins." *Physiological and Biochemical Zoology* 90: 600–604.
Jawor and Breitwisch 2003. "Melanin ornaments, honesty, and sexual selection." *The Auk* 120: 249–265.

186「猩紅比蘭雀」：
Bazzi et al 2015. "Clock gene polymorphism and scheduling of migration: a geolocator study of the Barn Swallow Hirundo rustica." *Scientific Reports* 5: 12443.
Gwinner 2003. "Circannual rhythms in birds." *Current Opinion in Neurobiology* 13: 770–778.
Akesson et al 2017. "Timing avian long-distance migration: from internal clock mechanisms to global flights." *Philosophical Transactions of the Royal Society B: Biological Sciences* 372: 1734.

186「紅胸白斑翅雀」：
Somveille et al 2018. "Energy efficiency drives the global seasonal distribution of birds." *Nature Ecology & Evolution* 2: 962–969.
Winger et al 2014. "Temperate origins of long-distance seasonal migration in New World songbirds." *Proceedings of the National Academy of Sciences USA* 111: 12115–12120.
Hargreaves et al 2019. "Seed predation increases from the Arctic to the Equator and from high to low elevations." *Science Advances* 5: eaau4403.

186「白腹彩鵐和靛藍彩鵐」：
Simpson et al 2015. "Migration and the evolution of sexual dichromatism: evolutionary loss of female coloration with migration among wood-warblers." *Proceedings of the Royal Society B: Biological Sciences* 282: 20150375.

186「峽谷地雀鵐」：
Davies 1982. "Behavioural adaptations of birds to environments where evaporation is high and water is in short supply." *Comparative Biochemistry and Physiology Part A: Physiology* 71: 557–566.
Albright et al 2017. "Mapping evaporative water loss in desert passerines reveals an expanding threat of lethal dehydration." *Proceedings of the National Academy of Sciences USA* 114: 2283–2288.

187「白冠帶鵐」：
Cassone and Westneat 2012. "The bird of time: cognition and the avian biological clock." *Frontiers in Molecular Neuroscience* 5: 32.
Van Doren et al 2017. "Programmed and flexible: long-term 'Zugunruhe' data highlight the many axes of variation in avian migratory behaviour." *Avian Biology* 48: 155–172.

187「家朱雀」：
Elliot and Arbib 1953. "Origin and status of the House Finch in the eastern United States." *The Auk* 70: 31–37.

188「暗背金翅雀」：
Senar et al 2015. "Do Siskins have friends? An analysis of movements of Siskins in groups based on EURING recoveries." *Bird Study* 62: 566–568.
Arizaga et al 2015. "Following year-round movements in Barn Swallows using geolocators: could breeding pairs remain together during the winter?" *Bird Study* 62: 141–145.
Pardo et al 2018. "Wild Acorn Woodpeckers recognize associations between individuals in other groups." *Proceedings of the Royal Society B: Biological Sciences* 285: 1882.

188「橙腹擬鸝」：
Winger et al 2012. "Ancestry and evolution of seasonal migration in the Parulidae." *Proceedings of the Royal Society B: Biological Sciences* 279: 610–618.
Winger et al 2014. "Temperate origins of long-distance seasonal migration in New World songbirds." *Proceedings of the National Academy of Sciences USA* 111: 12115–12120.

# Appendix
# 附錄（一）
# 鳥名翻譯對照表

| 中文 | 英文 | 學名 | 備註 |
|---|---|---|---|
| **【1-4 畫】** | | | |
| 三趾濱鷸 | Sanderling | *Calidris alba* | |
| 大西洋海鸚 | Atlantic Puffin | *Fratercula arctica* | |
| 大走鵑 | Greater Roadrunner | *Geococcyx californianus* | |
| 大草原松雞 | Greater Prairie-Chicken | *Tympanuchus cupido* | |
| 大藍鷺 | Great Blue Heron | *Ardea herodias* | |
| 小天鵝 | Tundra Swan | *Cygnus columbianus* | |
| 山雀 | chickadee | | |
| 山鷸 | woodcock | | |
| 天鵝 | swan | | |
| 太平鳥 | waxwing | | 又稱連雀。 |
| 比蘭雀 | tanager | | 很多種鳥的英文名都有這個字，但在本書僅指紅雀科 *Piranga* 屬的幾種鳥。 |
| 毛背啄木 | Hairy Woodpecker | *Dryobates villosus* | |
| 火雞 | Wild Turkey | *Meleagris gallopavo* | |
| 牛鸝 | cowbird | | |
| 王霸鶲 | kingbird | | |
| **【5 畫】** | | | |
| 加州神鷲 | California Condor | *Gymnogyps californianus* | |
| 加州灌叢鴉 | California Scrub-Jay | *Aphelocoma californica* | |
| 加拿大雁 | Canada Goose | *Branta canadensis* | |
| 北美小嘲鶇 | Northern Mockingbird | *Mimus polyglottos* | |
| 北美反嘴鷸 | American Avocet | *Recurvirostra americana* | 又稱北美反嘴鴴。 |
| 北美田鷸 | Wilson's Snipe | *Gallinago delicata* | |
| 北美金翅雀 | American Goldfinch | *Spinus tristis* | |
| 北美黑啄木 | Pileated Woodpecker | *Dryocopus pileatus* | |
| 北美鴉 | American Crow | *Corvus brachyrhynchos* | |
| 北美齒鶉 | Northern Bobwhite | *Colinus virginianus* | |
| 北極燕鷗 | Arctic Tern | *Sterna paradisaea* | |
| 北撲翅鴷 | Northern Flicker | *Colaptes auratus* | |
| 卡羅萊納鷦鷯 | Carolina Wren | *Thryothorus ludovicianus* | |
| 卡羅萊納鸚鵡 | Carolina Parakeet | *Conuropsis carolinensis* | |
| 巨蜂鳥 | Giant Hummingbird | *Patagona gigas* | |
| 田鷸 | snipe | | |
| 白冠帶鵐 | White-crowned Sparrow | *Zonotrichia leucophrys* | |
| 白胸鳾 | White-breasted Nuthatch | *Sitta carolinensis* | |
| 白斑翅雀 | grosbeak | | |
| 白腹彩鵐 | Lazuli Bunting | *Passerina amoena* | |
| 白頭海鵰 | Bald Eagle | *Haliaeetus leucocephalus* | Bald Eagle 常被誤譯為「禿鷹」，但 bald 指的是其白色頭頸部，而非禿頭。 |
| 白頰林鶯 | Blackpoll Warbler | *Setophaga striata* | |
| 白額崖燕 | Cliff Swallow | *Petrochelidon pyrrhonota* | |
| 白鷺 | egret | | 泛指大白鷺 (*Ardea alba*) 或雪鷺等白色鷺鷥。 |
| 石楠松雞 | Heath Hen | *Tympanuchus cupido cupido* | |
| **【6 畫】** | | | |
| 企鵝 | penguin | | |
| 地雀鵐 | towhee | | *Melozone* 屬。 |
| 灰沙燕 | Bank Swallow | *Riparia riparia* | |
| 灰雁 | Graylag Goose | *Anser anser* | |
| 灰頭燈草鵐 | Gray-headed Junco | *Junco hyemalis caniceps* | 有時也包括 *J. h. dorsalis*。 |
| 西王霸鶲 | Western Kingbird | *Tyrannus verticalis* | |

| 西美鳴角鴞 | Western Screech-Owl | Megascops kennicottii | |
| --- | --- | --- | --- |
| **【7畫】** | | | |
| 吸汁啄木鳥 | sapsucker | | |
| 沙丘鶴 | Sandhill Crane | Antigone canadensis | |
| 赤斑瓣足鷸 | Wilson's Phalarope | Phalaropus tricolor | |
| 走鵑 | roadrunner | | |
| **【8畫】** | | | |
| 刺歌雀 | Bobolink | Dolichonyx oryzivorus | |
| 和尚鸚哥 | Monk Parakeet | Myiopsitta monachus | 又稱和尚鸚鵡。 |
| 東美鳴角鴞 | Eastern Screech-Owl | Megascops asio | |
| 東美藍鶇 | Eastern Bluebird | Sialia sialis | |
| 東草地鷚 | Eastern Meadowlark | Sturnella magna | |
| 東菲比霸鶲 | Eastern Phoebe | Sayornis phoebe | |
| 松雞 | grouse | | |
| 金冠戴菊 | Golden-crowned Kinglet | Regulus satrapa | |
| 金翅雀 | goldfinch | | 本書提到的「金翅雀」是北美鳥種，並非分布區含括臺灣的東亞金翅雀 (Chloris sinica)。 |
| 長嘴杓鷸 | Long-billed Curlew | Numenius americanus | |
| 長嘴沼澤鷦鷯 | Marsh Wren | Cistothorus palustris | |
| 雨燕 | swift | | |
| **【9畫】** | | | |
| 信天翁 | albatross | | |
| 冠藍鴉 | Blue Jay | Cyanocitta cristata | 美國職棒大聯盟「多倫多藍鳥隊」的隊名就是以這種鳥來命名。 |
| 厚嘴海鴉 | Thick-billed Murre | Uria lomvia | |
| 哀鴿 | Mourning Dove | Zenaida macroura | |
| 星煌蜂鳥 | Calliope Hummingbird | Selasphorus calliope | |
| 柳蚊霸鶲 | Willow Flycatcher | Empidonax traillii | |
| 疣鼻天鵝 | Mute Swan | Cygnus olor | |
| 疣鼻棲鴨 | Muscovy Duck | Cairina moschata | |
| 紅尾鵟 | Red-tailed Hawk | Buteo jamaicensis | |
| 紅冠亞馬遜鸚哥 | Red-crowned Parrot | Amazona viridigenalis | |
| 紅面紗蜂鳥 | Anna's Hummingbird | Calypte anna | |
| 紅翅黑鸝 | Red-winged Blackbird | Agelaius phoeniceus | |
| 紅胸白斑翅雀 | Rose-breasted Grosbeak | Pheucticus ludovicianus | |
| 紅胸鳾 | Red-breasted Nuthatch | Sitta canadensis | |
| 紅眼鶯雀 | Red-eyed Vireo | Vireo olivaceus | |
| 紅雀 | cardinal | | |
| 紅喉北蜂鳥 | Ruby-throated Hummingbird | Archilochus colubris | |
| 紅腹啄木 | Red-bellied Woodpecker | Melanerpes carolinus | |
| 紅領瓣足鷸 | Red-necked Phalarope | Phalaropus lobatus | |
| 紅嘴紅雀 | Northern Cardinal | Cardinalis cardinalis | |
| 紅頭吸蜜蜂鳥 | Bee Hummingbird | Mellisuga helenae | |
| 紅頭美洲鷲 | Turkey Vulture | Cathartes aura | |
| 紅頭啄木 | Red-headed Woodpecker | Melanerpes erythrocephalus | |
| 紅鸛 | flamingo | | 又稱紅鶴。 |
| 美洲山鷸 | American Woodcock | Scolopax minor | |
| 美洲白鵜鶘 | American White Pelican | Pelecanus erythrorhynchos | |
| 美洲白䴉 | White Ibis | Eudocimus albus | |
| 美洲隼 | American Kestrel | Falco sparverius | |
| 美洲旋木雀 | Brown Creeper | Certhia americana | |
| 美洲鴛鴦 | Wood Duck | Aix sponsa | |
| 美洲瓣蹼雞 | American Coot | Fulica americana | 又稱美洲白冠雞。 |
| 美洲鵰鴞 | Great Horned Owl | Bubo virginianus | |
| 美洲鶉 | quail | | |
| 美洲蠣鷸 | American Oystercatcher | Haematopus palliatus | |
| 美洲鶴 | Whooping Crane | Grus americana | |
| 美洲鷲 | vulture | | |
| 軍艦鳥 | frigatebird | | |
| **【10畫】** | | | |
| 倉鴞 | Barn Owl | Tyto alba | |
| 原鴿 | Rock Pigeon | Columba livia | 見「野鴿」。 |
| 唧鵐 | towhee | | Pipilo 屬。 |
| 家朱雀 | House Finch | Haemorhous mexicanus | |
| 家麻雀 | House Sparrow | Passer domesticus | |
| 家燕 | Barn Swallow | Hirundo rustica | |
| 峽谷地雀鵐 | Canyon Towhee | Melozone fusca | |

| | | | |
|---|---|---|---|
| 庫氏鷹 | Cooper's Hawk | *Accipiter cooperii* | |
| 旅鴿 | Passenger Pigeon | *Ectopistes migratorius* | |
| 旅鶇 | American Robin | *Turdus migratorius* | |
| 旅鶇 | robin | | 在北美若提到 robin，基本上就是指旅鶇，但在英國則是指歐亞鴝。 |
| 栗背山雀 | Chestnut-backed Chickadee | *Poecile rufescens* | |
| 栗頂雀鵐 | Chipping Sparrow | *Spizella passerina* | |
| 浮水鴨 | dabbling duck | | |
| 海雀科海鳥 | alcids | | |
| 海番鴨 | scoter | | |
| 海鴉 | murre | | |
| 海鸚 | puffin | | |
| 烏灰燈草鵐 | Slate-colored Junco | *Junco hyemalis hyemalis /carolinensis* | 有時也包括 *J. h. cismontanus*。 |
| 烏鴉 | crow | | |
| 珠頸翎鶉 | California Quail | *Callipepla californica* | |
| 珠雞 | guineafowl | | |
| 笑翠鳥 | kookaburra | | |
| 笑鷗 | Laughing Gull | *Leucophaeus atricilla* | |
| 粉紅琵鷺 | Roseate Spoonbill | *Platalea ajaja* | |
| 紋腹鷹 | Sharp-shinned Hawk | *Accipiter striatus* | |
| 胸帶魚狗 | Belted Kingfisher | *Megaceryle alcyon* | |
| 草地鷚 | meadowlark | | |
| 隼 | falcon | | |
| 高山山雀 | Mountain Chickadee | *Poecile gambeli* | |

**【11 畫】**

| | | | |
|---|---|---|---|
| 剪尾王霸鶲 | Scissor-tailed Flycatcher | *Tyrannus forficatus* | |
| 啄木鳥 | woodpecker | | |
| 彩鵐 | bunting | | 中英文乍看是指鵐科鳥類，但彩鵐（*Passerina* 屬）並不屬於鵐科。 |
| 笛鴴 | Piping Plover | *Charadrius melodus* | |
| 野鴿 | Rock Pigeon | *Columba livia* | 原鴿馴化成為家鴿，有些家鴿離開圈養環境並在野外生息繁衍，這些野化的家鴿即稱作野鴿。 |
| 雀鵐 | sparrow | | 一般在北美提到 sparrow，若非指家麻雀，就是指雀鵐科鳥類，這一科幾年前才從鵐科分出來。 |
| 雪雁 | Snow Goose | *Anser caerulescens* | |
| 雪鴴 | Snowy Plover | *Charadrius nivosus* | |
| 雪鷺 | Snowy Egret | *Egretta thula* | |
| 魚狗 | kingfisher | | 見「翠鳥」。 |

**【12 畫】**

| | | | |
|---|---|---|---|
| 斑尾鴿 | Band-tailed Pigeon | *Patagioenas fasciata* | |
| 斑頭海番鴨 | Surf Scoter | *Melanitta perspicillata* | |
| 斯氏鵟 | Swainson's Hawk | *Buteo swainsoni* | |
| 普通朱頂雀 | Common Redpoll | *Acanthis flammea* | |
| 普通渡鴉 | Common Raven | *Corvus corax* | |
| 普通黃喉地鶯 | Common Yellowthroat | *Geothlypis trichas* | |
| 普通翠鳥 | Common Kingfisher | *Alcedo atthis* | |
| 普通潛鳥 | Common Loon | *Gavia immer* | |
| 普通燕鷗 | Common Tern | *Sterna hirundo* | |
| 普通擬八哥 | Common Grackle | *Quiscalus quiscula* | |
| 普通鸕鷀 | Great Cormorant | *Phalacrocorax carbo* | |
| 棕脇唧鵐 | Eastern Towhee | *Pipilo erythrophthalmus* | |
| 棕煌蜂鳥 | Rufous Hummingbird | *Selasphorus rufus* | |
| 森鶯 | wood warbler, warbler | | 泛指森鶯科鳥類，不過字首大寫的 Wood Warbler 指柳鶯科的林柳鶯（*Phylloscopus sibilatrix*）。 |
| 渡鴉 | raven | | |
| 猩紅比蘭雀 | Scarlet Tanager | *Piranga olivacea* | |
| 琵鷺 | spoonbill | | |
| 絨啄木 | Downy Woodpecker | *Dryobates pubescens* | |
| 菲比霸鶲 | phoebe | | |
| 象牙嘴啄木 | Ivory-billed Woodpecker | *Campephilus principalis* | |
| 雁 | goose | | |
| 雲斑塍鷸 | Marbled Godwit | *Limosa fedoa* | |
| 黃林鶯 | Yellow Warbler | *Setophaga petechia* | |
| 黃眉林鶯 | Townsend's Warbler | *Setophaga townsendi* | |

| | | | |
|---|---|---|---|
| 黃雀 | siskin | | 本書提到的黃雀是指歐亞黃雀（*Spinus spinus*），在臺灣是稀有冬候鳥。不過一般在北美若提到 siskin，是指松金翅雀（*Spinus pinus*）。 |
| 黃腹太平鳥 | Cedar Waxwing | *Bombycilla cedrorum* | |
| 黃腹比蘭雀 | Western Tanager | *Piranga ludoviciana* | |
| 黃腹吸汁啄木 | Yellow-bellied Sapsucker | *Sphyrapicus varius* | |
| 黃嘴紅雀 | Pyrrhuloxia | *Cardinalis sinuatus* | |
| 黃褐森鶇 | Wood Thrush | *Hylocichla mustelina* | |
| 黑白森鶯 | Black-and-white Warbler | *Mniotilta varia* | |
| 黑枕威森鶯 | Hooded Warbler | *Setophaga citrina* | |
| 黑美洲鷲 | Black Vulture | *Coragyps atratus* | |
| 黑背信天翁 | Laysan Albatross | *Phoebastria immutabilis* | |
| 黑頂山雀 | Black-capped Chickadee | *Poecile atricapillus* | |
| 黑喉綠林鶯 | Black-throated Green Warbler | *Setophaga virens* | |
| 黑喉藍林鶯 | Black-throated Blue Warbler | *Setophaga caerulescens* | |
| 黑絲鶲 | Phainopepla | *Phainopepla nitens* | |
| 黑菲比霸鶲 | Black Phoebe | *Sayornis nigricans* | |
| 黑腹濱鷸 | Dunlin | *Calidris alpina* | |
| 黑嘴天鵝 | Trumpeter Swan | *Cygnus buccinator* | |
| 黑頭白斑翅雀 | Black-headed Grosbeak | *Pheucticus melanocephalus* | |
| 黑頸長腳鷸 | Black-necked Stilt | *Himantopus mexicanus* | |
| 黑頸鸊鷉 | Eared Grebe | *Podiceps nigricollis* | |
| 黑額簇山雀 | Tufted Titmouse | *Baeolophus bicolor* | |
| 黑鸝 | blackbird | | 在英文中稱作 blackbird 的鳥有兩大類，一是黑鶇類，另一是本書提到的黑鸝類，分屬不同科，分布範圍也不同。 |

### 【13 畫】

| | | | |
|---|---|---|---|
| 奧勒岡燈草鵐 | Oregon Junco | *Junco hyemalis [oreganus Group]* | 這個亞種群包含八個亞種，代表亞種為 *J. h. oreganus*。 |
| 新喀里多尼亞鴉 | New Caledonian Crow | *Corvus moneduloides* | |
| 暗冠藍鴉 | Steller's Jay | *Cyanocitta stelleri* | |
| 暗背金翅雀 | Lesser Goldfinch | *Spinus psaltria* | |
| 暗眼燈草鵐 | Dark-eyed Junco | *Junco hyemalis* | |
| 煙囪刺尾雨燕 | Chimney Swift | *Chaetura pelagica* | |
| 蜂鳥 | hummingbird | | |
| 遊隼 | Peregrine Falcon | *Falco peregrinus* | |
| 雉雞 | pheasant | | |

### 【14 畫】

| | | | |
|---|---|---|---|
| 歌帶鵐 | Song Sparrow | *Melospiza melodia* | |
| 漂泊信天翁 | Wandering Albatross | *Diomedea exulans* | |
| 綠頭鴨 | Mallard | *Anas platyrhynchos* | |
| 綠鷺 | Green Heron | *Butorides virescens* | |
| 翠鳥 | kingfisher | | 翠鳥科鳥類的通稱。中文另有翡翠、魚狗等稱呼。 |
| 蒼鷹 | Northern Goshawk | *Accipiter gentilis* | |
| 銀鷗 | Herring Gull | *Larus argentatus* | |

### 【15 畫】

| | | | |
|---|---|---|---|
| 寬翅鵟 | Broad-winged Hawk | *Buteo platypterus* | |
| 撲翅鴷 | flicker | | 「鴷」就是啄木鳥的意思。 |
| 歐亞鴝 | European Robin | *Erithacus rubecula* | 在英國，robin 是指這種鳥，但在北美則是指旅鶇。 |
| 歐洲椋鳥 | European Starling | *Sturnus vulgaris* | |
| 潛水鴨 | diving duck | | |
| 潛鳥 | loon | | |
| 褐頭牛鸝 | Brown-headed Cowbird | *Molothrus ater* | |
| 褐鵜鶘 | Brown Pelican | *Pelecanus occidentalis* | |
| 鳾 | nuthatch | | |

### 【16 畫】

| | | | |
|---|---|---|---|
| 橙腹擬鸝 | Baltimore Oriole | *Icterus galbula* | 美國職棒大聯盟「巴爾的摩金鶯隊」的隊名就是以這種鳥來命名。 |
| 橙嘴鵎鵼 | Toco Toucan | *Ramphastos toco* | |
| 橡木簇山雀 | Oak Titmouse | *Baeolophus inornatus* | |
| 橡實啄木 | Acorn Woodpecker | *Melanerpes formicivorus* | |
| 燈草鵐 | junco | | |
| 燕子 | swallow | | |
| 燕鷗 | tern | | |
| 貓頭鷹 | owl | | |
| 靛藍彩鵐 | Indigo Bunting | *Passerina cyanea* | |
| 鴕鳥 | ostrich | | |
| 鵰 | eagle | | |

| | | | |
|---|---|---|---|
| 鴨 | duck | | |
| 【17 畫】 | | | |
| 戴菊 | kinglet | | 戴菊科共六種，北美有兩種。臺灣也有兩種，一是特有的臺灣戴菊 (*Regulus goodfellowi*)，另一是稀有冬候鳥歐亞戴菊 (*R. regulus*)。 |
| 擬八哥 | grackle | | 擬八哥分布於美洲，屬於擬鸝科，跟分布於舊大陸、屬於椋鳥科的八哥不同。 |
| 擬鸝 | oriole | | 在英文中稱作 oriole 的鳥有兩大類，一是本書提到的擬鸝類，另一是黃鸝類，分屬不同科，分布範圍也不同。 |
| 環嘴鷗 | Ring-billed Gull | *Larus delawarensis* | |
| 環頸雉 | Ring-necked Pheasant | *Phasianus colchicus* | |
| 簇山雀 | titmouse | | |
| 隱士夜鶇 | Hermit Thrush | *Catharus guttatus* | |
| 鴴 | plover | | |
| 鴿子 | pigeon | | |
| 【18 畫】 | | | |
| 叢長尾山雀 | Bushtit | *Psaltriparus minimus* | 長尾山雀科唯一分布在美洲的種類。臺灣的紅頭（長尾）山雀 (*Aegithalos concinnus*) 也是同科。 |
| 藍喉寶石蜂鳥 | Blue-throated Hummingbird | *Lampornis clemenciae* | 這個英文名稱是過去使用的俗名。 |
| 藍喉寶石蜂鳥 | Blue-throated Mountain-gem | *Lampornis clemenciae* | 這個英文名稱是目前使用的俗名。 |
| 藍鴉 | jay | | |
| 藍鶇 | bluebird | | |
| 雙色樹燕 | Tree Swallow | *Tachycineta bicolor* | |
| 雙冠鸕鷀 | Double-crested Cormorant | *Nannopterum auritum* | |
| 雙領鴴 | Killdeer | *Charadrius vociferus* | |
| 雜色鶇 | Varied Thrush | *Ixoreus naevius* | |
| 雞 | chicken | | 家雞是由紅原雞 (*Gallus gallus*) 馴化而來。 |
| 鵎鵼 | toucan | | 又稱巨嘴鳥或大嘴鳥。 |
| 鵜鶘 | pelican | | |
| 鵝 | goose | | 鵝是馴化的雁，包括由灰雁馴化的歐洲家鵝，以及由鴻雁 (*Anser cygnoides*) 馴化的中國家鵝。 |
| 鵟 | hawk | | 北美並不使用 buzzard 來指稱鵟這類猛禽，而是用 hawk。 |
| 【19 畫】 | | | |
| 瓣足鷸 | phalarope | | |
| 瓣蹼雞 | coot | | 臺灣的冬候鳥白冠雞 (*Fulica atra*) 也屬瓣蹼雞的一種。 |
| 鶇 | thrush | | |
| 鶤鴕 | tinamou | | 又稱鶌（音同工）。 |
| 麗色彩鵐 | Painted Bunting | *Passerina ciris* | |
| 【20 畫以上】 | | | |
| 灌叢鴉 | scrub-jay | | |
| 霸鶲 | flycatcher | | 這個英文字除了指美洲的霸鶲科鳥類，也指舊大陸的鶲科鳥類。霸鶲另一個英文通稱是 tyrant flycatcher。 |
| 鰭趾鷈 | finfoot | | |
| 鶯雀 | vireo | | |
| 鶯鷦鷯 | House Wren | *Troglodytes aedon* | |
| 鶴 | crane | | |
| 鷗 | gull | | |
| 鷦鷯 | wren | | 分布於臺灣的鷦鷯是鷦鷯科中唯一分布於美洲之外的歐亞鷦鷯 (*Troglodytes troglodytes*)。 |
| 鷸 | sandpiper | | |
| 鹮 | ibis | | |
| 鷹 | hawk | | |
| 鷺鷥 | heron, egret | | 這兩個英文在分類學上並無特定區分，但 egret 一般指白色的鷺鷥。 |
| 䴙䴘 | grebe | | |
| 鸕鷀 | cormorant | | |
| 鸚哥 | parrot, parakeet | | 這兩個英文在分類學上並無特定區分，但 parakeet 較常指某些中小型且具有長尾巴的種類。 |
| 鸚鵡 | parrot, parakeet | | 這兩個英文在分類學上並無特定區分，但 parakeet 較常指某些中小型且具有長尾巴的種類。 |

| 難讀字 | 讀音 | 又讀 |
|---|---|---|
| 唧 | 及 | |
| 隼 | 準 | 損 |
| 椋 | 良 | |
| 䏶 | 成 | |
| 鶿 | 師 | |
| 鴝 | 渠 | |
| 鴞 | 消 | |
| 簇 | 促 | |
| 鵆 | 衡 | |
| 鷾 | 列 | |
| 鵎 | 妥 | |
| 鵐 | 吳 | |
| 鵜 | 啼 | |
| 鵟 | 狂 | |
| 鵼 | 空（一聲） | |
| 鶇 | 東 | |
| 鶉 | 淳 | |
| 鶘 | 胡 | |
| 鶲 | 翁 | |
| 鶿 | 詞 | |
| 鷉 | 啼 | 梯 |
| 鵁 | 交 | |
| 鷯 | 聊 | |
| 鷲 | 就 | |
| 鸆 | 玉 | |
| 鹮 | 環 | 玄 |
| 鵼 | 關 | |
| 鸕 | 盧 | |
| 鸛 | 灌 | |
| 鸝 | 梨 | |